高等院校通识教育系列丛书

自然科学史

ZIRAN
KEXUESHI

李净 肖磊

张红岩◎编著

中国政法大学出版社

2017·北京

图书在版编目（ＣＩＰ）数据

自然科学史/李净，肖磊，张红岩编著.—北京：中国政法大学出版社,2017.6（2021.8重印）
ISBN 978-7-5620- 7288-1

Ⅰ.①自…　Ⅱ.①李…　②肖…　③张…　Ⅲ.①自然科学史－世界　Ⅳ.①N091

中国版本图书馆CIP数据核字(2017)第132948号

出 版 者　　中国政法大学出版社
地　　址　　北京市海淀区西土城路 25 号
邮　　箱　　fadapress@163.com
网　　址　　http://www.cuplpress.com (网络实名：中国政法大学出版社)
电　　话　　010-58908435(第一编辑部) 58908334(邮购部)
承　　印　　保定市中画美凯印刷有限公司
开　　本　　720mm×960mm　1/16
印　　张　　15.5
字　　数　　269 千字
版　　次　　2017 年 6 月第 1 版
印　　次　　2021 年 8 月第 2 次印刷
印　　数　　4001～7000 册
定　　价　　39.00 元

出版说明

在高等教育中，通识教育对于人才培养具有基础性价值和决定性作用。故此，中国政法大学早在 2005 年就正式启动了通识教育改革，此次改革承继了 20 世纪 90 年代开启的文化素质教育。在学校"打造有灵魂的通识教育""建设有法大特色的通识教育课程体系"的两大改革目标指引下，在全校各方共同努力下，历经持续不断的艰苦摸索，学校通识教育课程体系终于从无到有，逐渐呈现出一种科学系统且生机勃勃的发展状态。

作为一所以法学专业为主的多科性大学，学校通识教育的资源相对匮乏。对于这一客观缺陷，学校并未盲目扩张，而是凭借"专业互通"的理念开放专业课程，以其作为其他专业的通识课，如此循序渐进，补足通识教育资源。同时，学校以《中华文明通论》《西方文明通论》这两门跨学科、综合性的全校必修课为基础，打造了通识教育四大类课程体系——人文素质类、社会科学类、自然科学类、法学类。而后又进一步围绕着四大类课组，纵向建立了"通识主干课""一般通识课"两种类型的选修课。

经过十余年的实践探索，学校对于通识教育有了更加深入、立体的理解和认识，希望通过"高等院校通识教育系列丛书"这一全新的系列教材，达成以下目标：

1. 总结过往经验，修正教学实践中发现的问题。在十余年实践过程中，广大师生对通识教育课程反馈了大量有益信息，学校认为有必要在此基础上，将渐成体系的教案加以完善，升级为更为成熟、更为系统的教材。而在教材的后续使用过程中，也会获得进一步的有关教学效果的反馈信息，使得本系列教材不断修正、完善。

2. 完善通识教育课程体系，更好地服务教学。通识课的课程特性、课时等因素，导致学生在接受知识时难免有"点到为止、浮光掠影"之感。对此，学校希望通过编写体例明朗、脉络清晰的通识课程配套教材，来帮助学生梳理所学知识，构建基本框架与知识体系，从而能够在现有基础上提高教学质量。

3. 扩大影响，增加交流合作的机会。学校之所以将本系列教材命名为"高等院校通识教育系列丛书"，而未将其局限于"中国政法大学"，乃是希望通过本系列教材的推广使用，在各高校间进行教学方法、教学实践的交流互动，互通有无、集思广益，将"通识教育"这一教学理念推广至全国高校，并总结、收集其在各高校的实践经验、教学反馈，对现有体系结构进行查漏补缺、更新换代的工作，以期对中国高等教育做出一定的贡献。

本系列教材的参编人员，均是从事一线教学多年、拥有丰富教学经验的教师，其中不乏学校十年通识教育改革的亲历者。相信他们深厚的学识水平、认真的治学态度，能够保证本系列教材的质量水准。当然，由于本系列教材的编写是一次全新的尝试，书中错漏在所难免。希望广大师生在使用过程中多提问题，以便我们逐步完善。

最后，希望我们可以秉持通识教育的基本理念——"通识、博雅、全人"，服务中国高等教育，在教学中打破学科壁垒，实现知识的融会贯通；在专业培养之外注重培育学生的性情、兴趣和趣味，实现人格的健康发展与人的全面发展。

中国政法大学

2016 年 8 月

前 言

　　自然科学史是研究科学、技术的发展，及其与社会的互动关系，研究历史上各个时期的科学发现和发明、科学家的活动与成就、科学概念和科学思想以及科学学说的历史演化、科学知识的传播、科学与其他社会因素的相互作用、科学发展的社会历史背景等，并总结科学发展的历史经验，揭示科学发展的规律。

　　随着自然科学史的研究领域不断扩大，内容日益丰富，自然科学史已发展成为一个十分复杂和规模庞大的研究领域。总括起来，它包括三方面的内容：自然科学知识和科学方法的历史；科学共同体和科学作为一种社会建制的历史；科学与社会的相互关系（包括科学与各种社会意识形式的相互关系）的历史。在自然科学史的研究中往往有着不同的着眼点和侧重方面，历史学家常常是从文化史的角度把自然科学作为一种文化形式，探讨一个民族和一个历史时期的科学与文化的联系；自然科学家侧重于探索学科知识的起源和发展，弄清楚概念、理论和方法的演变；哲学家侧重阐明自然科学事实的逻辑联系，对科学发现作逻辑解释，并从认识论和方法论方面揭示自然科学发展的内在逻辑和规律性。

　　中国政法大学一直以来非常重视通识教育，在科学技术的社会功能十分显著的今天，了解科学技术的历史已成为当代大学生必备的知识，通过学习自然科学史可以丰富大学生的自身知识结构、提高科学文化素养。为提高大学生的科学素养和创新能力，在校领导和教务处的大力支持下，从 2008～2009 学年春季学期开设了《自然科学史》通识选修课程，并在 2010～2011 学年春季学期《自然科学史》课程被批准为全校通识主干课程。自开设以来，该课程在拓宽学生的自然科学知识面、提高科学素养、培养其创新思维和能力方面都取得了丰硕的成果。总结几年的教学经验，根据教学大纲由李净、张红岩、肖磊共同编著了这部教材，由教务处资助出版。

　　本书是一部简明的自然科学史读本，是为大专院校师生编写的，当然也适合对自然科学感兴趣的任何人阅读；编排上以时间为线索，注重自然科学与社会科学的结合，综合了国内外现有的资料，在选材的科学性、知识性等方面都做了很大的努力。

本书是一部简明的自然科学史教材，是作者多年教学与研究的经验积累。本书以时间为线索，注重自然科学与社会科学的结合，主要内容包括古代世界的科学技术、中国的科学技术、欧洲中世纪的自然科学、哥白尼革命、19世纪的自然科学、20世纪物理学革命、现代科学革命。全书具有科学性、知识性和可读性的特点，适合作为大专院校自然科学史教学和科学文化素质教育的教材或参考书，也适合作对自然科学史感兴趣的所有人的阅读书籍。

本教材由李净负责全书的统稿。本书第一、十一章及各章教学目的和基本要求、复习与思考题由李净编写；第二、三、四、五、六章由肖磊编写；第七、八、九、十章由张红岩编写。

本书编写过程中得到了学校主管领导、教务处、出版社等单位和众多老师的支持，在此表示感谢。本书写作中参阅了大量文献，并引用了百度百科等网上资料，因篇幅所限，书后仅列出主要参考文献。受作者学术水平和知识所限，书中不足之处在所难免，敬请读者批评指正。

编　者
2017 年 4 月

目　录

第一章 绪论

> **本章教学目的和基本要求：**
>
> 　　理解自然、科学、科学技术史的概念，了解自然科学史的研究对象、研究方法以及主要的内容。重点有历史观念的辨析、自然科学的两大研究传统，科学史的年代划分，以及学习科学技术史的意义。

　　在科学技术飞速发展的当今社会，科学素养和创新能力正在成为各行各业人才必不可少的一种能力，而文理渗透正是高等院校顺应现代科学高度综合发展趋势的一项培养人才的措施，因此加强大学生科学精神和科学素养教育就具有非常重要的现实意义。培养具有创新精神和创新能力的高级专门人才也是我国高等教育的根本任务，但对于人文和社会科学学科领域，由于不同于自然科学领域知识更新速度快的特点，受到自身发展特点的局限，培养具有创新能力的文科人才具有很大的局限性。而随着现代科学技术的高速发展，包括人文社会科学与自然科学的各门学科之间的相互影响、交叉、渗透乃至融合的趋势日益明显。大学生掌握必要的自然科学、工程技术方面的知识不仅有利于拓宽知识面，提高综合素质，增强对社会的适应性，也是形成跨学科的思维与方法，培养创新精神和能力的必要途径。

　　自然科学史是自然科学与哲学、人文社会科学相互结合、相互沟通、相互交叉融合的良好的结合点和切入点，是科学精神与人文精神的交汇点和契合点，是学习、培育和提高科学文化素质和人文思想道德素质的园地，可以起到沟通自然科学和社会科学的桥梁作用。因而自然科学史的教育、推广和普及对于文理渗透的复合型人才的素质培养具有积极的作用。

自然科学史是关于科学技术发生、发展的历史科学，主要介绍：重大科学发现和技术发明的产生过程；各门重要学科、科学概念、定律、定理、技术原理的发展演变过程及其内在逻辑；科学技术的社会历史条件和社会功能，旨在揭示自然科学发展规律。

一、自然科学

（一）自然

自然 nature 源自希腊词 phuein（意指"生成"或"诞生"），亚里士多德的《物理学》就是"论自然"。穆勒说："自然一词的基本含义有二：一是表示事物的整个系统，包括它们的所有特性的集合体在内；二是表示事物成其所然，不受人类干预。"我国古代"自然"一词是道家用来指原始本来状态。最早出自《老子》。除了"人法地，地法天，天法道，道法自然"之外，《老子》中还有"道之尊，德之贵，夫莫之命而常自然"，"以辅万物之自然而不敢为"等。《庄子·田子方篇》亦有："无为而才自然矣。"后来王充讲过"天道自然"，郭象也说过"自然者，不为而自然者也"（《庄子·逍遥游注》）。由此可见，古代汉语中的"自然"一词主要指一种天然的、非人为干预的、自主自在的状态。

百度百科：自然广义是指具有无穷多样性的一切存在物，与宇宙、物质、存在、客观实在等范畴同义，包括人类社会。通常分为非生命系统和生命系统，被人类活动改变了的自然界，通常称为"第二自然"，或"人化自然"。

狭义的自然界是指与人类社会相区别的物质世界，即自然科学所研究的无机界和有机界。广义的自然界是指包括人类社会在内的整个客观物质世界。此物质世界是以自然的方式存在和变化着的。人的意识也是以自然方式发生的物质世界，人和人的意识是自然界发展的最高产物。

自然与科学最为密切的方面是作为科学认识对象的自然，这种认识的结果就形成名副其实的"自然科学"或"科学"。这种对象化的自然具有某些特性，它们或隐或显地呈露在科学研究者的眼前，成为他们有意或无意的科学预设，这就是科学研究赖以进行的前提条件。

（二）科学

"科学"一词由近代日本学界初用于对译英文中的"Science"及其他欧洲语言中的相应词汇的称呼，欧洲语言中该词来源于拉丁文"Scientia"，意为"知

识""学问"，在近代侧重关于自然的学问。

科学是指发现、积累并公认的普遍真理或普遍定理的运用，已系统化和公式化了的知识。科学是对已知世界通过大众可理解的数据计算、文字解释、语言说明、形象展示的一种总结、归纳和认证；科学不是认识世界的唯一渠道，可其具有公允性与一致性，其为探索客观世界最可靠的实践方法。

在中国，教科书上一般将科学分为自然科学（或称为理科）和社会科学（或称为文科）。按研究对象的不同可分为自然科学、社会科学和思维科学，以及总结和贯穿于三个领域的哲学和数学。

（三）自然科学

自然科学是研究无机自然界和包括人的生物属性在内的有机自然界的各门科学的总称，是研究自然界的物质形态、结构、性质和运动规律的科学。它包括数学、物理学、化学、天文学、地球科学、生物学等基础科学和医学、农学、气象学、材料学等应用科学，它是人类改造自然的实践经验即生产斗争经验的总结。它的发展取决于生产的发展。

进行自然科学研究，必须借助于一定的方法。不断发展的自然科学，需要与之相适应的科学方法。因此，自然科学的发展史，也可以说是各种科学研究方法不断形成与发展的历史。

古代自然科学是建立在直观基础上的逻辑思维方法和观察为主的经验方法。

公元前4000年左右，人类社会进入到奴隶制时代以后，劳动人民创造了文字，也创造了灿烂的古代科学。人类对自然界的研究开始于观察面对光怪陆离的大千世界。一些古老民族，如我们中华民族、古巴比伦、古埃及、古印度等民族的祖先就从努力探索自然界之谜的活动中有了许多重大发现和发明，积累了一些有条理的经验知识。

近代自然科学前期，观察实验和分析方法被提到首要的地位。15世纪下半叶，以意大利为中心的欧洲新兴资产阶级掀起了文艺复兴运动。近代自然科学在这场运动中应运而生。古代自然科学的那种直观猜测方法已经不能满足新兴资产阶级的需要。自然科学要求深入到自然界的各个部分，需要对事物做具体的研究和说明。这就向近代科学的先驱者提出了解决科学方法论的任务。观察和数学方法的结合首先使天学获得了重大发展，产生了哥白尼的《天体运行论》，这是一部宣告自然科学独立的巨著。伽利略是把运动学研究奠定在实验基础上的第一人。他把实验、归纳法与数学的演绎法结合起来，对刚体的各种运动分别进行考察，极力在实验中寻找空间与时间的数量关系，并发现了惯性定律、自由落体定律、摆的等时性原理。当有些实验条件（如没有摩擦力的平面）无法实现的时候，他采用理想化的方法进行逻辑推理以弥补实验研究的不足，这种在实验基础上排除次要因素的干扰，使实际过程在思维中完全纯化的方法，现在被称之为理想实验法，伽利略应当说是这一方法的开山祖师。

19世纪的自然科学使综合研究的时代到来，理论思维开始受到重视。由于自然科学学科的不断分化和材料的大量积累，到19世纪便进入了一个整理材料、进行综合研究的新时期。正如恩格斯所说："自然科学现在已发展到如此程度以致它再不能逃避辩证的综合了。"也就是说自然科学必须从分门别类的研究过渡到阐明自然界各个过程的联系。从一成不变地分析现成的事实过渡到考察自然过程的变化和发展。当时尽管经验论的倾向还很严重，但是理论思维开始受到了一定的重视，因为"没有理论思维就会连两件自然的事实也联系不起来，或者连两者之间所存在的联系都无法了解"。运用理论思维对科学材料进行综合，提出科学假说是一条重要途径。

现代自然科学是辩证思维方法和观察实验方法的高度发展。理论自然科学是从19、20世纪之交开始的，这就使现代自然科学比19世纪的自然科学成为一次更大范围的综合，因此无论是思维方法还是观察实验方法都需要有更新更高的发展。现代自然科学的各种思维方法，从本质上说都具有一定的辩证性质，100年前，恩格斯就指出："辩证法对今天的自然科学来说是最重要的思维形式。"如果说处在整理材料阶段的近代自然科学离不开辩证法，那么现代自然科学就更加需要辩证法。现代科学的研究范围大到百亿光年的广漠宇宙，小到基本粒子，观察和实验的手段、方式已经产生了革命性的变革。

"工欲善其事，必先利其器。"现代自然科学的研究离开了实验装置便寸步难行，当代科学实验的设备、仪器样式之多，测试范围之广，精确程度之高，都有了新的发展。已往的实验仪器一般只能有选择地测试某一种参数，这属于"分析式"的仪器，现代科学需要"综合"的仪器，即二次测试仪器。这类仪器能够同时测量多种参数，实验时把多种测试仪器与电子计算机联用，计算机随机处理实验结果实现实验的综合，电子计算机的出现给科学研究带来了崭新的景象。

二、自然科学史

自然科学史研究的对象是科学、技术的发展，及其与社会的互动关系。它是描述和解释自然科学知识产生、发展和系统化进程的历史学科，包括通史、断代史、国别史和部门科学史。它以大量的经过考证的历史资料阐明人类认识和改造自然的历史，研究历史上各个时期的科学发现和发明、科学家的活动与成就、科学概念和科学思想以及科学学说的历史演化、科学知识的传播、科学与其他社会因素的相互作用、科学发展的社会历史背景等，并总结科学发展的历史经验，揭示科学发展的规律。如同政治史、经济史、艺术史一样，科学史本质上是历史科学性质的学科。在西方，科学史通常与科学哲学、科学社会学、科学学、科学管理与决策研究共同构成了一个学科群。总括起来，它包括三方面的内容：自然科学知识和科学方法的历史；科学共同体和科学作为一种社会建制的历史；科学与社会的相互关系（包括科学与各种社会意识形式的相互关系）的历史。

最早接触到科学史课题并推动这方面研究的是法国哲学家 A. 孔德，他的《实证哲学教程》涉及许多科学史问题。1837 年，英国的 W. 休厄尔出版了《归纳科学史》，这是第一部系统综合性科学史的著作。1841 年，以 J. 哈利韦尔为首创立了第一个科学史协会。1913 年，美国著名科学史家 G. 萨顿创办的第一个权威的科学史杂志《爱西斯》（*Isis*）在比利时开始发行。1929 年，在巴黎召开了第一次国际科学史会议。到 20 世纪三四十年代，科学史已发展成为一个公认的独立学科。

美国著名科学史家萨顿也给科学史下过一般性的定义："如果把科学定义为系统化的实证知识，或者看作是在不同时期不同地点所系统化的这样一种知识，那么科学史就是对这种知识发展的描述和说明。"尽管如此，他在探究科学史的深邃底蕴方面却下过一番功夫。这主要表现在，他把科学史视为思想和文明史，并把科学史与人类的终极关怀联系起来。他说：科学的历史在其广义的形式下，也就是人类思想和文明史——是任何哲学必不可少的基础。

萨顿作为科学史的创始人，坚持对科学史进行历史分析，还科学事件一个真实的历史面目。他认为"仅从我们现在更为先进的观点判断其真伪程度是不够的，我们还必须知道它的背景，人们认为它有多少是真实的，在当时的科学环境下，其真实或可能真实的程度有多大，有多少新的内容，它来自何处，有什么影响"。这一方法贯穿于科恩的著作与书评中。科恩对于近代科学家或科学史家的研究没有使用 20 世纪以来的科学变化的概念，而是尽量追溯科学家所在时代那些富有创造精神的科学家和对科学变化的分析家实际使用的表达方式。科恩本人也明确提出："我当然不提倡辉格式的科学史，尽管在本书中我确实把笔墨大部分集中在科学发展中一些小事情和情节上。"他对于科学革命发生的分析，以历史记录为依据。"我不是试图定义什么东西构成了科学革命，然后再看这定义是否适合牛顿的成就，而是选择了追溯历史的科学记录的途径……我已选取了牛顿时代的科学家的著作作为指南来确定科学中的牛顿革命的特点。"科恩在评价沃尔夫写的《18 世纪科学、技术和哲学史》时指出："从 20 世纪的观点来看，物学比其他科学更重要，就可能帮助我们理解为什么物理学有 113 页，植物学、动物学和医学只有 72 页，这反映出的是我们的兴趣，不是 18 世纪的情况。"另一方面忽视了微积分在 18 世纪的重要作用，关于这一部分该书只有 16 页。科恩反对这种脱离历史事实的研究方法，他认为应还原当时的历史情况，而不是为了迎合现代人的需要改变历史。

编史法：

1. 实证主义编年史 – 萨顿《科学史导论》
2. 思想史/观念史 – 柯瓦雷《伽利略研究》
3. 社会史（外史）
（1）默顿 – 科学社会学
（2）贝尔纳 – 科学学

三、自然科学史的分类

1. 科学通史：研究自然科学整体的发展史，或研究某国家、某地区、某阶段自然科学整体的发展史。

科学通史
- 全球科学通史
- 国别科学通史
- 地区科学通史
- 断代科学通史
- ……

2. 学科史：研究自然科学某一学科发生、发展的历史。

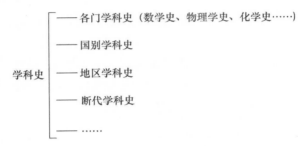

学科史
- 各门学科史（数学史、物理学史、化学史……）
- 国别学科史
- 地区学科史
- 断代学科史
- ……

3. 专题史：研究自然科学中某一专门问题发生、发展的历史。

专题史
- 理论方面的专题史
- 实验方面的专题史
- 学科分支中的专题史
- 科学学派史
- 科学家传史
- ……

4. 科学思想史：专门研究科学思想的发生、发展的历史。

科恩作为 20 世纪著名的科学史学家，他在继承前人传统的基础上也形成了自己的研究方法，我们将之概括为证据分析法、广义语境分析法、微观宏观整合法、再版补充法。

四、科学与技术

科学和技术是两个抽象的概念，他们既有所指又不具体指什么。一方面表现为密不可分，几乎被看作是同一范畴；另一方面二者的任务、目的和实现过程不同，在其相互联系中又相对独立地发展，二者是辩证统一的整体。科学的任务是通过回答"是什么"和"为什么"的问题，来揭示自然的本质和内在规律，目的在于认识自然。技术的任务是通过回答"做什么"和"怎么做"的问题，来满足社会生产和生活的实际需要，目的在于改造自然。

科学主要表现为知识形态，技术则具有物化形态。科学提供物化的可能，技术提供物化的现实。科学上的突破称为发现，技术上的创新称为发明。科学是创造知识的研究，技术是综合利用知识于需要的研究。对科学的评价主要视其创造性、真理性，对技术的评价则首先看是否可行，能否带来经济效益。

随着现代科学革命和技术革命的兴起，科学与技术越来越趋向一体化。技术与科学的联系也越来越紧密。许多新兴技术尤其是高技术的产生和发展，就直接来自现代科学的成就。科学是技术的升华，技术是科学的延伸。科学与技术的内在统一和协调发展已成了当今"大科学"的重要特征。

五、学习自然科学史的意义

萨顿肯定："在科学领域，方法至为重要。一部科学史，在很大程度上就是一部工具史，这些工具——无论有形或无形——由一系列人物创造出来，以解决他们遇到的某些问题。每种工具或方法仿佛都是人类智慧的结晶。"他的主见言简意赅："历史仅仅是一种方法——不是目的！""历史是一种指南，是一种索引，没有它，从新的观点进行综合和选择是不可能的。"通过科学技术史着力培养当代大学生的科学文化与人文文化素养、科学思维能力与创新能力。

科学史作为人类文明史的一个重要组成部分，是研究科学发生和发展历史的一门学问，其立足于从历史的角度研究诸多科学事实本身及相互间的关系。要实现高等教育阶段科学和人文的融合，提高文科学生的科学素养，在高校广泛地开展自然科学史教育是一条重要的途径。这是由自然科学史的科学与人文的双重属性决定的。自然科学史是描述和解释自然科学知识产生、发展和系统化进程的历史学科，包括通史、断代史、国别史和部门科学史。从它的含义来看，一方面，虽然它着眼于自然科学，却立足于历史。科学史如同经济史、政治史、文学史和艺术史，本质上也是一门历史学科，它属于人文科学研究领域，具有浓厚的历史感。所以自然科学史从本质上说是一门历史学科，历史学科又从属于人文学科，这就决定了自然科学史的人文属性。另一方面，它不是关于社会、经济或人类的历史，它是一部关于自然科学的历史，具有明确的指向性。这决定了它的科学属性。所以说自然科学史具有科学与人文的双重属性。文科学生的思维方法更偏向于形象思维，而自然科学知识的逻辑性相对较强，如果单纯地传授自然科学知识，对于文科学生而言接受起来比较困难。

自然科学史简单来说也就是自然科学产生、发展的历史，学生可以在历史的脉络中学习到丰富的自然科学知识，培养逻辑思维方法。所以通过自然科学史教育来提高文科学生的自然科学素养是可能的也是必要。

第一，自然科学史是培养学生的探索和批判精神。自然科学知识迅速发展变化，这就需要一代代的人不断地探索、发现。通过自然科学史的学习，文科学生会理解自然科学知识的形成和发展规律，学习到科学家们孜孜不倦的求知精神和科学的批判精神。从学生的整个人生的发展来看，既有利于养成他们以科学精神看待人文社会科学的习惯，也有利于他们形成以人文社会科学的思想来反思科学技术发展的批判意识。这样不仅有利于学生自身的发展，更为全社会形成良好的学风提供了基础。

第二，自然科学史是提高文科学生辨别是非的能力。现代公民需要舒适的生活，更要科学理性的生活。这不仅需要专业的知识以从事相关职业，而且需要科学的精神来辨别社会生活中的是非。我国的社会正在高速发展，但是公民的科学素养却跟不上经济发展的步伐，一些人由于科学知识缺乏，辨别是非能力不强，从而相信封建迷信，轻者影响自身生活，重则影响社会安定。在文科生中普及自然科学史，有助于学生培养科学精神，提高辨别是非的能力，帮助学生更加科学理性地生活，从而带动社会上的科学之风。

第三，自然科学史是可以扩展知识面。当代的大学教育更注重的是专业知识的学习，学理工专业的学生缺乏人文社科方面的知识，学习人文社科专业的学生缺乏科学技术方面的知识。打破文理隔阂，让理工科学生懂得一些历史，让人文社科学生对自然科学有一个基本的概览。对目前严格分科的教育体制来说，这个基本功能格外的突出。随着严格分科体制的弱化，淡化专业的通识教育逐步体制化，大学低年级文理界限不再那么突出和分明，科学史的这一基本功能也会不再那么突出，但依旧是有特色的，是其他文科或理科课程所无法取代的。

复习与思考题

1. 自然是什么？科学是什么？科学技术是什么？

2. 简述学习科学技术史的意义。

3. 如何理解科学的内涵和外延？

第二章　古老文明的科学技术

第一节　科学技术的萌芽

　　人在童年的早期，是很难有明确的记忆的；人类的历史越往前追溯，也是越模糊不清的。人类诞生之后，从有记忆开始就已经掌握了一些基本的技术，它们产生的时候并没有伴随着文献的记载。我们只能根据科学理论和考古发现去进行合理的重建。

　　按照生物进化的观点，人类和猿猴有着共同的祖先，人猿未分的时候大概是在3000万年前，经考古发现埃及猿人正处于这个时期。此后人猿祖先就开始分化成猿科和人科。距今1400～800万年的腊玛古猿易经从树上来到地面生活，距今400～100万年的南方古猿的手足出现分工，可以使用自然的工具。200万年前的直立人开始制造和使用石器，170万年前发现的元谋人，是已知直立人中最早知道用火的，而直到30万年前的智人，人工取火才被掌握。从300万年前一直到公元前1万年这漫长的时期，人类都处在旧石器时代，以后人类的进化速度大大加快，新石器时代从公元前1万年一直延续到公元前4000年就结束，人类进入青铜器时代，这时才出现文字记载，人类的进程从依靠理论推演的自然史进入了有记载流传的文明史。我们只能粗略地知道早期技术发展史，是从旧石器到新石器，从自然火种到人工火种的发展，从原始农业、原始畜牧业、原始手工业中逐渐发展出犁、陶器、冶金技术的一个过程。在 5000 年前四大文明古国的出现，才使得科学技术的历史有了更丰富的内容。

第二节　古代文明的语言文字及宇宙观

在历史的黎明时期，文明首先在尼罗河、幼发拉底河、印度河、黄河和底格里斯河这几条北半球的大河中发展起来，也就是我们常说的四大文明古国：古埃及、古巴比伦、古印度和中国。

一、古埃及

古希腊历史学家希罗多德说："埃及是尼罗河的馈赠。"位于非洲东北部的尼罗河是世界第一长河，它发源于非洲中部的布隆迪高原，自南向北，流经现在的布隆迪、卢旺达、坦桑尼亚、乌干达、南苏丹、苏丹和埃及等国，最后注入地中海。尼罗河的西面是大片的沙漠，而尼罗河两岸狭长的地带却有着肥沃的土壤，古埃及人民就生活在这里，把尼罗河视为他们的生命之河。古埃及的历史大致分为六个阶段，分别是前王朝时期，早期王国、古王国时期、中王国时期、新王国时期和衰败时期。其中一共经历了 31 个王朝，直到公元前 322 年亚历山大大帝征服埃及。

大约公元前 4000 年前，埃及出现了象形文字。古埃及人称之为 mdwntr，即"神圣的镌刻"，后来演化成为英语"hieroglyph"圣书体一词，古埃及人认为他们的文字是由透特神（Thoth）创造的，透特神是埃及的月亮神、智慧神，手里拿着笔和尺子。最初的圣书体后来逐渐演化成适合于在纸草上书写的僧侣体和世俗体，外形与之有很大不同，但是内部结构一致。圣书体又称碑铭体，常出现于金字塔石碑和神庙墙壁上，逐渐成为装饰文字；僧侣体书写快捷，起初为僧侣使用，后来专用于书写宗教经典；世俗体又称大众体或书信体，在外形上进一步简化，到托勒密时期成为主要字体，广泛用于书信、文学著作等日常文化活动。三种字体的发展有些类似汉字从的篆书到隶书再到草书的演变，后来并存使用，一直延续到 4 世纪，此后就逐渐失传，而近代学者几百年内一直无法解读埃及象形文字。直到 1799 年，法国远征军在埃及罗塞塔地区附近发现一块黑色玄武石碑，上面刻着三段文字，分别是用圣书体、世俗体、古希腊文书写的。到了 1822 年，法国语言学家商博良（1790 年～1832 年）受英国物理学家托马斯·杨的启发，从国王托勒密的名字入手，破译了石碑内容，得知其制作于公元前 196 年，所刻碑文是古埃及国王托勒密五世登基的诏书。从此象形文字的神秘面纱就被揭开了。

埃及象形文字的圣书体是雕刻在石碑或墙壁上，而僧侣体和世俗体则是用鹅管笔写在纸莎草做的纸上。纸莎草又被翻译成纸草，是一种沼泽植物，曾经广泛分布在尼罗河两岸，可以做鞋、筐等，还可以造小船。把纸草劈成薄片，相互叠边挤压，其中所含的天然胶汁就能使得草条拼接起来，这样晒干后就可以做成纸张。这种纸草纸被埃及人发明使用，惠及后来的希腊人、腓尼基人、罗马人、阿拉伯人，延续了近 3000 年，直到 8 世纪才被从中国传来的造纸术取代，现在埃及还以之为国草。目前我们对埃及数学的了解，就是基于两份僧侣体的纸草书，一份是 1858 年发现的莱茵德纸草书，一份是 1893 年发现的莫斯科纸草书。

古埃及的宇宙观主要体现在创世神话之中，宇宙最初是原始水，苍天女神努特和大地之神盖布孕育于其中，相互结合在一起。在创世之日，一个新的空气之神舒从原始水中出现，它用双手把苍天女神努特承托在上，努特于是支起分开的双手和双腿撑起自己，天宇的四根柱子就这样形成，而大地之神盖布的身体成为大地之后，立即被绿色的植物覆盖了，之后动物和人也诞生了。太阳神原来藏在原始水中莲蓬的花蕾里，天地分开之后，莲蓬的花蕾开放，太阳神腾空而起，升到天空、照耀天地，使宇宙温暖起来。

埃及人把大地看成一个扁平的盘子，周围是起皱的边缘，中间流动着原始的水，这与埃及的地形是相符合的，埃及人生活在尼罗河畔，两边是山丘，中间是平坦的埃及平原，大地之上是倒置的天空之盘。天空作为穹顶的形状，基本上是世界各民族共同的认识。

二、古巴比伦

古巴比伦王国位于美索不达米亚平原，美索不达米亚是音译，意思是两河之间的土地，即底格里斯河和幼发拉底河形成的新月形地带，故而又叫作两河流域。两河流域位于西亚地区，大致在今天的伊拉克境内。这一带在不同的时期有不同的种族在此居住，从苏美尔人，到阿卡德人、巴比伦人，接着是亚述人、迦勒底人，然后是波斯人，到后来亚历山大的部将塞琉古占据了此地。大约公元前

4000 年的时候，苏美尔人就发展出早期高度文明，在公元前 3000 年左右发展出来了楔形文字。楔形文字除了少数是刻写在石头和金属上，大多是在泥板上面刻写的，工具是削尖的芦苇秆或者木棒，所以线条笔直形如楔子。现在我们还能看到 3 万多块这样的泥板书。

古巴比伦认为大地是浮在水上的扁盘，天是半球形天穹，天地被水包围着，水之外是众神的居所，日月星辰都是神，每天出来走一趟，决定世间的命运。这包含了一个球形地球的观念。

三、古印度

古印度的历史大体上可以分为史前时代（哈拉巴文化）、吠陀时代（公元前 1500 年 ~ 前 600 年）、列国争雄时代（公元前 600 年 ~ 1857 年）、殖民时代（1857 年 ~ 1950 年）和独立时代（1950 年至今）。印度河流域在早期出现的文字并没有能流传下来，1922 年在印度哈拉巴地区发现印度的远古城市文明，即大约为公元前 2300 年到 1750 年的哈拉巴文化，发现约 2500 种由石头、陶土、象牙或铜制作的印章，上面刻写浮雕图像和铭文，文字符号大约 400 ~ 500 个左右，这种印章文字尚未被解读，它们和印章上的雕画是什么关系还不清楚，也还没有印章文字能书写成文的证据。哈拉巴文化延续了几百年，于公元前 18 世纪灭亡，原因尚无定论。之后印度出现吠陀文化，这是以吠陀经典命名的文化，于是逐渐出现记述的语言文字：梵语和俗语。对于梵字的创制，也有一些传说，如唐玄奘《大唐西域记》卷二说："详其文字，梵天所制，原始垂则，四十七言"（47 个字母）。"梵王天帝作则随时，异道诸仙各制文字。"而唐代西明寺道世法师在《法苑珠林》中记载："昔造书之主，凡有三人。长名曰梵，其书右行；次曰佉卢，其书左行；少者苍颉，其书下行。"（《大正藏》第 53 册，351 页中、下）。世界上所有古代语言中，梵语文献量仅次于汉语文献，远远超过古希腊语和拉丁语文献。古印度的典籍，比如吠陀经，梵书、奥义书、史诗、古事记等，都是用梵文记载下来的。原始佛教的经典，原来用俗语写成，后来才逐渐梵语化，形成了一种特殊的佛教梵语或混合梵语。梵语的语法和发音复杂而完善，它被当作一种宗教礼仪而分毫不差地保存下来，在 19 世纪重构印欧诸语言时发挥着关键性作用。梵语的书写载体是阔大的树叶，比如贝多罗树的树叶，故而梵语文献又常被称"贝叶经"。

在印度的宇宙观里，天像个大锅一样盖在地上，大地中央为须弥山，支撑天空，日月都围绕须弥山转动，大地由四只大象驮着，而大象则站立在龟背上，龟则浮于水上。其中的须弥山，大概是印度人对青藏高原的一种原始的认识。

四、中国

中国的汉字在漫长的历史进程中具备了六书的造字方法和以五体为主的字体形态，六书是"象形、会意、指事、形声、转注、假借"，五体是"篆书、隶书、草书、行书、楷书"。然而目前所知中国最早的系统文字是殷商时代的甲骨文，因刻于龟甲和兽骨上而得名，但是几千年来并不为人所知，直至光绪二十五年（1899年）才被国子监祭酒王懿荣发现，经刘鹗、孙诒让、罗振玉、王国维、叶玉森等学者的搜集考究，建立了"甲骨学"。已发现的甲骨文图形有4000多种，其中已经识别的约有2500多字。甲骨文不仅体现了"六书"的造字原则，还已具备书法的三个基本要素，即"用笔、结字、章法"。春秋战国时期，各国文字差异很大，秦始皇统一中国之后，由丞相李斯主持统一全国文字，称为秦篆，又叫小篆，是在金文和石鼓文的基础上删繁就简而来。但是篆书还是书写不便，于是就出现了书写便捷的隶书，继而在汉代出现更简洁的草隶，发展成章草，后来由张芝创立了今草，即草书。而隶书沿用至三国时期又由钟繇创立楷书，同时也与其他书法家一起创立了行书。行书盛行于晋代，而楷书经过魏碑的发展，在隋唐走向了巅峰。

中国自古有天圆地方的宇宙观念，这种盖天说后来表现出两种形态：一种是"天圆如张盖，地方如棋局"；另一种是"天象盖笠，地法覆盘"；另外还有"天圆而动，地静而方"的哲学解释。除此之外，还有浑天说和宣夜说，据说也是流传久远的认识，然而直到汉代才有文献记载。

第三节　古代文明的科学技术

古代文明中并没有明确的科学技术的学科设置，我们是按照今天对科学技术的理解去古代的遗迹或文献中找寻相类似的内容，并按照现代的学科分类去加以整理，然而这并不表明它们在古代的理解也是这样。由于后面一章专门叙述中国的科学技术，在此着重介绍其他三大古老文明的科学技术。

一、数学

(一) 古巴比伦

苏美尔的数字起初是用芦管划在泥板上。小于十的数字斜划，是几就几画，10 或 10 的倍数用竖划。与这种十进制计数法并行的，还有以 60 为基数的计数法。前面的十进制计数法用小芦管来划，而用大芦管斜划表示 60 的个数，竖划表示 600 的个数。在公元前 2500 年左右，十进制就被废弃不用，书写上用楔形尖笔代替芦管，单独一个竖划表示 600 的幂次——1、60、3600，两竖划成一带角度的箭头表示 10、60、3600，这些符号的值是根据其位置来定，故而和我们现在熟悉的印度－阿拉伯计数法一样是进位制。

在公元前 2500 年以前，苏美尔人就制定了乘法表，会计算矩形的面积、长方体的体积。在计算圆的面积和圆柱体的体积时，他们把 π 值取整数 3。后来倒数表、平方表、平方根表、立方表都被制订出来了，并用来解二次方程和三次方程。巴比伦人知道半圆的内接三角形是直角三角形，还知道勾股定理的普遍性，他们的几何学和他们的算术一样，具有明显的代数性质。

(二) 古埃及

埃及生活的基本经验从一开始就来源于尼罗河。根据古希腊历史学家希罗多德的说法，因为尼罗河每年泛滥后需要重新划分地界，因此就有一些测量家或者“牵绳者”用绳子丈量土地，由此而发展出土地测量技术。组成几何学这一英文单词“geometry”的两部分“geo”和“metry”，分别就是“土地”和“测量”的意思。古埃及人能计算简单平面图形的面积，比如三角形和六边形，用三角形底边边长的一半乘以高来计算三角形面积；也能计算简单立方体的体积，比如计算金字塔的体积，就用用金字塔底面积的 1/3 乘以高。古埃及人对圆面积的计算，是直径去掉 1/9 后平方，也就是把 π 值取 256/81，约为 3.1605。

公元前 3000 年前后，埃及人发展出一套十进制的数系，用不同的符号来表示 10 的不同次幂，而不是用位置来表达，类似于罗马计数法，故而这不是一种进位制。这种计数法进行加减运算很方便，但是在乘法和除法运算中十分笨拙。分数的广泛含义还不为所知，只允许分子为一的分数，比如把 2/5 写成 1/3 + 1/15。

埃及人在数学方面的成就总的来说不及巴比伦人，虽然在 π 值上比巴比伦人更精确，但他们只能解简单的线性方程，也不知道巴比伦人已经掌握的关于直角三角形的各种性质，也没有进位制的记数系统。

（三）古印度

大约在哈拉巴文化时期，印度人就采用了十进制记数法，到了公元前 3 世纪前后，出现了数的记号，但还没有出现零的符号吠陀时代出现了若干条几何学知识，耆那教经典中提到了圆周率，公元前 200 年的《昌达经》提出了印度最古老的帕斯卡三角。公元前 323 年亚历山大侵入印度，希腊几何学的传入使得印度的几何学有所发展，同时印度人发展了自己的算术和代数。目前所知有确切生年的最早的印度数学家是阿耶波多（Aryabhatiya，约 476 年～550 年），他的传世著作只有一本写于 499 年的《阿耶波多历数书》，该书最突出的地方在于对希腊三角学的改进和一次不定方程的解法。628 年，婆罗摩笈多（Brahmagupta）在《经过更正的梵天的论述》里第一次把零当作实际存在的实体对待，而不仅仅是占据一个空数位，如 $1 - 1 = 0$ 中所隐含的意义。在约 850 年的摩诃吠罗（Mahavira）讨论了加减乘除四则运算，以及零的符号与用法。他认为以零除任何数结果都是零。但后来的跋斯迦罗（Bhaskara，1114 年～1185 年）第一次指出，以零除任何数结果是无穷大。

二、天文历法

（一）古埃及

埃及的天文观测记录没有保存下来，但从棺椁盖上的铭文和所画的天象图可以看出，埃及人将天球赤道带的众星分为三十六群，他们把一年分成三十六段，一段有十天，大致相当于我们中国“旬”的概念，每当一个星群在黎明前恰好升到地面上，就标志着一个十天周期的开始。

埃及人的历法是一种简单的太阳历。因为尼罗河的泛滥是有周期性规律的，最初这种历法把一年分成三个季节，每个季节四个月。这三个季节分别是：泛滥季、洪退季、收获季。后来有一种实用的民用历，每年有 12 个月，每月 30 天，年末还有 5 天作为节日奉祭诸神。但是太阳年的实际长度比整数的 365 天大约多出 1/4 天，于是这种民用太阳历每 4 年就会向后退 1 天，要过 1460 年才能重新符合天象。埃及人以尼罗河泛滥作为新的一年的开始，在公元前 2700 年左右，埃及人用天狼星的升起来调整他们的历法，因为这颗星在尼罗河泛滥期恰好在黎明之前升起来。

（二）古巴比伦

幼发拉底河和底格里斯河的涨落并不规则，而耕种谷类需要适应时节，因此两河流域一年四季的确定全靠天文观测。由于没有天然屏障，外族频繁入侵，使得人们生活缺乏安全和稳定感，面对着不可预测的未来，两河流域的占星术特别发达，这也使得僧侣们夜夜观察天空的景象，并把观察结果记录在泥板上。

巴比伦人用月亮的周期盈亏来计算时间，在公元前 4000 年左右就开始试图确定一年四季中月份的数目。在公元前 2000 年左右，巴比伦的一年定为 360 天，或 12 个月（大月 30 天，小月 29 天，共 354 天），还时常要增加闰月以做调整。人们对太阳和行星在恒星中的视运动进行观察，已知最准确的是金星出没的记录，并且用太阳、月亮和五个已知行星给一星期七天进行命名。太阳在天空的历程被划分为十二宫，用神或动物命名，并有用相应的符号代表，后来就演化成我们今天熟悉的星座。

公元前 18 世纪，两河流域出现了现存最早的农书《农人历书》，虽然这是一本农书，但是由于农业和天文历法的密切关系，在古代尤其如此，故而在此也把它放进来。《农人历书》以一个老农民教育儿子的口气写的。这位老农民对儿子不厌其烦地讲述应该如何务农，要注意的各种事情。比如及时播种和收割、怎样节省灌溉用水、不要让牲畜践踏田地、驱赶食谷的飞鸟等。

（三）古印度

伐罗诃密希罗（Varahamihira，约 505 年~587 年）是第一个杰出地描述了印度天文学的人。他讲到前任所著的五部《悉昙多》（Siddhantas），其中四部都是以古希腊天文学为基础，另一部则以远古《吠陀》典籍中的占星术为基础。这四部《悉昙多》中，其中有一部是《罗马悉昙多》，表明它来自于罗马；同时伐罗诃密希罗也常常提到印度的天文学是从西方人那里传过来的。他和其他一些古印度天文学家都设想大地为球状，而太阳、月亮以及行星和地球的距离是跟它们运行的周期成比例的。多数印度天文学家都认为太阳系每个天体都受一股"风"的影响而具有各自的运动，此外有一股更大的漩涡风带动一切天体每一天环绕地球一周。阿耶波多取消了这股更大的漩涡风，取而代之的是一股在地面上约 160 公里处的风在吹动地球做周期运动，但是一般天文学家并不接受这一看法。为了解释行星的复杂运动，古印度人也采用了希腊人的本轮说，并提出一些卵形本轮能更准确地计算行星运动。在解释月亮的运动时，古印度天文学家采用了一些显然受到巴比伦影响的计算方法。

三、医学

（一）古埃及和古巴比伦

现在发现了几种记载了医学论文的埃及纸草书卷，以埃伯斯（Ebers）和斯密斯（Edwin Smith）纸草书卷资料最好，前者年代是公元前1600年左右，后者是公元前2000年左右。最早留下名字的医生是伊安荷普特（I－am－hotep或Imhotep），意思是"平安莅临者"，后来被人奉为"医神"。而米索不达米亚的泥板书中没有比公元前10世纪更早的医学文献。

在埃及人和后期美索不达米亚人的医学文献中，都流行用"妖魔"来解释疾病的原因，疾病被人格化为邪恶的精灵。有一种观点在当时非常流行，即认为身体内每一器官都由一个具体的神祇掌管，可以通过祈求这个神祇来治愈其所掌管的器官。在巴比伦，除了巫术和厌禳外，没有其他治疗方法，虽然公元前2000年左右的汉谟拉比法典有关于外科手术的规定，表明那时有医生的行业，不过基本都属于巫医。在这方面美索不达米亚是不及埃及人的。埃及人也使用咒语、符箓和仪式来治疗，但是另外还有比较理性的医学，而且也高度专门化。最早的埃及医学文献主要是开列各种药方，对疾病描述不详。而到了公元前1600年的埃伯斯纸草书，里面对约47种疾病作出了描述，指出了病人的症状以及诊断和处方。埃及有用香料保存尸体的风俗，因此必然具备一些解剖学知识，在公元前2500年前的雕塑中可以找到埃及外科医生施行手术的证据，当时僧侣学校训练的医生，有治疗骨折的接骨郎中，也有治疗流行眼病的眼科大夫。配制香料和药物的技术达到高度完美的状态，许多埃及药品当时都闻名世界。尽管两河流域人对解剖进行过猜测，但是他们没有做过解剖，在他们看来，心脏是智慧的中心，耳朵和眼睛是注意力的中心，胃是诡计的中心，肝是机能的中心，子宫是怜悯的中心，梦是富有意义的。智慧之王伊亚是医生的保护神。

（二）古印度

年代最早的印度医学著作是英国人鲍威尔（Bower）1890年在印度发现的一些手抄卷子，年代约在公元前4世纪。这些卷子举出了一些药物的名称及其用法。后来在2世纪的医道大成《阁罗迦》（Charaka）和5世纪的外科论著《苏色卢多》（Susruta）中也常被引用。《阁罗迦》中区分了人身上的三种活力：第一种是由脐下气所产生的；第二种是由脐和心之间的胆汁所致；第三种是由心以上的粘液所产生的。这三种活力是人身上七种基质的来源，这七种基质是乳糜、血液、肌肉、脂肪、骨骼、骨髓、精液。七种基质调和，则人体健康，否则就有病患。《苏色卢多》描述了约 121 种外科用具，以及近代以前几乎所有的常用手术方法。它注意到蚊虫和疟疾之间的关系，并谈到糖尿病人的小便是甜的。

四、建筑

（一）古埃及

埃及金字塔举世闻名，它是唯一一个依然存在的古代世界七大奇迹，相传是古埃及法老（国王）的陵墓，但是考古学家从没有在金字塔中找到过法老的木乃伊。塔基为正方形，四面则是四个相等的三角形，这种四面锥形类似我国的汉字"金"，故而称之为金字塔。最大最著名的金字塔便是建于公元前 2690 年左右的胡夫金字塔，原高 146.5 米，因年久风化，顶端剥落 10 米，现高 136.5 米；底座每边长 230 多米，三角面斜度 52 度，塔底面积 52 900 平方米；塔身由 230 万块石头砌成，每块石头平均重 2.5 吨，有的重达几十吨；有学者估计，如果用火车装运金字塔的石料，大约要用 60 万节车皮；如果把这些石头凿碎，铺成一条一尺宽的道路，大约可以绕地球一周。另外塔身的石块之间，没有任何水泥之类的粘着物，而是一块石头叠在另一块石头上面的。每块石头都磨得很平，至今已历时数千年，就算这样，人们也很难用一把锋利的刀刃插入石块之间的缝隙，所以能历数千年而不倒。于是就有了一个问题，如此巨大的金字塔是如何在远古建造起来的？历史文献中找不到任何关于金字塔建造方法的记录，后人有几种推想：其一，用一个巨大的杠杆，一端用绳子绑住石块，另一端通过人力将石块吊往上方，然后将石块逐步往上堆砌；其二，用土堆成斜坡，利用木质滚轴将石块拉上去，土堆是环绕金字塔螺旋上升的；其三，2006 年费城德莱瑟大学材料工程学教授巴尔·索姆就推测，古埃及人在建造金字塔的上层时，是把混凝土灌入高处的模子内，而不是把巨石拖运到高处；其四，荷兰阿姆斯特丹大学研究人员认为，古埃及人将沉重的石块放在滑橇上，在滑橇前铺设一层潮湿的沙子以降低牵引力。但是这些猜测都存有问题，加上围绕着金字塔有很多未解之谜，故而也有人认为是金字塔外星人建造的。

（二）古巴比伦

传说公元前 6 世纪时新巴比伦王国的国王尼布甲尼撒二世（Nebuchadnezzar）在巴比伦城为其患思乡病的王妃安美依迪丝（Amyitis）修建了一座阶梯形花园，层层叠叠的花园上栽满了奇花异草，其间有幽静的山间小道，小道旁是潺潺流水。由于花园比宫墙还要高，远远望去感觉悬挂在空中，因此被称为"空中花园"。当年到巴比伦城朝拜、经商或旅游的人们老远就可以看到空中城楼上的金色屋顶在阳光下熠熠生辉。所以，到了 2 世纪，希腊学者在品评世界各地著名建筑和雕塑品时，把"空中花园"列为"世界七大奇观"之一。令人遗憾的是，"空中花园"和巴比伦文明其他的著名建筑一样，早已不复存在。我们要了解"空中花园"，只能通过历史记载和近代的考古发掘。

到了 19 世纪末，德国考古学家发掘巴比伦城的遗址时，发现南宫苑东北角有一个半地下的、近似长方形的建筑物，面积约 1260 平方米，由两排小屋组成，每个小屋平均只有 6.6 平方米。两排小屋由一走廊分开，对称布局，周围被高而宽厚的围墙所环绕。西边那排的一间小屋中发现了一口开了三个水槽的水井，一个是正方形的，两个是椭圆形的。根据考古学家的分析，这些小屋可能是原来的水房，那些水槽则是用来安装压水机的。因此，考古学家认为这个地方很可能就是传说中的"空中花园"的遗址。因为巴比伦雨水不多，当年巴比伦人用土铺垫在这些小屋坚固的拱顶上，层层加高，栽种花木。至于灌溉用水是依靠地下小屋中的压水机源源不断地供应的。考古学家经过考证证明，那时的压水机使用的原理和链泵基本一致。它把几个水桶系在一个链带上与放在墙上的一个轮子相连，轮子转动一周，水桶就跟着转动，完成提水和倒水的整个过程，水再通过水槽流到花园中进行灌溉。然而，到目前为止，在所发现的巴比伦楔形文字的泥版文书中，还没有找到确切的文献记载。因此，考古学家的解释是否正确仍需进一步研究。总之，传说中的"空中花园"，它的真实面目依旧隐藏于历史的迷雾之中。

（三）古印度

印度河文明中已知的最早的城市文化，是 1921 年在旁遮普邦（Punjab）的哈拉帕被发现的，1922 年又在信德邦（Sindh）境内印度河畔的摩亨佐 - 达罗（Mohenjo - daro）被发现。以规模较大、保存较好的摩亨佐 - 达罗城为例，摩亨佐 - 达罗，又称"死丘"或"死亡之丘"，约于公元前 2600 年兴建，约于公元前 1900 年弃置。城市总体规划非常先进且又极为科学，在当时可谓土木工程中的一项伟大成就，房屋是用烧制的砖块建成的，据考古学家称，"砌砖的精细程度几乎无法再提高了"。大多数住宅的底楼正对马路的一面均为毛坯，没有窗户，这样可以防止恶劣天气、噪音、异味、邻人骚扰和强盗入侵。城里的供水和排污系统是当时世界最先进的供水和排污系统之一，一个水井网络为每个街区提供方便的淡水来源。几乎每户人家都有沐浴平台、许多家庭还有厕所。城中还有一个范围广大的排水系统将多余的水带走。1925 年挖掘出土的大浴池是被一个大建筑群包围的砖砌大水池，位于城市公共部门的正中心，盛有一池深水，它在当时是一个技术上的奇迹，在古印度的建筑中也是独一无二的。遗址中出土了大量印章，这些印章有玉石、有铜制，刻画了数百个字符图形，这些文字和中国的甲骨文有许多类似之处，这些文字至今仍然未能释读成功。难以解释的是，这个伟大城市的文明在公元前 2000 年上半叶的某个时候一下子消失了，几乎没留下任何延续的痕迹，于是对此的解释就有了自然灾害、瘟疫传播、史前核爆、球形闪电、飞船坠落等的猜测。

五、其他

古巴比伦米亚和古埃及祭司、书吏所记载下来的，主要是他们职责领域内发展出来的东西：数学是为了算账和丈量土地；天文学是为了制定历法和占星求卜；医学是为了治疗疾病和驱除邪魔。他们极少记载关于化学、冶金、染色等方面的知识，这类知识属于另一传统，即工匠传统，他们的经验是言传身授的。在公元前 1100 年左右的一份埃及纸草书上，一位父亲劝告他的儿子说："要用心学习书写，这会使你摆脱一切艰苦劳动，成为一位有名望的官员。书吏不用参加任何体力劳动，他是发号施令的人。我看见过冶炼工人在炉前操作的情形，他的手指就像鳄鱼一样，身上的臭气比鱼子还难闻。我从没有看见过有哪个铁匠受到任命，也没有看见过哪个铸工当了使节。"这两种传统缺乏接触，使得两者都变得停滞不前，在青铜时代的全盛阶段很少发明出什么新东西。这个时期最重要的两个发明：炼铁方法和字母文字的形成，都是由刚进入青铜时代的民族发明的。在公元前 2000 年时，居住在亚美尼亚山地的基兹温达部落发明了一种有效的炼铁方法，于公元前 1400 年后传播开来，300 年后几乎人尽皆知了。腓尼基人在公元前 1300 年左右发明了字母文字，成为后来印欧文字和闪族文字的祖先。反观中国，这种僧侣传统和工匠传统并没有如此决然不相往来的断裂，比如伊尹耕于有莘之野，傅说筑城于傅岩之野、姜太公钓于渭水之滨、百里奚是奴隶出身……
后来却都成为宰相贤臣，"耕读传家"的理念便是两种传统结合最简洁的表述，
故而古代中国很长时期内都在实用知识和技术上保持着世界领先的水平。

复习与思考题

1. 科学知识产生的原因是什么？
2. 衡量文明古国的标准是什么？
3. 古巴比伦的文明成就主要有哪些？
4. 试比较四大文明古国的异同。

第三章　中国古代的科学技术

本章教学目的和基本要求：

　　了解与西方近代科学类型不同的科学体系，把握中国古代认识自然的特点，重点是中国的天文学、宇宙论、农学、四大发明和明末四大科技名著；难点是中国的数学和医学体系。

第一节　中国古代科学技术的产生

　　中国地处亚洲的东部，太平洋的西岸，北面是寒冷的西伯利亚荒原，东面和南面都是大海，西南是喜马拉雅山，西部和西北部是阿尔泰山、昆仑山或者沙漠和戈壁。山海之间形成了一个较为封闭的地理环境，再加上中国先民们的聪明才智和勤奋努力，使得文明在这块土地上比在其他任何地方都更加持久而延绵不绝。

　　大量的考古发现表明中国是人类的发源地之一，并且几乎可以独立地构成一个完整的谱系。从约170万年前的云南元谋人、约70万~20万年前的北京人、18万年前的山顶洞人，到约公元前5000~前3300年的河姆渡文化、约公元前4300~前2500年的大汶口文化。在中国古代的文献记载中，则有许多流传久远的神话传说，比如盘古开天辟地、女娲补天且抟土造人、燧人氏钻木取火、有巢氏构木为巢、伏羲造八卦、神农尝百草、后羿射日、精卫填海等，上古的神话传说总结起来一句话就是："自从盘古开天地，三皇五帝到如今。"传说中的三皇五帝因年代久远，说法众多，已经难以证实，但毫无疑问中国文明根基是在这个时候奠定下来的。关于这段时期的发明创造，在《易经·系辞》中有一段说明：

古者包牺氏之王天下也，仰则观象于天，俯则观法于地，观鸟兽之文与地之宜，近取诸身，远取诸物，于是始作八卦，以通神明之德，以类万物之情。

作结绳而为网罟，以佃以渔，盖取诸离。

包牺氏没，神农氏作，斫木为耜，揉木为耒，耒耨之利，以教天下，盖取诸《益》。日中为市，致天下之民，聚天下之货，交易而退，各得其所，盖取诸《噬嗑》。

神农氏没，黄帝、尧、舜氏作，通其变，使民不倦，神而化之，使民宜之。《易》穷则变，变则通，通则久。是以"自天祐之，吉无不利"。

黄帝、尧、舜垂衣裳而天下治，盖取诸乾、坤。

刳木为舟，剡木为楫，舟楫之利，以济不通，致远以利天下，盖取诸涣。

服牛乘马，引重致远，以利天下，盖取诸随。

重门击柝，以待暴客，盖取诸豫。

断木为杵，掘地为臼，杵臼之利，万民以济，盖取诸小过。

弦木为弧，剡木为矢，弧矢之利，以威天下，盖取诸睽。

上古穴居而野处，后世圣人易之以宫室，上栋下宇，以待风雨，盖取诸大壮。

古之葬者，厚衣之以薪，葬之中野，不封不树，丧期无数。后世圣人易之以棺椁，盖取诸大过。

上古结绳而治，后世圣人易之以书契，百官以治，万民以察，盖取诸夬。

表 3-1　《易经、系辞》中卦象与发明的联系

先圣	物事	方　法	用　途	卦名	卦象
包牺氏	网罟	作结绳而为网罟	以佃以渔	离	☲
神农氏	耒耜	斫木为耜，揉木为耒	以教天下	益	䷭
	市货	日中为市，致天下之货	交易以各得其所	噬嗑	䷔

续表

先圣	物事	方 法	用 途	卦名	卦象
黄帝尧舜	衣裳		垂衣裳而天下治	乾坤	䷀䷁
	舟楫	刳木为舟，剡木为楫	以济不通，致远以利天下	涣	䷺
	牛马	服牛乘马	引重致远，以利天下	随	䷐
	门柝	重门击柝	以待暴客	豫	䷏
	臼杵	断木为杵，掘地为臼	万民以济	小过	䷽
	弧矢	弦木为弧，剡木为矢	以威天下	睽	䷥
后世圣人	宫室	上栋下宇	以待风雨	大壮	䷡
	棺椁			大过	䷛
	书契		百官以治，万民以察	夬	䷪

"易者，像也"，"以制器者尚其象"，《易传》的作者认为阴阳的道理可以统摄万事万物的形象，故而各种发明创制都可以由易经中的卦象衍变而来，但这并不是任何人都能随便做到的事情，因为从抽象到具体还有很远的距离，一方面需要对易象、易数和易理有十分透彻的理解，另一方面要对生活中的事物有着细致入微的观察和丰富的体验。

一、早期技术的成就

传说中的三皇五帝之后便有了夏（公元前 2070 年～前 1600 年）、商（公元前 1600 年～前 1046 年）、周（公元前 1046 年～前 256 年）三代。而公元前 841 年的"周召共和"是中国历史有确切纪年的开始，《史记》称之为"共和元年"。国际上认可的有年代可考定的中国文明最早的阶段是商朝。在公元前 1500 年左右，商朝曾在黄河边的安阳建都。安阳的考古发现，当时中国处于青铜时代，青铜器在中国出现并不算最早，然而其冶炼技术和铸造技术发展很快，达到了相当高的水平。1939 年在河南安阳出土的商代"后母戊"青铜方鼎，高 133 厘米、口长 110 厘米、口宽 79 厘米，重 832.84 公斤，是迄今为止出土的最大最重的青铜器。后母戊鼎铸造工艺十分复杂。根据铸痕观察，鼎身与四足为整体铸造，鼎耳则是在鼎身铸成之后再装范浇铸而成的。制作如此的大型器物，在塑造泥模、翻制陶范、合范灌注等过程中，存在一系列复杂的技术问题，后母戊鼎的铸造，充分说明商代后期的青铜铸造不仅规模宏大，而且组织严密，分工细致，显示出商代青铜铸造业的生产规模与杰出的技术成就，足以代表高度发达的商代青铜文化。经分析，后母戊鼎含铜84.77%、锡11.64%、铅2.79%，与战国时期成书的《考工记·筑氏》所记鼎的铜、锡比例基本相符。先秦人们已经掌握了青铜合金比例的控制，1965年在湖北省江陵县的楚墓出土的越王勾践剑，剑长55.6厘米，宽5厘米，剑身有黑色花纹，材料为铜和锡，正面有"钺王鸠浅，自乍用鐱"（"鸠浅"即"勾践"，"乍"即"作"）铭文。该剑出土时置于黑色漆木剑鞘内，剑身光亮，无锈蚀，刃薄锋利，2000年后的今天仍然锋利无比，稍一用力，便将16层白纸划破。可见其铸造工艺达到了相当高的水平。1978年在湖北随州擂鼓墩曾侯乙墓出土的编钟，是迄今为止发现的最完整、最大的一套青铜编钟，该编钟能把锡的比例严格控制在12.5%～14.6%，铅的比例严格控制在1%～3%，以求达到最高的音乐性能。

大约在公元前6世纪，中国就知道用铁，关于铁的最早发现是公元前513年，江苏六合县春秋墓出土的铁条、铁丸，以及河南洛阳战国早期灰坑出土的铁锛均能确定是迄今为止的我国最早的生铁工具。而欧洲工业国家在14世纪的文艺复兴时才掌握了生铁冶炼技术，比中国晚了将近2000多年。

中国是世界上最早利用蚕丝的国家，早在公元前3000年就已经有比较发达的养蚕和丝织业。远古的文献中记载了大量与种桑养蚕相关的神话传说和诗句。比如《山海经·海外北经》记载："欧丝之野在大踵东，一女子跪据树欧丝。"《诗经·七月》也有这样的诗句："蚕月条桑，取彼斧斨，以伐远扬，猗彼女桑。"《周礼注疏》卷三十《夏官·马质》郑玄引《蚕书》曰："蚕为龙精，月直大火，则浴其种，是蚕与马同气。"贾公彦疏谓："蚕与马同气者，以其俱取大火，是同气也。"后人据此将蚕与马相糅合，造出人身马首的蚕马神，可见蚕丝对于中国人具有非常重要的意义。用蚕丝织出的丝绸轻软华丽，一直为全世界人民所喜爱，丝绸的对外贸易也开辟了东西方交流的"丝绸之路"。

早期中国人以陶轮制造器皿，以马匹驾驶车辆，而与西方不同的是，人们种植水稻而不是大麦。殷墟出土的甲骨文中记载了很多关于农业丰收的卜辞，而很少有关于畜牧业的，表明当时农业的重要性超过畜牧业。甲骨卜辞中也有大量关于疾病的记载，而治病的主要方法是通过巫术，但也有一些药物。商代时候的人们已经认识到某些植物的汤液对于疾病具有治疗作用，各种金属制造的医疗器具也开始出现。

远古先人在树上"构木为巢",后来把巢居发展成为干栏式房屋,又在黄土高原建造窑洞式和半地穴式房屋。距今 6000 年的半坡遗址就是半地穴式房屋,用木骨涂泥的方式构筑,后来发展成为以土木结构为主的建筑传统。根据河南和湖北的商代城市遗址,城墙主体都是用分段版筑法建成的,城中还有大面积的宫殿和宗庙的夯土台基,出现院落式组合和对称布局。根据甲骨文字形,城墙上应该还有门楼建筑,而地面下有的还铺设有排水用的陶水管。周朝先人还是简陋的土穴式房屋,后来开始吸收了商代建筑技术,取代商朝之后,周公在洛阳大规模地营建都邑,之后各国诸侯和大夫也纷纷营建都城。西周时期已经出现了瓦,但使用还不太普遍,直到春秋才开始普及。

商代前期,铸铜、制陶、制骨、制玉已经成为独立的生产部门,后期官营手工业分工越来越细,水平也越来越高,甲骨文中已经出现"百工"的说法,记录的工匠有陶工、酒器工、椎工、旗工、绳工、马缨工等,考古资料也表明商代已经有建筑和船只建造行业,青铜器、陶器、兵器和乐器等制造行业,以及金属、骨、玉石、皮革、竹木等加工行业。周朝继承了商朝的人才,《周礼》中记叙的六官中有"冬官",就是掌管工程制作的,后世演化为六部之工部。可惜六官中只有冬官这部分佚失,后世补之以《考工记》,然而设官之制不详,然由前五官的设置可推测其规模不小。

二、早期科学知识的产生

(一) 天文学

由于农业生产离不开历法的制定,以农业为本的华夏先民很早就注重天文观测,使天文学成为中国最古老、最发达的科学之一。考古发现以及文献记载表明,在约公元前 24 世纪的尧帝时代就有了专职的天文官,负责观象授时的工作。《尚书·尧典》记载:"帝尧……乃命羲和,钦若昊天,历象日月星辰,敬授人时。""汝羲暨和。期三百有六旬有六日,以闰月定四时,成岁。允厘百工,庶绩咸熙。"当时人们就已经知道用黄昏时南方天空所看到的不同恒星来区分春夏秋冬四季。据说从夏朝流传下来的农事历书《夏小正》(载于《大戴礼记》第47 篇),记载了许多天象知识和物候变化,据学者研究认为很可能是和彝族的太阳历相似,把一年分为十月。从甲骨文的卜辞之中,可以看出殷商时代用干支记日，用数字记月，月分大小，大月 30 天，小月 29 天，闰月置于年终。此外，甲骨卜辞中还有关于日食、月食、新星的记载。《礼记·月令》以二十八宿为参照系描述了太阳和恒星的位置变化。《春秋左传》中记载了很多天文资料，从公元前 722 年到公元前 481 年，总共记载日食 37 次，并于公元前 613 年在世界范围内首次记载了哈雷彗星的出现。战国时期出现了专门的天文学著作，齐国的甘德著有《天文星占》，魏国的石申著有《天文》，后人把两书辑成《甘石星经》，是当时天文观测资料的集大成者，也是世界上最古老的星表。明末顾炎武在《日知录》中说："三代以上，人人皆知天文。'七月流火'，农夫之辞也；'三星在天'，妇人之语也；'月离于毕'，戍卒之作也；'龙尾伏辰'，儿童之谣也。后世文人学士，有问之而茫然不知者矣。"这未必就是说上古人人都是天文学家，而是表明在上古时期中国人对天上的星空具有很多常识，天象已经成为人们生活的一部分，与气候、农业、物候、医学、礼仪、政治有着密切的关系，这种关系也是中国古代"天人合一"的哲学观念的具体体现。故而后来中国历朝历代的朝廷都很重视天文，皇家天文机构从未中断。从秦汉的太史令、唐代的太史局和司天台、宋元的司天监，到明清两朝的钦天监，天文台一直享有很高的地位。李约瑟在《中国科学技术史》一书中的"天文学"一章开篇就说："希腊的天文学家是纯粹的私人，是哲学家，是真理的热爱者（托勒密即如此称呼希帕克斯），他们和本地的祭司一般没有固定的关系。与之相反，中国的天文学家和至尊的天子有密切的关系，在政府机关的一个部门供职，依照礼仪供养在皇宫高墙之内。"他还提到 19 世纪维也纳一位名叫弗兰茨·屈纳特的人曾深有感触地说："中国人竟敢把他们的天文学家——西方人眼中最没用的小人物——放在部长和国务卿一级的职位上。这该是多么可怕的野蛮人啊！"这也体现那个时代的西方人对天文学的无知和偏见。

（二）数学

传说中国文明的起源和两幅有结构的数学图式有着密切的关系，这就是"河图"和"洛书"。《易经·系辞》说："河出图，洛出书，圣人则之。"据说伏羲时，有龙马出现在黄河，伏羲从龙马背上的图案中悟出八卦的道理。大禹治水的时候，有神龟出于洛水，龟背上有排列好的九个数，大禹悟出其中的道理，创立了九畴。《尚书》《易传》和诸子百家对河图洛书之名多有记述，然而直到宋代华山道士陈抟才传出图书的真正样子。河图洛书是阴阳五行术数之源，是中国古人认识和理解宇宙万物最基本、最抽象的数理图式，后来在数学上分化成为神秘主义和理性主义两条发展路线，对古代的科技发明，以及哲学、政治学、军事学、伦理学、美学、文学诸领域产生了深远影响，现在我们还把一切文献资料都叫作"图书"。

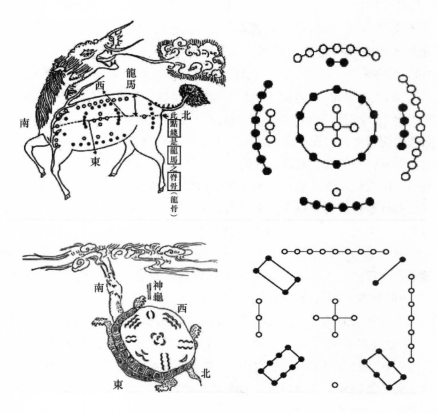

图 3-1　河图和洛书

在算术上，商代甲骨文中已经有十进制的技术方法。周代记数法与商代相比，有一个明显的进步，就是出现了位值记数。春秋战国时期普遍运用算筹来进行数字运算，已经使用当时世界上最先进的十进位制记数法，和我们现在使用的记数方法是一致的，只是表现上并非使用印度—阿拉伯数字而是使用算筹。十进位制记数法是中国人民对世界文明的重大贡献，在世界数学史上也有着重大的意义。李约瑟说："如果没有这种十进制，就几乎不可能出现我们现在这个统一化的世界了。"

对甲骨文的研究表明，商朝人已经会做自然数的加、减法和简单的乘法了，遗憾的是不知道他们的具体算法，因为甲骨文记录的只是运算结果，而没有运算过程。

商代数学还有一种六十进制的计数法，这就是"天干地支"记数法，这种方法主要用于历法，可称干支纪年法。天干有 10 个，即甲、乙、丙、丁、戊、己、庚、辛、壬、癸；地支有 12 个，即子、丑、寅、卯、辰、巳、午、未、申、酉、戌、亥，天干与地支相配，共得 60 个不同单位：以甲子开始，以癸亥告终，然后又是甲子，如此循环不断。

（三）地理学

《山海经》是带有神话色彩的古代山水物志，全书现存 18 篇，藏山经 5 篇、海外经 4 篇、海内经 5 篇、大荒经 4 篇，记载了传说中的地理知识，包括民族、物产、神话、巫医等，对中国古代地理、历史、文化、民俗、神话等的研究，均有参考。司马迁言其内容过于荒诞无稽，所以写史时不敢用它作参考，西汉刘歆认为《山海经》是一部地理博物著作，西晋郭璞认为它是一部可信的地理文献，到明代胡应麟开始把《山海经》列入"语怪"之书，认为它是"古今语怪之祖"，清《四库全书》也把它列入小说类，鲁迅认为它是"巫觋、方士之书"，而现在大多数学者认为，《山海经》是一部早期有价值的地理著作。《山海经》全书记载了约 40 个邦国，550 座山，300 条水道，100 多位历史人物，400 多个神怪奇兽，还有诸如夸父逐日、女娲补天、精卫填海、大禹治水、共工撞天柱、后羿射九日等神话传说。

《山海经》的内容十分丰富，对于各个学科都有着很大的文献价值，在科学史上也是如此，其中记载了古代先民在科学技术上很多的创造与发现，例如在农业创制上，大荒经中《海内经》载："后稷是播百谷。稷之孙曰叔均，是始作牛耕"。《海内经》中还有对上古的农业生产景象的记载："西南黑水之间，有都广之野，后稷葬焉。爰有膏菽、膏稻、膏黍、膏稷，百谷自生，冬夏播琴。鸾鸟自歌，凤鸟自舞。灵寿实华，草木所聚。"在手工发明上，《海内经》载："义均是始为巧倕，是始作下民百巧。"在天文历法上，《海内经》载"噎鸣生岁十有二"；《大荒西经》载"帝令重献上天，令黎邛下地。下地是生噎，处于西极，以行日月星辰之行次"等。另外还有一些关于珍贵的自然现象的记载，如《海外北经》载："钟山之神，名曰烛阴。视为昼，暝为夜，吹为冬，呼为夏，不饮，不食，不息，息为风。身长千里。在无［上启下月］之东。其为物，人面，蛇身，赤色，居钟山下。"当代许多学者均认为，这里记载的是北极地带半年为昼，半年为夜的极地现象，只不过是古人无法用科学的语言来解释这种现象，于是就用神话来描述。

（四）农学

春秋时期，铁器和畜力的使用，形成了精耕细作传统，作为整理和总结农业生产知识的专门学问——农学应运而生。《汉书·艺文志》专门列有"农家"论著，共有9家114篇。其中记载的"六国时"农学作品基本上一无所存，我们所看到的专论农业的先秦文献，只有《吕氏春秋》中的《上农》《任地》《辩土》《审时》四篇，其内容大致采自《后稷农书》。《后稷农书》大概是战国较早时期出现的专门的农学著作，但是很快就失传了，其书名在《汉书·艺文志》都没有记载，幸而在《吕氏春秋》中保留了一部分内容。《吕氏春秋》中《上农》篇讲的是农业政策；《任地》《辩土》《审时》三篇讲的是农业技术。这些论文中丰富的农业辩证法思想直到今天还有一定的意义。

（五）医学

1. 医术与巫术的分离。在战国时期出现的儒家经典《周礼》，系统地记载了先秦的王官制度，形成了以"天、地、春、夏、秋、冬"命名的六官体系，分别掌管国家的"治、教、礼、政、刑、事"六典。六官即六卿，每卿统领六十官职，所以职官总数为三百六十，与三百六十的周天度数相合。通过《周礼》中设官分职的记载，可以看到当时的医学和巫术已经分离，并且有了专门的分科。《周礼·天官·冢宰》载："医师掌医之政令，聚毒药以共医事。凡邦之有疾病者，疕疡者，造焉，则使医分而治之。""医师，上士二人、下士四人、府二人、史二人、徒二十人。食医，中士二人。疾医，中士八人。疡医，下士八人。兽医，下士四人。"

"医师"是医药卫生的行政管理者，掌管国家的医药政令，负责王室和邦内疾病和瘟疫的预防和治疗，由掌握治病专业技能的"士"来担任；"府"是掌管药物、医疗器具和会计事务的人员，大致相当于药房的药剂师；"史"负责文书和医案；"徒"专供驱使并看护病人，算是最早的护理人员。每到年终，医士们的级别和俸禄要根据他们的医疗成绩的优劣来决定，据《周礼》记载："岁终，则稽其医事，以制其食。十全为上，十失一次之，十失二次之，十失三次之，十失四为下。"医师下分有食医、疾医、疡医、兽医四类医官，表明周代已经把医学分为四科，其中食医负责饮食的搭配调和及其卫生，疾医负责内科，疡医负责外科，兽医负责动物的治疗。而负责占卜、祝祷、巫术的"太卜""太祝"等官职则是由掌管文化和教育的"春官宗伯"来统领。

据《左传·昭公元年》记载，秦国名医医和为患病的晋侯诊病后，提出了著名的"六气病源"学说："天有六气，降生五味，发为五色，徵为五声。淫生六疾。六气曰阴、阳、风、雨、晦、明也。分为四时，序为五节，过则为灾：阴淫寒疾，阳淫热疾，风淫末疾，雨淫腹疾，晦淫惑疾，明淫心疾。"这一学说被后世称为病因理论的始祖。

2. 名医扁鹊。据《史记·扁鹊仓公列传》，扁鹊是渤海郡郑人（今河北沧州市任丘市），姓秦，名越人，得到长桑君传授医术，采用"望、闻、问、切"这"四诊"作为诊病的重要手段，并且在诊脉上做出了重要贡献，司马迁说"至今天下言脉者，由扁鹊也"。由于高超的诊病技术，扁鹊路过虢国时，发现死去的虢国太子尚有生机，用高超的医术让太子起死回生；路过齐国时，诊断出齐桓侯的疾病不断加深，但由于齐桓侯讳疾忌医而离去。扁鹊行医是随俗而变，他到邯郸时，听说当地重视妇女，就做妇科医生；到洛阳时，听说周人敬爱老人，就做专治耳聋眼花四肢痹痛的医生；到了咸阳，闻知秦人喜爱孩子，就做儿科医生。在治疗方法上，扁鹊使用针灸、按摩、导引、熨贴、汤液、手术等多种方法；在医疗实践中，扁鹊还提出"六不治"原则：一是狂妄骄横不讲理的人不治；二是重财不重身的人不治；三是对衣食过于挑剔的人不治；四是体内气血错乱、脏腑功能严重衰竭的人不治；五是身体极度羸弱、不能服药或不能承受药力的人不治；六是信巫不信医的人不治。据《汉书·艺文志》，扁鹊留下了《扁鹊内经》和《扁鹊外径》两部医书，但可惜很早就佚失了。

第二节　中国古代实用科学体系的形成

公元前 221 年，秦始皇平定六国，建立了一个庞大的中央集权帝国。他废除分封而立郡县，统一文字、车轨、货币和度量衡，疏浚河道、开凿水渠、兴建驰道、整修长城，其中就有强大的科学技术的支撑。然而秦朝各种庞大的工程和严苛的管理，使得人们不堪重负而纷纷起义，最终推翻秦朝建立汉朝。汉朝继承了秦朝的制度，经过初期的"休养生息"，使得社会恢复繁荣景象。于是在这段时期，我国古代传统的科学体系开始形成，生产技术也逐渐成熟，为后世的发展奠定了基础。

一、数学体系的形成

（一）《周髀算经》

《周髀算经》是流传至今的最古老的数学著作和天文学著作，约成书于公元前1世纪，记载了勾股定理的公式与证明，并且将它运用到测量、天文和四分历法的计算中去。《周髀算经》在天文学上采用"天像盖笠，地法覆盆"的"盖天说"并将之数学化，是"盖天说"的代表作。

（二）《九章算术》

《九章算术》系统总结了战国、秦、汉时期的数学成就，由历代各家整理编纂而成，西汉初年的张苍（公元前201年～前152年）、耿寿昌都做过增补，最终成书约在1世纪，是当时世界上最简练有效的应用数学，它的出现标志着中国古代数学体系的形成。

《九章算术》采用问题集的形式，收有246个与实践相关的数学问题，其中每道题有问（题目）、答（答案）、术（解题的步骤，但没有证明），有的是一题一术，有的是多题一术或一题多术。这些问题依照性质和解法分别分为九章，即方田（田亩面积计算）、粟米（粮食的比例折换问题）、衰分（按等级或比例分配问题）、少广（开平方和开立方）、商功（工程中土石方和用工量问题）、均输（摊派税收和分派劳力的比例问题）、盈不足（用双设法解决难题）、方程（联立一次方程的解法）及勾股（勾股定理的运用和二次方程求解）。

《九章算术》后来被历代朝廷规定为数学教科书，还流传到日本和朝鲜。其中有许多数学问题都是世界上最早记载的，比如最早系统叙述了分数的运算，最早提出负数概念及正负数加减法法则等。其中双设法的问题在阿拉伯曾称为契丹算法，13世纪以后的欧洲数学著作中也有如此称呼的，这也是中国古代数学知识向西方传播的一个证据。

二、天文学体系的形成

（一）太初历

公元前104年即汉武帝太初元年，由于原来的颛顼历越来越不符合天象，经司马迁等人提议，汉武帝召集专家议造新历，最终选定由邓平和落下闳所献历法，史称"太初历"。

《太初历》规定一年等于365.2502日，一月等于29.53086日，将原来以十月为岁首改为以一月为岁首。古代学者认为夏商周三代的正朔不同，夏历建寅，殷历建丑，周历建子，也就是说夏、商、周分别以寅月、丑月和子月作为一年的岁首，分别是一月、十二月、十一月。秦朝以建亥之月为岁首，即夏历的十月为岁首，如《史记·秦始皇本纪》中所载，公元前210年，秦始皇三十七年十月，秦始皇开始出外巡游；当年七月，秦始皇死在沙丘。《太初历》开始采用有利于农时的二十四节气；以没有中气的月份为闰月，以调整季节与月份不相合的矛盾。由于在阴历纪月的基础上采用了体现阳历的二十四节气，所以《太初历》是一部阴阳合历的历法，这是我国历法上一个划时代的进步。《太初历》还根据天象实测和多年来史官的记录，得出135个月的日食周期。《太初历》不仅是我国第一部比较完整的历法，也是当时世界上最先进的历法，它问世以后，一共使用了189年。

（二）天文仪器的制造

春秋战国时期，已经开始使用圭表观测日影以确定季节，用漏壶来计算时间，当时也很有可能已经具有测定天体方位的仪器，即"浑仪"的雏形。浑仪由赤道环和赤经环组成，赤道环固定不动，赤经环可绕极轴旋转，并附有窥管，两环上都刻有周天度数。浑仪在汉代时有了改进，由东汉的傅安添加了一个黄道环，与赤道环成24度夹角，用以观察日月行度。后来张衡又增加了地平环和子午环，北魏时又增加十字水准仪来校正浑仪的安装，使得浑仪完善了起来。

西汉宣帝时期，耿寿昌首创了用来演示天象的铜制浑象。东汉张衡发明了水运浑象，用一个空心铜球作为天球，上面画着全天星宿，并且表示出黄道和赤道，球外有地平圈和子午圈，使得天球可以绕天轴转动。张衡巧妙地运用漏水作动力，通过齿轮系统驱使天球每日旋转一周。

（三）宇宙结构的学说

汉代对于宇宙结构的讨论一共有三种，即"盖天说""浑天说"和"宣夜说"。

1. 盖天说。盖天说可能起源于殷末周初，早期的盖天说是"天圆地方"说，认为"天圆如张盖，地方如棋局"，后来《周髀算经》中提出"天象盖笠、地法覆盘"的新盖天说，认为天不是圆穹状而是斗笠状，并且把盖天说数学化了。然而"天圆地方"容易遭到质疑，人们一般把它当作一种哲学理念而不是天地的真实形状。譬如《大戴礼记·曾子·天圆》篇就记述了曾子（公元前505年~前435年）的理解："单居离问曾子曰：'天圆而地方者，诚有之乎？'……曾子曰：'如诚天圆而地方，则是四角之不掩也。……参尝闻之夫子曰：'天道曰圆，地道曰方'。"另外东汉后期的赵爽在注解《周髀算经》时称："物有圆方，数有奇偶。天动为圆，其数奇；地静为方，其数偶。此配阴阳之义，非实天地之体也。天不可穷而见，地不可尽而观，岂能定其方圆乎？"这些记载都是把方圆理解为动静。

2. 浑天说。浑天说认为天不是一个半球形，而是一整个圆球，地球在其中，如张衡在《浑天仪图注》中说："浑天如鸡子。天体圆如弹丸，地如鸡子中黄，孤居于天内，天大而地小。"浑天说能够近似地说明天体运行的各种现象，而且还可以借助浑仪精确地观测天象，利用浑象演示天体的运行，于是逐渐取代盖天说而取得了优势地位，在我国古代长期占据主导地位。

3. 宣夜说。盖天说和浑天说都难以解释为何日月星辰的运动有快有慢，各有不同，并不像附在同一个东西上运动，于是汉代以前就产生了"宣夜说"。按《晋书·天文志》，宣夜说是汉代郗萌（1世纪）记载的先师所传的学问，认为天没有形体，且高远无极，由此而显示出苍色，其实苍天无形无色。日月众星不是附缀在有形质的天球上，而是自然浮生虚空之中，依赖气的作用而运动或静止，因此运动状态不同，速度各异。宣夜说在古代不受重视，但它打破了固体天球，提出无限宇宙的观念，与现代天文学的许多结论一致，体现了古代中国人在天文学上的卓越思想。

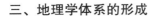

三、地理学体系的形成

（一）地图的制作

地图是地理知识的形象表达，可以表现山川、草木、禽兽、城郭、道路；对于政治和军事上也有重要价值。比如荆轲为了刺杀秦王，就是靠进献一幅地图才能接近目标的；而刘邦进入咸阳后，众将士都去抢夺财物，唯独萧何去丞相和御史府查收律令图书，使得刘邦对"天下阨塞，户口多少，疆弱之处，民所疾苦者"（引自《史记·萧相国世家》）了如指掌。

长沙马王堆出图的帛绘地图，表明在西汉初年我国的地图绘制技术就已经相当成熟。到了晋代，裴秀首次对地图的绘制原则做出理论性总结，即"制图六体"：

一为"分率"，用以反映面积、长宽之比例，即今之比例尺。

二为"准望"，用以确定地貌、地物彼此间的相互方位关系。

三为"道里"，用以确定两地之间道路的距离。

四为"高下"，即相对高程。

五为"方邪"，即地面坡度的起伏。

六为"迂直"，即实地高低起伏与图上距离的换算。

"制图六体"正确地阐明了地图比例尺、方位和距离的关系，对中国西晋以后的地图制作技术产生了深远的影响，由此裴秀制成著名的《禹贡地域图》18篇，成为历史上最早的地图集。

（二）《汉书·地理志》

东汉时期班固的《汉书·地理志》，是我国第一部以"地理"命名的地学著作。《汉书·地理志》由三部分组成，卷首收录我国古代地理名著《禹贡》和《职分》二篇，这是对前代沿革的简单交待；卷末有刘向的《域分》和朱赣的《风俗》，作为附录；中间是主体部分，是班固的创作，这部分以记述疆域政区的建制为主，为地理学著作开创了一种新的体制，即疆域地理志，依次叙述了103个郡国及所辖的1587个县、道、邑、侯国的建置沿革。

全书还记录了周，秦以来许多宝贵的地理资料，如最早的关于石油资源的记载、天然气的记载，当时盐、铁产地的分布情况。书中记水道、陂、泽、湖、池等共300多处，并记其发源和流向、支流和经行里数，这为了解古今水道的变迁提供了可靠的依据。

四、农学体系的形成

（一）秦汉时期的农书《氾胜之书》和《四民月令》

《汉书·艺文志》里记载的农书类有9家共114篇，后来基本都佚失了，我们现在能看到的有《氾胜之书》和《四民月令》的辑佚本。

氾胜之是氾水（今山东曹县北）人，生活在西汉后期（公元前1世纪），其所著的《氾胜之书》在东汉时期就有很高的声誉，唐代学者贾公彦说："汉时农书有数家，氾胜为上。"书中对当时黄河流域的农业生产经验和操作技术进行了总结，记载了禾、黍、麦、稻、稗、大豆、小豆、枲、麻、瓜、瓠、芋、桑等13种作物的栽培，叙述了耕田、收种的基本内容，并且着重阐述了处理种子的"溲种法"和抗旱丰产的"区田法"等。

《四民月令》成书于2世纪，是东汉大尚书（吏部尚书为六部尚书之首，故别称大尚书）崔寔（约103年～约170年）模仿古时月令所著的农业著作，全书贯穿以五行生克的观念，逐月记叙了官宦人家的田庄1年中开展的农业活动，对谷类、瓜菜的种植时令和栽种方法有所详述，以及当时的养蚕、纺绩、织染和酿造、制药等手工业，并且介绍了祭祀礼仪、法令、教育、交往、买卖、保养和卫生。

（二）贾思勰与《齐民要术》

《齐民要术》成书于大约535年左右的北魏末年，作者是贾思勰，生平不详，只知493年～550年在世，曾担任过北魏高阳（今山东青州）太守。《齐民要术》是我国现存最早的完整的农书，全书有10卷，内容涉及作物栽培、耕作技术、农具、畜牧兽医和食品加工等丰富的农业生产知识，其中首次总结了古代的轮作制，形成了一套适合北方旱作地区的耕作技术。《齐民要术》中提到的栽培作物有四大类（谷物、蔬菜、果树、林木）共70多种，并注意到了植物变异和环境之间的关系；继承和发展了古代的兽医药学和相畜禽知识，非常重视人工选种的工作；书中还提到作曲、酿酒、制醋、作酱、作豉、作乳酪、作菹的技术，反映了之前认识和利用微生物的历代成就。

《齐民要术》不仅在我国的古代农业社会中占有重要地位，在日本等国也备受赞誉，并且对西方文明也有过影响。达尔文在《物种起源》中提到过有一部中国的百科全书清楚地记载了选择原理，据考证该书就是《齐民要术》。

五、医学体系的形成

（一）《黄帝内经》

《黄帝内经》是我国现存最早的体系完整的医学著作，是对自上古起历代医家的经验和知识的总结，约于战国时期成书，由《灵枢》和《素问》两大部分组成，各有论文81篇。《灵枢》主要论述针灸理论、经络学说和人体解剖；《素问》论述人体的发育规律、人与自然的相应关系、养生的原则和方法、防病于未然的思想、疾病的诊断法和治疗原则，是中医学的奠基之作，被称为医之始祖。

鉴真和尚东渡日本就带去了杨上善纂注的《黄帝内经太素》，当时日本天皇还命令全国所有的针灸医生和内科医生必须认真地学习它，后来日本政府也三次将之作为国家级文物。《灵枢》流传至北宋已经残破不全，直至北宋元佑年间，高丽国使者进献全帙《灵枢》，想以此换取中国历代史和《册府元龟》等典籍，礼部尚书苏轼连上了五个奏折，极论其不可，后来通过礼部的研究，宋哲宗还是答应了交换，并诏颁高丽所献《黄帝针经》于天下。

《黄帝内经》详细阐述了人体内腑脏和经络学说，又把人的生命放在宇宙和社会中去考察，广泛运用阴阳五行的整体关联思想，奠定了人体生理、心理、病理、诊断以及治疗的认识基础，并提出预防、养生和运气学说。《灵枢》流传至北宋已经残破不全，直至北宋元佑年间，高丽国使者进献全帙《灵枢》，想以此换取中国历代史和《册府元龟》等典籍，礼部尚书苏轼连上了五个奏折，极论其不可，后来通过礼部的研究，宋哲宗还是答应了交换，并诏颁高丽所献《黄帝针经》于天下。

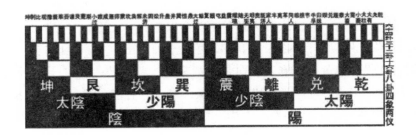

图3-2　太极阴阳卦象图

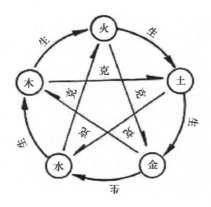

图 3-3　五行生克图

五行	方	时	星	气	生化	五常	脏	腑	窍	体	志	色	味	音	声	谷
木	东	春	岁	风	生	仁	肝	胆	目	筋	怒	青	酸	角	呼	稻
火	南	夏	荧惑	署	长	礼	心	小肠	舌	脉	喜	赤	苦	徵	笑	黍
土	西	长夏	镇	湿	化	信	脾	胃	口	肉	思	黄	甘	宫	歌	稷
金	北	秋	太白	燥	收	义	肺	大肠	鼻	皮毛	忧	白	辛	商	哭	麦
水	中	冬	辰	寒	藏	智	肾	膀胱	耳	骨	恐	黑	咸	羽	呻	菽

图 3-4　五行分美图

(二)《神农本草经》

《神农本草经》在东汉时期集结成书，是对自古以来的中国药物学成果的第一次系统总结。原书很早就佚失了，现行本为后世从历代本草书中集辑的。全书记载了药物 365 种，其中植物药 252 种，动物药 67 种，矿物药 46 种，分为上、中、下三品。"上药一百二十种为君，主养命以应天，无毒，多服久服不伤人"，如人参、甘草、地黄、大枣等；"中药一百二十种为臣，主养性以应人，无毒有毒，斟酌其宜"，如黄连、麻黄、白芷、黄芩等；"下药一百二十五种为佐使，主治病以应地，多毒，不可久服"，如大黄、乌头、甘遂、巴豆等，并指出"用药须合君臣佐使""宜用一君、二臣、三佐、五使，又可一君、三臣、九佐使也"。

《神农本草经》的序录中也蕴含着丰富而深刻的药物理论，提出药有"阴阳"、有"寒、热、温、凉"四气、有"酸、咸、甘、苦、辛"五味，指出了药物配伍理论中"七情合和"的原则，即药"有单行者，有相须者，有相使者，有相畏者，有相恶者，有相反者，有相杀者。凡此七情，合和视之"，并且规定了药物的剂型："药性有宜丸者，宜散者，宜水煮者，宜酒渍者，宜膏煎者，亦有一物兼宜者，亦有不可入汤、酒者，并随药性，不得违越。"对服药的时机也有规定："病在胸膈以上者，先食后服药；病在心腹以下者，先服药而后食；病在四肢血脉者，宜空腹而在旦；病在骨髓者，宜饱满而在夜。"

《神农本草经》所收录的药物总数拘泥于术数，以至于当时汉代很多常用药都没能收录，另外受方士的影响，对金石类药物的功效和毒性存在错误认识，对后世造成了不良影响，比如为魏晋名士服用五石散提供了理论依据。

（三）张仲景和《伤寒杂病论》

张机（约150年至154年～约215年至219年），字仲景，家乡在荆襄地区，当时常有急性传染病流行，死亡率很高，张氏一族两百多户不到十年就减少2/3的人口，其中伤寒者十居其七。伤寒在古代是一切外感病的总称，其中就包括瘟疫这种传染病。张仲景年轻时便开始学医，勤求古训、博采众方，创立了伤寒学派，著有《伤寒杂病论》16卷，"伤寒"论述急性传染病，"杂病"论述内科、外科、妇科等杂病。原书后有所亡佚，晋朝的王叔和取其中主体部分整理成《伤寒论》10卷。宋仁宗时翰林学士王洙在书库里发现一套被虫蛀了的竹简，书名《金匮玉函要略方论》，名医林亿、孙奇等发现《金匮玉函要略方论》与《伤寒论》有所相似，知道是张仲景所著，于是更名为《金匮要略》刊行于世。《伤寒杂病论》建立了"六经辩证"的体系，即把伤寒病归结为"太阳、少阳、阳明、太阴、少阴、厥阴"六种症候类型，并在诊治上提出"八纲辨证"（表、里、虚、实、寒、热、阴、阳）的雏形，两书共载药方269个，使用药物214味，基本概括了临床各科的常用方剂，是我国最早的理论联系实际的临床诊疗专书。书中所列药方大都配伍精当，有不少已经被现代科学证实，后世医家按法施用，每能取得很好疗效，南北朝的陶弘景称之"最为众方之祖"，至今对它的研习仍是中医院校的主要基础课程内容之一。

《伤寒杂病论》不仅是我国历代医家必读之书，而且还广泛流传到海外，如日本、朝鲜、越南、蒙古等国。今天的日本中医界还经常使用伤寒方，日本一些著名中药制药厂所生产的中成药中，伤寒方所占比例要高达60%以上。

六、建筑和水利工程

（一）秦始皇陵

秦始皇陵始建于秦王政元年（公元前246年），征集了72万人力，历时39年建成，是世界上规模最大、结构最奇特、内涵最丰富的帝王陵墓之一。据史料记载，陵中有各式宫殿，陈列着众多奇异珍宝，四周分布着大量陪葬坑和墓葬，现已探明的有400多个，其中包括举世闻名的"世界第八大奇迹"兵马俑坑。

根据考古考察，秦始皇陵坐西向东，有内外两重城垣，地宫上有三级阶梯覆斗状封土，现存面积约为12万平方米，高度为87米。封土下地宫面积据探测约18万平方米，中心点的深度约30米，地宫内存在着明显的汞异常，而且汞分布为东南、西南强，东北、西北弱。地宫周围存在着一圈约30米高的细夯土墙。内城西北部发现了一处仅剩墙基的建筑群遗址，为北京紫禁城1/4。内、外城之间有葬马坑、珍禽异兽坑、陶俑坑；陵外有马厩坑、人殉坑、刑徒坑、修陵人员墓葬400多个，范围广及56.25平方公里。除兵马俑陪葬坑、铜车马坑之外，又新发现了大型石质铠甲坑、百戏俑坑、文官俑坑以及陪葬墓等600余处，数十年来秦始皇陵考古工作中出土的文物多达10万余件。

（二）万里长城

长城是我国也是世界上修建时间最长、工程量最大的一项古代防御工程，自西周到明代，修筑了2000多年。周王朝为了防御北方游牧民族俨狁的袭击，曾筑连续排列的城堡"列城"。春秋战国时列国各自在边境上修筑自卫和拒胡的长城，秦始皇统一中国后连接和修缮之前的各国长城，始有万里长城之称。现在保存得比较完整的是明代修建的长城，总长度为8851.8公里，而中国历代长城总长度为21196.18公里。

长城作为军事防御工程，由城墙、敌楼、关城、墩堡、营城、卫所、镇城烽火台等多种防御工事所组成，有版筑夯土墙、土坯垒砌墙、青砖砌墙、石砌墙、砖石混合砌筑、条石、泥土连接砖等构筑方法。长城体系中设置有大量烽燧（烽火台）作为情报传递系统，是最古老但行之有效的消息传递方式。

（三）三大水利工程

作为一个以农业为根本的社会，我国先民很早就十分重视水利的建设和水害的治理。传说中尧帝之时有洪水为害，鲧和禹父子先后用堵塞和疏导的方法去治理，结果是鲧无功而死，禹功成而王。到了春秋末期，随着井田制的瓦解，以排涝为主的沟洫工程渐渐埋废了，取而代之的是长距离引水灌溉的渠系工程。其中最著名的三大水利工程有都江堰、郑国渠和灵渠。

1. 都江堰。都江堰是全世界迄今为止，年代最久、唯一留存并仍在一直使用的，以无坝引水为特征的大型水利工程，它位于成都平原西部的岷江上。岷江在雨季往往洪水泛滥，使成都平原成为一片汪洋；而雨水不足又容易造成旱灾，颗粒无收。秦昭王末年（约公元前256年~前251年），隐居岷峨的李冰被任命为蜀郡太守，负责治理岷江水患，通过详细的调查，在前人的基础上建成了都江堰，使成都平原成为水旱从人、沃野千里的"天府之国"。

都江堰主体工程由分水鱼嘴、飞沙堰、宝瓶口三部分组成。鱼嘴是以竹笼装卵石垒砌，把岷江分成内外二江，外江是岷江正流，主要用于排洪；内江是人工引水渠道，主要用于灌溉。在分水鱼嘴的合理设计下，冬春枯水季节，主流直冲内江，内江进水量约六成，外江进水量约四成；夏秋季水位升高，主流直冲外江，内江进水量约四成，外江进水量约六成，完美地解决了枯水季的灌溉和洪水季的防涝问题。宝瓶口是人工凿山而形成的控制内江进水的咽喉，当内江的水量超过宝瓶口流量上限时，多余的水便从外侧的飞沙堰自行溢出至外江；如遇特大洪水的非常情况，飞沙堰还会自行溃堤，让大量江水回归岷江正流，这样就保障了内江灌溉区免遭水灾。漫过飞沙堰的水流在漩涡的离心作用下，会把泥沙甚至是巨石抛过飞沙堰，这样还可以有效地减少泥沙在宝瓶口周围的沉积。为了观察和控制水流量，李冰还在进水口的三条水道中立三个石人作为水尺，使水竭不至足，盛不没肩。

都江堰工程乘势利导，无坝引水，自流灌溉，使堤防、分水、泄洪、排沙、控流相互依存，共为体系，保证了防洪、灌溉、水运和社会用水的综合效益，历经2000多年而不衰，而且发挥着愈来愈大的效益，在世界水利史上都是无与伦比的。

2. 郑国渠。公元前246年，也就是秦王政元年，韩国派水工郑国到秦国献策修渠，凿通泾水和洛水以灌溉关中农田，希望以此耗费秦国的人力资财，使之无力东伐。不久计谋暴露，秦王嬴政要杀郑国，郑国辩解说虽然自己是间谍，但水渠修成后可为秦建万世之功，韩国不过苟延数年。秦王觉得有道理，让郑国继续主持这项工程，大约10年后才告竣工。渠长约150公里，《史记》记载可灌溉4万余顷，"于是关中为沃野，无凶年，秦以富强，卒并诸侯，因名曰郑国渠"。由于郑国渠引用含泥沙量较大的泾水，其灌溉效益只发挥了 100 多年，但它首开了引泾灌溉之先河，秦后的历代继续在这里完善水利设施，使泾、洛、渭之间构成密如蛛网的灌溉系统，高旱缺雨的关中平原由此得到灌溉。

3. 灵渠。公元前 221 年，秦始皇已灭六国，为了开拓岭南，命屠睢率兵 50 万分 5 军南征百粤，其中的一支进往湘桂两省边境，遭到顽强抵抗而 3 年不能进。为了解决军饷转运的困难，公元前 219 年，秦始皇命监御史禄在兴安境内湘江与漓江之间修建一条人工运河，运载粮饷。公元前 214 年，灵渠凿成，秦始皇迅速统一岭南。灵渠连接了长江和珠江两大水系，构成了遍布华东、华南的水运网，加强南北政治、经济、文化的交流，对巩固国家的统一有重要意义。

第三节　中国古代科学技术发展的高峰

一、四大发明

造纸术、指南针、火药和印刷术这四大发明为世界文明做出了重大的贡献。英国的弗朗西斯·培根（1561 年~1626 年）在《新工具》中指出，印刷术、火药和指南针"这三种发明已经在世界范围内把事物的全部面貌和情况都改变了：第一种是在学术方面，第二种是在战事方面，第三种是在航海方面。并由此又引起难以数计的变化来，竟至任何帝国、任何教派、任何星辰对人类事物的力量和影响都仿佛无过于这些机械性的发现了"。马克思在《经济学手稿》里面讲："火药、指南针和印刷术——这是预告资产阶级到了的三大发明，火药把骑士阶层炸得粉碎，指南针打开世界市场并建立了殖民地，而印刷术则变成新教的工具，总的来说变成科学复兴的手段，变成对精神发展创造必要的前提和最强大的杠杆。"

（一）造纸术

1. 古代书写材料。在文字出现以后，人们就开始把它们刻写在树皮、石头、火陶器上。商代的巫史把卜辞刻在龟甲或牛的肩胛骨上，然后穿成典册。后来又把文字刻写在青铜器、石、玉之上，然而这种镂刻文字十分不便，于是西周开始出现在竹片上书写的简牍，以及在丝绸上书写的帛书。当时世界各国有在石头、青铜、铅、粘土砖等重而硬的材料上镂刻文字的，也有在树叶、树皮、纸草等轻而脆的材料上书写文字的，还有在羊皮片、树皮毡等轻柔材料上书写的，但是随着时间的流逝，世界上慢慢只剩下简牍、缣帛、羊皮片、纸草片和贝叶这几种书写材料，并且最后都被纸所取代。

2. 蔡伦和纸的改进。纸的出现和制帛工艺密切相关，制帛中有一道漂絮的工序，就隐含了造纸的操作技术，再加上早已积累的提纯麻类植物纤维的沤制经验，就出现了以麻纤维原料按漂絮原理而制成的麻纸。纸和以往只做简单加工的书写材料都不一样，是对植物原料进行化学处理和机械处理相结合的深加工过程而得来的，而且造纸原料广布世界各地，其优良的性能和物美价廉的特点使得纸成为全世界人类通用的材料。东汉蔡伦总结以往的造纸经验进行革新，终于制成了"蔡侯纸"。

蔡伦曾任中常侍兼尚方令，主管监督制造宫中用的各种器物，当时他监造的弩、剑，精工坚密，成为后世的楷模。他的造纸法主要有四个步骤：原料分离、打浆、抄造和干燥，即先让工匠们把树皮、破麻布、旧渔网等切碎剪断，放在大水池中浸泡，待其中杂质烂掉，不易腐烂的纤维就保留了下来，然后捞起放入石臼中搅拌，直到成为浆状物，再用竹篾挑起来，等干燥后揭下来就变成了纸。经过反复试验和改进，轻薄柔韧、材源广泛、价格低廉的"蔡侯纸"便创制出来了。汉和帝下令推广蔡氏造纸法，全国各地都视作奇迹。

3. 造纸术的西传。751 年，唐朝将领高仙芝在怛罗斯战役中被阿拉伯军队打败，被俘的士兵中有懂造纸术的人，他们被送往撒马尔罕设厂造纸。8 世纪末巴格达也开始建立造纸厂，之后是大马士革，大约 11 世纪时，中国和撒马尔罕的纸已经取代了埃及莎草纸和羊皮卷。大约 12 世纪，造纸术传入欧洲，西班牙和法国最早设立造纸厂，13 世纪意大利和德国也相继出现造纸厂。到了 16 世纪，中国造纸术已经传遍欧亚大陆，并且传入了美洲。

（二）火药

1. 炼丹士发明火药。古代的火药由硝酸钾、硫、木碳按比例混合而成，现在被称为"黑色火药"。《诸家神品丹法》中记载了唐初孙思邈的"丹经内伏硫磺法"，是世界上发现的最早的关于火药配方的文字记载。中唐时期 808 年清虚子所著的《铅汞甲辰至宝集成》里的"伏火矾法"也提到了火药配方。中唐以后公元 850 年的炼丹著作《真元妙道要略》也提到"有以硫磺、雄黄合硝石并蜜烧之，焰起，烧手面及烬屋舍者"。宋元时期，火药配方已经有了比较合理的配比。公元1044年北宋仁宗庆历四年（公元1044年）编成的《武经要略》中记载了军用火药的三个配方，其配比跟唐朝比起来已经得到了改善且更趋于合理。

2. 火药武器应用于军事。晚唐时期，军事家从炼丹士那里获得火药配方，并将它运用于军事。但初期火药威力不大，仅用于增强火攻的威势。火药武器用于战争的最早记载是在北宋路振的《九国志》中，其记载了唐末哀帝天祐年间（904年～907年）在一次攻城时出现"发机飞火"，即火箭和火炮的出现，当时的火箭是缚有火药的弓箭，火炮是用抛石机发射的火药包。五代时期还出现火球、火蒺藜等火器。

宋代战事频繁，国家鼓励创制火器，京城的武器作坊"广备攻城作"中，火器的制造位于首列。据调查，南宋理宗宝祐五年（公元1257年）时，荆州每月能生产铁火炮一两千具。火药武器的种类也多种多样，比如有烧伤敌方马匹的蒺藜火球，有向敌方施放毒烟雾的"毒药烟球"，火炮则有"纸制、陶制、铁制"三种。南宋高宗绍兴三十一年（1161年），宋军水师为阻挡金兵渡过长江，发射一种纸制石灰霹雳炮，用以迷住金军人马的眼睛，然后宋军趁势掩杀，取得胜利，后来这种纸制火炮发展成为逢年过节燃放的花炮。在其他战争中也涌现出威力巨大的火器，比如金兵在开封抵御元军时使用的铁火炮"震天雷"，声闻百里，爆炸半径达半亩；桂林的宋军为抵御元军攻城引爆了一个大火炮，声如雷霆，城墙崩塌，城外金兵被震死不少，城内200多宋兵也化为灰烬，可见其爆炸威力。

宋元时期的各种火器的发明为后世武器奠定了基础，比如火药箭成为现代火箭的鼻祖，管形火器发展成后世枪炮。

3. 火药西传。中国的炼丹术在唐朝传到了阿拉伯和波斯，阿拉伯人把硝石称为"中国雪"，波斯人称之为"中国盐"，但他们只知道用硝石来炼金、治病和制玻璃，并不知道用它来制火药。

火药于南宋时期传入阿拉伯。1260年，阿拉伯在大马士革打败蒙古军队，得到了蒙古的火器和工匠。欧洲人在大规模翻译阿拉伯文献之后，也获得了火药的知识。过去西方科学史家曾认为是罗吉尔·培根（约1220年～1292年）发明了欧洲的火药，然而其著作中的火药记载来自于阿拉伯文献而非自创。1290年，阿拉伯军队与十字军的作战中使用了"火球""火瓶""火罐"，于是欧洲人从阿拉伯人那里获得了火器，到 14 世纪中叶，欧洲才有了管形火器。恩格斯在 1875 年指出："现在已经毫无疑义地证实了，火药是从中国经过印度传给阿拉伯人，又由阿拉伯人和火药武器一道经过西班牙传入欧洲。"

（三）指南针

1. 指南针的起源。我国在春秋战国时期就已经知道了"慈石召铁"的性质（慈石是天然的磁石），并且还知道其能指南北的性质，以此用磁石制成了指向仪器司南。

2. 指南针的发明。在唐末或者宋初，人们把握了人工磁化铁的技术，主要有两种方法：一种是《武经总要》中记载的用地磁磁化鱼形铁片的方法，另一种是《梦溪笔谈》中记载的用磁石摩擦铁针的方法。前一种是把铁片剪裁成鱼形，烧至通红后，把鱼尾对准正北蘸入水中几分，这样就能通过地磁使得鱼形铁片带上弱磁性，但是因为磁性较弱，实用性不大，只有在没有磁石时勉强应用，一般采用的还是磁石磁化铁针的方法。铁针受到磁化以后，要装置成指南针，还需要一定方法，《梦溪笔谈》里还记载了四种指南针装置：一是把指南针横穿灯心草浮在水上，二是把磁针架在碗沿上，三是把磁针架在指甲上，四是用丝缕悬挂磁针。这些方法都各有优缺点。后来人们用水浮法结合刻有方位的"地经"形成罗经盘，叫水罗盘，另外出现指南龟式的旱罗盘，但是由于旱罗盘中既让磁针转动灵敏又不坠落的工艺问题还没得到很好的解决，所以宋元时期实际应用的基本上还是水罗盘。

3. 指南针的应用和西传。最晚在北宋末年（12 世纪初），我国就把指南针运用于航海，北宋徽宗宣和元年（1119 年）朱彧所著的《萍洲可谈》里记载："舟师识地理，夜则观星，昼则观日，阴晦则观指南针。"此后，指南针成为航海中不可或缺的重要工具。南宋吴自牧在《梦粱录》里说海船从泉州出发往东南亚和印度，途径险要航道时，"近山礁则水浅，撞礁必坏船，全凭指南针，或有少差，即葬鱼腹"。到了元代，不论阴晴昼夜，都用指南针来导航，人们把用指南针导航的航道称为"针路"，宋元已经出现了关于针路的专门著作，同时也出现了海道图，标志着当时航海术的重大进步。

大约在南宋的中期，也就是 12 世纪末到 13 世纪初，我国的指南针由海路传入阿拉伯，经由阿拉伯再传入欧洲。

（四）活字印刷术

印刷术是传播文明的重要技术，对于人类文明的发展有着难以估量的巨大贡献。印刷术的产生需要一些基本的技术和条件：纸墨材料和刻印工艺。商代时期人们已经会在甲骨上刻字，后来又在金、石、竹、木上刻字。南北朝时纸张开始大量生产，烟墨的质量也很优良。大概在唐代时期，雕版印刷术就开始出现，用于印刷佛经和佛像。在敦煌发现的刻印于公元868年的《金刚经》，是我国发现的最早、最完整的木刻印刷品。五代时期，国子监开始刻印儒学经典，到了宋代，官方印刷业发展迅速，刻、印、校都十分精良，使得宋版书籍一直为后人所珍重。另外，私家印书也很兴盛，尤其在成都、杭州和建阳等地。元代还发明了彩色套印技术。

据沈括《梦溪笔谈》记载，宋仁宗庆历年间（1041年～1048年），毕昇发明了活字印刷术：毕昇用粘土刻制活字，用火烧使之陶化变硬，按音韵把活字放入木格备用。排版时在一块铁板四周围一个铁框，里面放松香、蜡、纸灰等的混合物，然后排好活字，用火烘烤，趁混合物熔化时用平板在活字上压一下，使字面平整，冷却凝固后就可以进行印刷。1965年在浙江温州白象塔内发现的《佛说观无量寿佛经》经鉴定为1100～1103年活字本，这是毕昇活字印刷技术的最早历史见证。继毕昇的胶泥活字后，又出现了木活字、锡活字、铜活字。日本和朝鲜也开始使用活字印刷书籍。而活字印刷术的西传，一是经俄罗斯传入德国，二是通过阿拉伯商人携带书籍传入德国，于是1440年左右，德国人约翰内斯·古腾堡将当时多项技术整合在一起，发明了铅字的活字印刷，很快在欧洲传播开来，迅速地推动了西方科学和社会的发展。

二、数学、天文学发展的高峰

（一）宋元数学四大家

在秦汉时期出现的《九章算术》，标志我国数学已经初步形成体系。到了隋唐时期，数学的体系就发展得更加完整了。隋代在国子监设立了"算学"科，有博士2人，助教2人，学生80人，唐代也继承了隋制。当时的算学教学书一共有10种：《周髀算经》《九章算术》《孙子算经》《五曹算经》《夏侯阳算经》《张丘建算经》《海岛算经》《五经算术》《缀术》《缉古算经》，史称"算经十书"。唐宋两代对"算经十书"的整理、校注和刊行使得宋元时期的数学出现了一个新的发展高峰，尤其是公元13世纪下半叶出现了秦九韶、李冶、杨辉、朱世杰4位数学家，号称"宋元数学四大家"。

1. 秦九韶（1208年～1261年），四川省安岳县人，从小聪敏勤学，宋绍定四年（1231年）考中进士，先后在湖北、安徽、江苏、浙江等地做官，历任县尉、通判、参议官、州守、同农、寺丞等职。1261年被贬至梅州，死于任所。秦九韶的父亲秦季槱曾任工部郎中和秘书少监，使得秦九韶有机会阅读大量典籍，并向天文、历算、建筑、文学等专家学习，其政敌周密在笔记《癸辛杂识续集》中都说他"性极机巧，星象、音律、算术，以至营造等事，无不精究"，"游戏、毬、马、弓、剑，莫不能知"。

秦九韶潜心研究数学多年，1244年开始在湖州为母守孝3年，写成了世界数学名著《数书九章》（或作《数学大略》《数学九章》），全书九章解答九类数学问题："大衍类""天时类""田域类""测望类""赋役类""钱谷类""营建类""军旅类""市物类"，每类9问，共81问，许多计算方法和经验常数直到现在仍有很高的参考价值和实践意义，尤其是"大衍求一术"（不定方程的中国解法）及"正负开方术"（高次代数方程的数值解法），在世界数学史上占有崇高的地位。

《孙子算经》有这样一道算术题："今有物不知其数，三三数之剩二，五五数之剩三，七七数之剩二，问物几何？"也就是说，一个数除以3余2，除以5余3，除以7余2，求这个数。秦九韶将此类问题的解法总结成"大衍求一术"，使一次同余式组的解法规格化、程序化，比西方高斯创用的同类方法早500多年，被公认为"中国剩余定理"。德国数学史家康托尔（Cantor，1829年～1920年）高度评价了"大衍求一术"，他称赞发现这一算法的中国数学家是"最幸运的天才"。

"正负开方术"又被称作"秦九韶算法"，是一种将一元n次多项式的求值问题转化为n个一次式的简化算法，大大简化了计算过程，即使在现代，利用计算机解决多项式的求值问题时，"秦九韶算法"依然是最优的算法，这种算法在西方被称作"霍纳算法"。

秦九韶的《数书九章》是对《九章算术》的继承和发展，概括了宋元时期中国传统数学的主要成就，标志着中国古代数学的高峰。清代数学家陆心源（1834年～1894年）称赞说："秦九韶能于举世不谈算法之时，讲求绝学，不可谓非豪杰之士。"美国科学史家萨顿（G. Sarton，1884年～1956年）说秦九韶是

"他那个民族，他那个时代，并且确实也是那个时代最伟大的数学家之一"。

2. 李冶（1192 年~1279 年），原名李治，为避唐高宗名讳改名为冶，字仁卿，自号敬斋，真定栾城（河北省石家庄市栾城区）人。《元朝名臣事略》中说："公幼读书，手不释卷，性颖悟，有成人之风。"李冶自幼对数学和文学都很感兴趣，曾与好友元好问一起外出求学。1230 年在洛阳考中词赋科进士，后往钧州（今河南禹县）任知事，为官清廉、正直。1232 年，钧州城被蒙古军攻破，李冶经过一番颠沛流离之后，于 1234 年定居于崞山（今山西崞县）的桐川，潜心学问，研究数学、文学、历史、天文、哲学、医学。李冶在数学上对天元术进行了全面总结，于 1248 年写成数学名著《测圆海镜》，共 12 卷 170 题。

所谓天元术，即用统一符号列方程的方法。在李冶以前的天元术算书中，未知数的不同次幂是以不同的汉字来标示的，比如："以十九字识其上下层，曰仙、明、霄、汉、垒、层、高、上、天、人、地、下、低、减、落、逝、泉、暗、鬼。"其中"人"标示常数，"人"以上九字为正数次幂，以下九字为负数次幂，李冶则将天元术改进成一种更简便而实用的方法。中国古代的算书在写作上一般采取问题集的形式，而《测圆海镜》第一次用演绎的体例来著数学书，卷一包含了解题所需的定义、定理、公式，后面各卷问题的解法均可在此基础上以天元术为工具推导出来，这是李冶的创新。

《测圆海镜》的成书标志着天元术的成熟，然而由于难懂，不易传播。1251年李冶结束避难生活，回元氏县定居，之后从学者日众，于是在 1259 年他编写了天元术的入门教学书——《益古演段》，全书 3 卷 64 题，使天元术可用于解决实际问题，研究日常所见的方、圆面积。

3. 杨辉，字谦光，杭州人，生平不详，约活动于 13 世纪中叶，留下的重要数学著作有 5 种 21 卷：《详解九章算法》（12 卷，1261 年），《日用算法》（2卷，1262 年），《乘除通变本末》（3 卷，1274 年），《田亩比类乘除捷法》（2卷，1275 年），《续古摘奇算法》（2 卷，1275 年），其中第三种和第五种中各有一卷是与别人合编的，后三种合称为《杨辉算法》。

杨辉是世界上第一位系统研究纵横图（即幻方）并讨论其构成规律的数学家，他不仅给出了幻方的编造方法，而且认识到一些图的一般构造规律，得到了"五五图""六六图""衍数图""易数图""九九图""百子图"等许多纵横图。杨辉的另一重要成果是垛积术，这是继沈括"隙积术"之后，关于高阶等差级数求和的研究。杨辉在《详解九章算法》一书中给出一张二项式展开后的系数构成的三角图形，称作"开方做法本源"，现称为"杨辉三角"，因书中说明此表引自 1050 年贾宪的《释锁算术》，故又称"贾宪三角形"，帕斯卡于 1654 年发现这一规律，故而在欧洲被称为"帕斯卡三角形"。

由于生活在南宋商业发达的苏杭一带，杨辉非常重视数学的教育和普及，他改进筹算乘除的计算技术，总结了各种乘除的快捷算法，有的还编成了歌诀。后来随着筹算歌诀的盛行，算筹的摆弄逐渐跟不上口诀，于是算盘才应运而生了，并在元末开始流行。杨辉为了便于初学者学习，将《九章算术》中 246 个题目按由浅入深的顺序，重新分为九类，另外还为初学者制订了"习算纲目"，成为中国数学教育史上的重要文献。

4. 朱世杰（1249 年～1314 年），字汉卿，号松庭，北京人，人称"燕山朱松庭先生"。朱世杰是平民数学家和教育家，"以数学名家周游湖海二十余年"，最后寓居扬州，"踵门而学者云集"。朱世杰全面继承和总结了前人的数学成果，在 1299 年编著出《算学启蒙》3 卷，分 20 门共 259 个数学问题。书首给出了 18 条常用的数学歌诀和数学常数，如乘法九九歌诀、除法九归歌诀、斤两化零歌诀等，以及筹算记数法则、大小数进位法、度量衡换算、圆周率、正负数加减乘法法则、开方法则等。正文包括了乘除法运算及其捷算法、增乘开方、天元术、线性方程组解法、高阶等差级数求和等，全书由浅入深，几乎包括了当时数学学科各方面的内容，是一部很好的数学教科书。1303 年朱世杰又著出代表我国古代最高数学水平的《四元玉鉴》。《四元玉鉴》在天元术的基础上发展出"四元术"，即列出并求解四元高次多项式方程的方法。此外他还创造出"垛积法"和"招差术"，即高阶等差数列的求和方法、高次内插法。科学史家乔治·萨顿说《四元玉鉴》"是中国数学著作中最重要的一部，同时也是中世纪最杰出的数学著作之一"，李约瑟也给出极高的评价："他以前的数学家都未能达到这部精深的著作中所包含的奥妙的道理。"

朱世杰之后，元代再无高深的数学著作出现，以前的著作甚至开始失传。

（二）天文、仪器、历法的高峰

1. 天文观测与天文仪器。11 世纪北宋先后进行了五次较大规模的恒星观测工作，沿用了 300 多年的唐一行所测的二十八宿距度数据才被完全刷新，元代郭守敬的恒星观测将其误差进一步缩小到平均绝对值小于 1/10 度，另外将传统的 1464 颗恒星数量增加至 2500 颗，而西方在 14 世纪文艺复兴前是 1022 颗。

作为计时仪器的漏刻在宋代达到了高峰，其标志便是燕肃的莲花漏和沈括的浮漏，两者的精度属同一等级，可达每昼夜误差小于 20 秒的程度，是当时精密计时的世界水平。

在天文观测仪器方面，宋代出现了以宏伟复杂著称的水运仪象台，以漏壶流水为动力，通过齿轮系统带动浑仪、浑象和报时器三个部分一起动作。浑仪能自动追踪天球的运转，且开创了近代望远镜活动式屋顶的先河。北宋的水运仪象台并未流传下来，幸好其创造者苏颂于 1088 年将其制作的详细说明写成了《新仪象法要》，最终水运仪象台在 1991 年被复制成功，安置在北京古观象台。

浑仪的发展由简至繁，到了宋代已经有点过于繁多，既有地平、子午、天常等固定环，又有黄道、赤道、白道等游动环，组装不便，又遮挡视线，于是北宋就有简化浑仪的提议，最后郭守敬于 1276 年设计和制造了简仪。简仪把浑仪分解为两个独立的仪器：赤道经纬仪和地平经纬仪，每个都只有三个环。其中地平经纬仪是第一台能同时测量地平经度和地平高度的仪器。简仪的刻度把圆周分为百刻共 3600 分，并能估测到 1/20 度，比以前提高了近 1 倍，西方直到 16 世纪，第谷才制造出与之相匹敌的天文仪器。然而，郭守敬所制简仪已经毁于清初，南京紫金山天文台现存有 1439 年明代的仿制品。

2. 历法的发展。隋代刘焯于 604 年制定皇极历，创立二次等间距内插法，并把太阳和五星运动不均匀的发现应用于推算，使得皇极历成为当时最好的历法，但因政治阻挠没有被颁布。唐代先后出现了戊寅历、麟德历、大衍历、符天历、宣明历、崇玄历等，其中最著名的是僧一行于 727 年制成的大衍历，它是以皇极历为基础发展而成的，重新测定了二十八宿距度，废弃了沿用 800 年的数据，创立了优于皇极历的不等距的二次内插法，其严谨的历法结构也成为后代一直仿效的经典模式。宋代历法改革最频繁，平均 17 年一次，这和天文常数精度的不断提高和推算方法的改进是分不开的。到了 1280 年，《授时历》的出现把我国历法的发展推向了高峰。

3. 郭守敬和《授时历》。郭守敬（1231 年～1316 年），字若思，河北省邢台县人。郭守敬从小跟随"通五经，精于算数、水利"的祖父郭荣学习，据说十五六岁时，就根据书中插图用竹篾扎制出一台浑仪，还根据莲花漏的插图，穷究出其中的原理，后被郭荣送入"大元帝国的设计师"刘秉忠门下深造，成年后历任副河渠使、工部郎中、太史令、都水监、昭文馆大学士兼知太史院事等职，世称"郭太史"。

郭守敬的主要成就在天文历法和水利上。他改进、创制了许多结构巧妙、方便合理还常带有校正装置的天文仪器，史载有简仪、高表、候极仪、浑天象、玲珑仪、仰仪、立运仪、证理仪、景符、窥几、日月食仪和星晷定时仪 12 种，其中在景符和仰仪中运用到针孔成像原理，而在简仪中使用的滚柱轴承，西方是在 200 年后才由达·芬奇发明了类似装置，明朝利玛窦曾在南京看到郭守敬的天文仪器，赞叹其宏伟和精美远远胜过欧洲。利用这些仪器，郭守敬进行了许多精密的天文观测，如冬至时刻、二十八宿距度和星表、四海测验、黄赤交角以及一些历元时刻的测定，其中大部分数据都是中国古代历法史上最精确的，或近于最佳的。

1264 年，郭守敬在西夏整治破损的水利工程，饶益百姓，西夏人民在渠上建了郭氏生祠以表感谢。1291 年，郭守敬任都水监，用高超的地形测量技术，出色地完成了元大都至通州的运河修治，令许多当代地理学家都赞誉不绝。

自至元十三年（1276 年）起，郭守敬和王恂等奉命修订新历法，历时 4 年而成，制定出了中国古代最好的历法——《授时历》，也是当时世界上最先进的一种历法，通行 360 多年的。《授时历》之先进，一是天文数据的准确，比如推算出的一个回归年为 365.2425 天，与地球绕太阳公转的实际时间只差 26 秒，和现在世界上通用的《格里高利历》（1582 年开始使用）一致。二是创立了先进的推算方法，比如废除元积年；用先进的百分制取代繁重的分数制；用招插法创立三次差内插公式，理论上可推广到任何高次；在黄道度数和赤道度数互换计算中使用弧矢割圆术，将圆弧转化成线段计算。

郭守敬编著的天文历法著作有：《推步》《立成》《历议拟稿》《转神选择》《上中下三历注式》《时候笺注》《修历源流》《仪象法式》《二至晷景考》《五星细行考》《古今交食考》《新测二十八舍杂坐诸星入宿去极》《新测无名诸星》《月离考》14 种共 105 卷。元世祖忽必烈曾赞郭守敬："任事者如此，人不为素餐矣。"元成宗也曾感叹道："郭太史神人也。"后人评价郭守敬是 13 世纪末、14 世纪初世界上最伟大的科学家。

三、农学、地理学的巨大成就

（一）农学

隋唐时期大力兴修农田水利工程，使得农业经济进入一个空前兴盛的阶段，这时农业经济中心也开始南移，宋时水稻产量跃居粮食作物之首，于是到南宋出现了最早论述南方农业生产的陈旉的《农书》和综合南北农学的王祯的《农书》。

1. 陈旉《农书》。陈旉生于 1076 年，自号西山隐居全真子，又号如是庵全真子，在江苏省仪征市西山隐居务农，在 74 岁时将一生的务农经验和思考写成《农书》3 卷 22 篇，约 12 500 余字。这是第一部反映南方水田农事的专著，上卷 14 篇论述农田经营管理和水稻栽培；中卷 3 篇叙说水牛饲养和疾病医治；下卷 5 篇阐述植桑和养蚕。其中有两点对土壤的看法十分有卓见：一是各种土壤在好的治理下都能用于种植；二是土地使用得当可使地力不衰。

2. 王祯《农书》。王祯（1271 年～1368 年），字伯善，山东东平人。元成宗时曾在安徽和江西任县尹，为官清廉，惠民有为，用自己的俸禄兴办学校、修建桥梁、道路、施舍医药，并且勤于劝农，政绩斐然，比如规定农民每年种桑若干，指导百姓制作农具、种植多种农作物，又以自身为表率，"亲执耒耜，躬务农桑"。1313 年王祯著述刊行《农书》37 卷共 371 目，现存约 13 万字，分《农桑通诀》《百谷谱》和《农器图谱》三大部分。《农桑通诀》是农业总论，叙述了中国的农业史，注重天时和地利的农业根本，概述了农业中开垦、土壤、耕种、施肥、水利灌溉、田间管理和收获等各个环节的基本原则，其中非常注重南北差异及其技术交流，这是以前农书所不具备的。《百谷谱》将农作物分成若干属类，然后讲解各属类具体作物的栽培，已具有农作物分类学的雏形，比《齐民要术》更先进。《农器图谱》是王祯《农书》中的一大特色，约占全书篇幅的 4/5，插图 200 多幅，涉及的农具达 105 种。王祯在书中也注重把三大部分的内容有机地联系到一起，另外首创了"授时指掌活法之图"和"全国农业情况图"，前图以巧妙简洁的方式总结农家月令的知识，后图已佚失。

王祯在机械和建造方面也有贡献，在《农书》最后所附的《杂录》里，记录了"法制长生屋"（防火建筑）和"造活字印书法"（首创木活字和转轮排字盘）。他还创制了兼有磨面、砻稻（去稻壳）、碾米三种功能的水轮。

（二）地理学

1. 地图。隋唐时期的地理著作主要是"图经"，即把地图和说明地图的文字结合在一起编成书，隋朝开始出现中央编纂的全国性的地理著作，比如《诸郡物产土俗记》《区宇图志》《诸州图经集》，唐代著名的有贾耽（730 年～805

年）的《海内华夷图》和李吉甫（758年～814年）的《元和郡县图志》。北宋之初的993年，中央汇集各种地图制成《淳化天下图》，用绢上百匹，规模空前。然而这些宋代之前的地图都已亡佚，现存著名的宋代地图都是石刻地图，如保存在西安碑林的《华夷图》和《禹迹图》，四川荣县的《九域守令图》和苏州孔庙的《地理图》。

2.《大唐西域记》。《大唐西域记》是唐代著名的域外地理著作。唐太宗贞观三年（629年），玄奘离开长安，西行取经，13年内遍及中亚和南亚100多个国家，于贞观十九年返回长安，奉唐太宗敕命而述《大唐西域记》，由弟子辩机撰文，记录了玄奘所亲历的110个以及传闻中的28个城邦、地区、国家之概况，有疆域、气候、山川、风土、人情、语言、宗教、佛寺以及大量的历史传说、神话故事等，是研究中古时期中亚、南亚诸国的历史、地理、文化的珍贵资料，晚近印度那烂陀寺的废墟、王舍城的旧址、鹿野苑古刹、阿旃陀石窟的发现都有赖于此书。

3.《长春真人西游记》。1219年冬，成吉思汗为遣使请丘处机赴西域相见。次年正月，丘处机率领门徒18人启程，中途经过蒙古、吉尔吉斯斯坦、哈萨克斯坦、乌兹别克斯坦等国，终于1222年4月在大雪山（阿富汗兴都库什山）见到成吉思汗，以"清心寡欲"的卫生之道，劝说成吉思汗"敬天爱民"，一定程度上减轻了蒙古人的残酷杀戮，后称"一言止杀"。同年10月东还，1223年秋回到河北宣化。李志常（1193年～1256年）为随行弟子，于丘处机逝后编撰《长春真人西游记》，记载途中所见山川地理、人情风俗以及经历见闻等，又录丘处机途中诗作。

4.《河源志》。《河源志》记载了我国历史上首次派遣人员考察黄河源头的情况。1280年元朝派出招讨使都实前往今青海地区探求河源，翰林学士潘昂霄根据都实的弟弟阔阔出的叙述写成《河源志》，记叙都实至星宿海寻河源的经行路线。此前汉代对黄河上游的了解仅局限于积石州以下，唐代军队曾到过河源地区，但并非为了考察。都实的出行是第一次有组织的对河源的专门考察，《河源志》第一次记述了积石州以上的黄河及其主要支流的名称，指出星宿海是黄河的源头："在土蕃朵甘思西鄙，有泉百余泓，沮洳散涣，弗可逼视，方可七八十里，履高山下瞰，灿若列星。"

（三）医学的全面发展

隋唐时期设立"太医署"和"尚药局"，隋代的太医署有200多人，唐代增加到 300 多人，里面还设有医学校，分医科、针科、按摩科和咒禁科四科，《黄帝内经》《神农本草经》《脉经》《针灸甲乙经》等是基本课程。有的大州还设有地方性医学校，京城还设有一所药园。北宋设立专门的医学教育机构"太医局"，分为九科：大方脉（内科）、小方脉（儿科）、风科、眼科、疮肿科、口齿咽喉科、产科、针灸科、金镞兼书禁科，学生达 300 人。元代分科更细，有十三科。宋元时期地方州县也设有医学校，每三年一次考试，合格后参加京城会试，通过者可以担任医官。

唐代开始官修本草，有《新修本草》。宋代本草学进入鼎盛时期，出现《开宝本草》《嘉佑补注本草》《本草并图经》，后两种被四川阆中医士陈承编成《重广补注神农本草并图经》，最终成都医士唐慎微在 1083 年辑成《经史证类备急本草》，此书在明代《本草纲目》出现前一直是本草学的范本，历经多次校订，最后一次校订是 1157 年～1159 年官修的《绍兴校定经史证类备急本草》，此后宋朝再无力修订药典。

1. 《太平圣惠方》。《太平圣惠方》是宋太宗赵光义令翰林医官使王怀隐和副使王佑、郑奇以及医官陈昭遇等编修的医药方书，历时 14 年，于淳化三年（992 年）才告完成。全书共 1670 门，方 16 834 首，书首先述诊脉之法，其次叙述用药法则，然后按门类分述各科病症的病因、病理，次列方药，以证统方，以论系证，"理、法、方、药"俱全，是一部具有完整理论体系的医书，全面系统地反映了北宋初期以前医学发展的水平。宋真宗两次将《太平圣惠方》赠给高丽，《太平圣惠方》也传至日本，对朝鲜和日本的医药发展有着深远影响。由于卷帙过大，不易流传，1046 年何希彭择要辑成《圣惠选方》60 卷，载方 6096 首，作为学习医学的教材应用了数百年。

政和年间（1111 年～1118 年），宋徽宗仿《太平圣惠方》之意而下诏编订《圣济总录》（又名《政和圣济总录》），全书以"五运六气"说开始，包括内、外、妇、儿、五官、针灸、养生、杂治等 66 门，门下再分病证，较《太平圣惠方》分 1000 余门清晰明了，方剂中丸、散、膏、丹、酒剂等明显增加，反映了宋代重视成药的特点，现在只存残本。

2. 金元医学四大家。《四库全书·总目提要》说："医之门户分于金元。"通过对古代经典的深入研究并结合实践经验，宋金元时期的医家在继承的基础上又各自发展出在医学上的独特创见，从而涌现出四种医学学说，即金代刘完素的"火热说"、张子和的"攻邪说"、李东垣的"脾胃说"和元代朱丹溪的"养阴

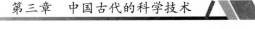

说"。

刘完素（1110年~1200年），字守真，河北河间人，著有《素问要旨论》《伤寒直格》等。刘完素不愿做官，一生在民间行医，他阐发了《素问》中五运六气的学说，并针对当时热性病流行的状况，建立了火热病机的学说，在临症中提出以"降心火、益肾水"为主的治法，由于善于使用寒凉药物又被称作"寒凉派"。

张子和（约1151年~1231年），名从正，字子和，河南兰考人，著有《儒门事亲》15卷。他认为"养生当论食补，治病当论药攻"，人生病的原因是在外或在内的邪气导致的，故而治病必须攻去邪气，否则采用补剂反而可能会助长邪气。临症上张子和主张以邪攻邪，灵活运用张仲景八法"和、温、清、消、补、汗、吐、下"中的后三法，因此被称为"攻下派"。

李东垣（1180年~1251年），字明之，河北正定人，晚年自号东垣老人，著有《脾胃论》《内外伤辨惑论》等。他在《黄帝内经》"有胃气则生，无胃气则死"的基础上，提出"脾胃内伤，百病由生"的"脾胃说"，因为脾胃在五行中属于中央土，不论哪处脏器受伤，都会伤及脾胃，元气的后天来源也是脾胃。饮食不节、劳役过度、精神刺激等都会引起脾胃受伤。在治疗时，李东垣将补脾胃、升清阳、泻阴火、调整升降失常作为治疗原则，因此被称为"温补派"或"补土派"。因家乡有易水经过，李东垣和其弟子又被称为"易水派"，与刘完素开创的"河间派"并列为中国医学史上承前启后影响最大的两大学派。

朱丹溪（1281年~1358年），名震亨，字彦修，浙江义乌人，因故居有溪名"丹溪"，被尊为"丹溪翁"或"丹溪先生"，著有《格致余论》《局方发挥》等。朱丹溪认为许多疾病都是"阳常有余，阴常不足"导致，并创阴虚相火病机学说，力戒人要节制食色，人称"养阴说"，临症善用滋阴降火的方药，故称"滋阴派"。

3.《洗冤集录》。宋慈（1186年~1249年），字惠父，福建南平人，曾任广东、湖南等地提点刑狱官，廉政爱民，执法严明，"于狱案，审之又审，不敢萌一毫慢易心"。宋慈1247年著有《洗冤集录》，是世界最早的法医学专著，宋慈也因此被尊为世界法医学鼻祖。

《洗冤集录》共有5卷，记述了人体解剖、尸体检验、现场勘察、死伤原因鉴定、自杀或谋杀的各种现象、中毒急救、解毒方法等内容，它描述了各种死亡方法的不同：溺死、自缢与假自缢、自刑与杀伤、火死与假火死，其鉴定方法至今还在应用；书中论述的救缢死法，与当代的人工呼吸法，几乎没有差别，另外其中的洗尸法、迎日隔伞验伤、银针验毒、明矾蛋白解砒霜中毒等都很合乎科学道理。

《洗冤集录》成书后 600 多年都是法医检验的著作，还被翻译成了朝鲜文、日文、英文、法文、德文、俄文、荷兰文等各国文字，对世界法医学有着深远的影响。

四、明末四大科技名著

（一）徐光启的《农政全书》

徐光启（1563 年～1633 年），字子先，号玄扈，谥文定，上海人，官至礼部尚书、太子太保兼文渊阁大学士。徐光启的父亲因家道衰落而务农，徐光启19 岁中秀才后在家乡以及广东、广西等地教书为生；42 岁考中进士后入翰林院工作，与传教士利玛窦合作翻译了《几何原本》（前 6 卷）和《测量法义》；45岁回乡丁忧，开辟农庄进行农作物引种、耕作试验，著有《甘薯疏》《芜菁疏》《吉贝疏》《种棉花法》和《代园种竹图说》；48 岁回京复职后，与传教士合作研究天文仪器，撰有《简平仪说》《平浑图说》《日晷图说》和《夜晷图说》，又与传教士熊三拔合译西方水利著作《泰西水法》；51 岁告病离职去往天津，组织农民进行各种农业实验，先后撰写了《宜垦令》《农书草稿》《北耕录》等书，为《农政全书》的编写打下了基础。后徐光启多次被诏回又辞归，63 岁辞归上海，将积累多年的农业资料"系统地进行增广、审订、批点、编排"，1627年完成《农政全书》的初稿。全书共 60 卷，50 多万字，分农本、田制、农事、水利、农器、树艺、蚕桑、蚕桑广类、种植、牧养、制造和荒政 12 项，大约有6 万多字是他自己的研究成果。

（二）宋应星的《天工开物》

宋应星（1587 年～约 1666 年），字长庚，江西奉新人。宋应星的曾祖是明代中期重要阁臣宋景，曾任工部尚书、兵部尚书、都察院左都御史，祖父青年早逝，父亲一生是未出仕的秀才。宋应星自幼聪明强记，宋明理学中独爱张载，对天文学、声学、农学及工艺制造之学有很大兴趣，熟读《本草纲目》。

宋应星中举后多次会试不进，遂绝科举之念，留心于生产技术的考察，并记录成文。1635 年宋应星任江西分宜县学教谕时，便将考察材料整理成书，于

1637 年著称《天工开物》刊行，这是世界上第一部关于农业和手工业生产的技术百科全书，分为上中下三部分共 18 卷，包括农作物栽培、机械、砖瓦、制盐、制糖、陶瓷、冶炼、养蚕、纺织、染色、造纸、兵器、火药、采煤、榨油等诸多门类。书中强调人类要和自然相协调、人力要与自然力相配合，经常使用定量的描述：在农业方面，对水稻浸种、育种、插秧、耘草等生产全过程作了详尽的记载；在手工业方面，特别注意原料消耗、成品回收率等数量关系；《机械》篇详细记述了包括立轴式风车、糖车、牛转绳轮汲卤等农业机械工具；在自然科学理论上也有所成就，比如生物学上物种变异的认识、化学中对质量守恒的认识以及对声学的研究。另外值得提出的是，在世界上第一次记载锌的冶炼方法以及铜锌合金——"黄铜"的冶炼方法，使中国在很长一段时间里成为世界上唯一能大规模炼锌的国家。《天工开物》本来还包含"观象"和"乐律"两卷，但是在刊行时，宋应星在序言里说这两卷"其道太精，自揣非吾事，故临梓删去"。

《天工开物》在清朝因被认为存在"反满"思想而被销毁，但在日本、朝鲜却受到知识界的重视，在欧美国家也广泛传播，在法、英、德、意、俄、美国的图书馆都藏有此书不同时期的中文本，英、俄、德、日的翻译本以及法语的全译本。达尔文在论文中还提到《天工开物》中论桑蚕的部分。

（三）李时珍的《本草纲目》

李时珍（1518 年～1593 年），字东璧，晚年自号濒湖山人，湖北蕲春人，出生于医生世家，然而父亲希望儿子学文出仕。李时珍 14 岁中秀才后三次应试不第，于是弃儒学医，23 岁随父学医，医名日盛，担任过楚王朱英的医官，1556 年被推荐到太医院工作，有机会阅读王府和皇家藏书，1558 年辞职返乡后坐堂行医，致力于对药物的考察研究，1552 年开始编写《本草纲目》，以《证类本草》为蓝本，参考了 800 多部书籍，其间为了解决药名混杂的问题并且查验药情，多次离家外出考察，足迹遍及湖广、江西、直隶许多名山大川，比如跟随捕蛇人去了解蕲蛇，与猎人捕抓穿山甲来观察，为了解曼陀罗花亲自往北方寻找并尝试其药性等。李时珍经过 27 年的长期努力，在 1578 年完成了《本草纲目》的初稿，后又经过 10 年做了三次修改，最终《本草纲目》在李时珍去世后的第三年即 1596 年在南京刊行。

《本草纲目》分水、火、土、金石、草、谷、菜、果、木、器服、虫、鳞、介、禽、兽、人 16 部，共 52 卷约 190 万字。全书收纳已载药物 1518 种，另增收药物 374 种，合 1892 种，其中植物 1195 种；共辑录古代药学家和民间单方 11096 则；书前附药物形态图 1100 余幅。书中尽可能地纠正了以前的错误，补充了不足，并有很多重要发现和突破，是 16 世纪为止中国最系统、最完整、最科学的一部医药学著作，被誉为"东方医药巨典"。明代王世贞称之为"性理之精蕴，格物之通典，帝王之秘籍，臣民之重宝"。达尔文也曾受益于《本草纲目》，称它为"中国古代百科全书"。

（四）徐霞客的《徐霞客游记》

徐霞客（1587 年～1641 年），名弘祖，字振之，号霞客，江苏江阴市人，出生于富庶的读书人家。徐霞客天生奇志，想绘天下名山胜水为通志，19 岁时父亲去世，因母亲年迈不忍成行，但徐母心胸豁达，积极鼓励徐霞客远游。然而徐霞客坚持守孝三年，于 1608 年，正式出游，徒步跋涉，闻奇必探，见险必截，每天记录考察的收获，足迹遍及今 21 个省、市、自治区，最后一次出游是在 51 岁，由赣入湘，一直到达云南腾冲，不幸身患重病，被地方官送回江阴老家，直到 54 岁病逝家中。徐霞客去世前把游记托付给家庭塾师季梦良（字会明），之后被整理成 60 余万字的《徐霞客游记》，对地理、水文、地质、植物等现象作了详细记录，包含地貌学、溶岩学、生物学、矿物学、民俗学，以及地方史志等众多资料，同时也是文学著作。钱谦益赞道："霞客先生游览诸记，此世间真文字、大文字、奇文字。"

徐霞客通过亲身考察，论证了金沙江是长江的源头，修正了《尚书·禹贡》中"岷山导江"的说法；他是世界上对石灰岩地貌进行科学考察的先驱，全凭目测步量，考察了 100 多个石灰岩洞。李约瑟评价道："《徐霞客游记》读来并不像是 17 世纪的学者所写的东西，倒像是一位 20 世纪的野外勘测家所写的考察记录"，"世界上最早一部记载石灰岩地貌的著作，是中国明代地理学家徐弘祖的《徐霞客游记》。"

五、朱载堉和十二平均律

朱载堉（1536 年～1611 年），字伯勤，号句曲山人，明太祖朱元璋九世孙，父亲是郑王朱厚烷，1550 年因劝谏明世宗而被废除爵位且遭囚禁，朱载堉时年 14，于是筑室独处 17 年。1567 年，明穆宗继位，朱厚烷被释复爵。1591 年父亲死后，作为长子的朱载堉七次上疏放弃王位，15 年后才被明神宗允准，引起朝

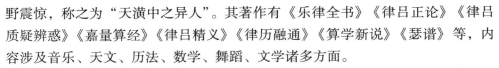

野震惊，称之为"天潢中之异人"。其著作有《乐律全书》《律吕正论》《律吕质疑辨惑》《嘉量算经》《律吕精义》《律历融通》《算学新说》《瑟谱》等，内容涉及音乐、天文、历法、数学、舞蹈、文学诸多方面。

朱载堉首创利用珠算进行开平方，研究出了数列等式，提出了律管之管口校正的计算方法和公式，还精确地测定了水银密度。经过仔细观测和计算，他求出了计算回归年长度值的公式，其计算结果与今天仅差 17 秒，他是中国历史上第一个精确计算出北京的地理位置（北纬 39°56′，东经 116°20′）的人。朱载堉首创"舞学"，为舞学制定了大纲，奠定了理论基础，绘制了大量舞谱和舞图。

朱载堉影响最大的贡献是创建了十二平均律。为了解决"三分损益"不能达成古代"十二律旋相还宫"的描述，朱载堉充分运用计量科学、数学、音乐声学上的知识，用自制的八十一档双排大算盘，开平方、开立方求出十二平均律的参数，计算结果精度达 25 位有效数字。此理论被广泛应用在世界各国的键盘乐器上，包括钢琴，故朱载堉被誉为"钢琴理论的鼻祖"。李约瑟评价朱载堉是"世界上第一个平均律数字的创建人"，并且是"中国文艺复兴式的圣人"。

第四节　清代的科学技术

在稳定的发展下，明朝在中后期开始出现了资本主义的萌芽。然而由于八股取士的制度，明末时期活跃在科技领域的人物大多是冲破科举制度藩篱或者无意于功名利禄之士。李时珍、朱载堉、徐霞客、宋应星等人在各自的领域里都达到了那个时代登峰造极的高度，但是却没能在社会上形成科学技术研究的共同体。纷沓而来的西洋传教士在这时带来了各种西洋的学术，然而西学东渐受到强大的阻力。虽然明朝政府对于西洋火器等技术的引进还比较积极，但是西洋科学研究方法和实验精神却并没有得到提倡，徐光启在晚年曾哀叹道："臣等书虽告成，而愿学者少，有倡无和，有传无习，恐他日终成废阁耳。"

明末清初之际，天下大乱，科技的发展受到严重影响，江南的资本主义几乎被摧残殆尽。明清政权易手之后，明朝杰出的科学著作大都被禁毁或湮没。比如徐光启和宋应星的著作遭到禁毁，朱载堉的著作在明朝来不及推广就被束之高阁，到了乾隆时期则遭到贬抑，加上许多知识分子隐居不仕，使得中国的科技大幅度衰退，而西方的资本主义和科学技术却蓬勃发展，虽然在康熙时期，皇帝本人努力引进和研究西方近代科学，缔造了封建社会最后的盛世，然而东西相形之下，中国的科技水平一落千丈。

一、康熙皇帝和科学技术

康熙皇帝在位初期，举朝王卿竟然没有一个了解天文历法的，于是他利用空闲时间一方面学习中国传统的天文历算，另一方面向传教士学习天文历法，用了20年时间把握其大概的内容，另外还令传教士学习满语以讲授几何学、静力学等西学知识，累辑成书后，令内廷将之翻译成汉文，主要有《几何原本》7卷、《算法原本》1卷、《算法纂要总纲》、《借根方算法节要》、《勾股相求之法》、《测量高远仪器用法》、《比例规解》和《八线表根》等，这些后来成为编撰大型数学专著《数理精蕴》的资料来源之一。

大约1690年初，康熙皇帝对西洋医药产生了兴趣，让传教士翻译西洋医学和解剖学书籍、讲解西洋医学，并在宫廷内设立化学实验室，采用西法制药。1693年，康熙皇帝因服用金鸡纳霜（奎宁）而治好疟疾，于是让这一治疟特效药在全国推广，同年在宫廷内设立研究艺术和科学的"皇家科学院"。清朝末年时，学者盛昱从《康熙御制文》中辑出93篇科技短文而成《康熙几暇格物编》，涉及天文学史、物理学史、气象学史、地质学史、地理学史、生物学史、医药史等，虽然钻研不深，却是中国古代唯一由皇帝撰著的科技著作。另外，在康熙皇帝长达30年的关注下，通过全国性的天文测量和三角法测量，《皇舆全览图》于1717年绘制完成。后来乾隆皇帝继续对西北地区进行测量，完成了《西域图志》，以这两版地图为基础，加上其他亚洲的地理资料，传教士蒋友仁奉命制成《乾隆内府舆图》，成为后世编绘地图的重要依据之一，具有很大影响，地图学在此后100多年都在进一步发展。

二、王锡阐

王锡阐（1628年~1682年），字寅旭，号晓庵，江苏吴江人，明亡时仅17岁，他投河自尽以表忠于明朝，获救后又绝食7日，因父母强迫而止。从此誓不仕清，隐居乡间，以教书为业。王锡阐对中、西历法都做了深入的研究，并且做出了至今仍有价值的评论，这些评论主要见于《历说》《历策》《晓庵新法序》和《五星行度解》。王锡阐对西方历法做出了批评，认为西历以几何方法描述的天文现象，中历同样可以代数方法描述，从而认为西法源于中法，是西人窃取了中法，这对"西学中源说"产生了很大的影响。

三、梅文鼎

梅文鼎（1633 年 ~ 1721 年），字定九，号勿庵，安徽宣城人。梅文鼎早年随父学习易经，喜观天象，青年后专心于天文历算和数学的研究，博览群书，废寝忘食，并且到处收罗古籍，手抄杂帙不下数万卷。梅文鼎一生著述共有七十余种，绝大部分是天文、历算和数学著作。其中天文著作四十多种，对古代历算、天文仪器、中西历法会通等都有详细论述，其中《古今历法通考》是我国第一部历学史。数学著作有二十多种，集古今中外之大成，总名为《中西算学通》，几乎总括了当时世界数学的全部知识，为清代"历算第一名家"。梅文鼎门下人才济济，祖孙四代共有十多位数学家，以长孙梅毂成的成就最大，他主编《数理精蕴》，辑成《梅氏丛书辑要》六十卷，对当时及后世数学、历算研究有着巨大的影响。

复习与思考题

1. 中国医学理论体系的核心思想是怎样的？
2. 中国古代的宇宙论有哪些？
3. 简要介绍一下四大发明产生及应用的情况。
4. 简述古代中国科学技术的特点。
5. 如何理解"李约瑟难题"？

第四章　古希腊、古罗马的科学技术

第一节　古希腊的自然观

　　古代希腊的地域并不仅仅是我们现在地图上看到的希腊半岛，还包括希腊人在希腊半岛周围所建立的殖民地，往东有地中海东部沿海的爱奥尼亚地区，往西有意大利南部和西西里岛，往南则有地中海中的克里特岛。相对于有着悠久历史传统的四大文明古国，古希腊是一个较为年轻的民族，只有他们是直接从野蛮时代进入铁器时代，并且一开始就从事航海的民族，他们对空间具有旅行家的感觉和几何感，这是农业社会所缺乏的。古希腊人也具有旅行家那种关于不同文化和传统的知识，他们从中吸取真正有价值的部分，并且经过理性的过滤和澄清，然后形成了一种新的文明，对后世乃至于现代都产生着巨大而深远的影响。

一、神话自然观

　　爱琴海一带在西方率先进入青铜文明，产生了西方古代最早的爱琴文明。爱琴文明以克里特岛和迈锡尼为核心，又称"克里特—迈锡尼"文明。1878年考古学家在克里特岛上发现的克诺索斯遗址，被认为是古希腊神话中的克里特国王米诺斯的王宫，这里大概在公元前3000年从新石器时代进入了青铜时代，人们称之为克里特文明或米诺斯文明。克里特岛受埃及和小亚细亚的影响，转过来又影响了后来的迈锡尼文明。约公元前2000年，迈锡尼人定居伯罗奔尼撒半岛，受克里特文明影响而逐渐走向文明，大约于前1600年立国，公元前1450~前1400年迈锡尼人占领克诺索斯宫殿，从公元前1200年开始呈现衰败之势，直到公元前1125年多利亚人摧毁迈锡尼。这是古希腊青铜时代的最后一个阶段，大多数的古希腊文学和神话历史设定皆为此时期，比如最为著名的就是发生于公元前12世纪的特洛伊战争。迈锡尼文明灭亡后大概经历了几百年的社会动乱，然后荷马时代这一比较粗糙的新文化便开始了。公元前9世纪，腓尼基文字传入希腊，形成希腊字母，于是荷马时代的两部英雄史诗《伊利亚特》和《奥德赛》大概也于此时成书。荷马史诗叙述了希腊人和特洛伊人战争末期和结束后英雄们的冒险经历，其起源仍是有争议的事情，不过毫无疑问的是它们成为古希腊文化和教育的基础。在荷马史诗中，众神密切地卷入了人类的事务之中，他们决定着胜利、失败、灾祸和命运。而与荷马史诗相提并论的是公元前8世纪末赫西尔德写的两部诗作：《工作与时日》和《神谱》。《工作与时日》中包含了许多农耕知识，而《神谱》以神话的方式描绘了一幅简略的世界史：从原处的混沌到宙斯的有序统治。从混沌中产生了大地盖亚（Gaia）和其他诸神，包括爱神厄洛斯（Eros）、冥界（Erebos）和最黑暗的夜。冥界和夜结合产生了白昼（Day）和天（Aither），盖亚生出布满星辰的天空乌拉诺斯（Ouranos），生出大海潘多斯（Pontos）。继而地母盖亚和天父乌拉诺斯生出了众河之父俄刻阿诺斯（Oceanus）等十二泰坦和一大堆怪物。最终十二泰坦中的克洛诺斯（Kronos）阉割并推翻了乌拉诺斯，继而又被自己的儿子宙斯废黜。宙斯用闪电打败了泰坦巨人，建立了奥林匹斯山众神的统治。

在荷马和赫西尔德的世界里，奥林匹斯诸神与人同形同性，既长着人的体态相貌，也拥有人的七情六欲，与人不同的只是拥有一种超人的能力，或司管着日、月、雷、河等自然现象，或执掌商业、战争等人类活动，也就是说，自然界和人类社会受神的情欲和意志支配。这与近代科学世界有着巨大的鸿沟，但是它是希腊文化中的一个核心特征，影响着希腊人的思想、言论和行为方式。比如荷马史诗中神也摆脱不了的命运，以及赫西尔德《神谱》中诸神的谱系，对科学思想中一些重要观念和思维方式都有着很深的影响。虽然奥林匹斯神话所包含的万物有灵论的观念具有异乎寻常的美和见识，然而数目不断增加的神祇和寓言，以及神人同形同性的特点，使得持怀疑论的批评越来越多，这一方面导致了先前巫术仪式的复兴和新崇拜的侵入，另一方面则产生出一种自然哲学和形而上学的哲学。

二、新的思维模式的出现

经过几百年的"黑暗时代"，爱琴海一带的海上贸易再次兴盛，新的城邦国家纷纷建立，公元前776年第一次奥林匹克运动会的召开，标志着古希腊文明进入了兴盛时期，之后随着人口增长，雅典的希腊人开始向外殖民，此后新的希腊城邦遍及包括小亚细亚和北非在内的地中海沿岸。到了公元前6世纪，希腊哲学就开始出现了。然而希腊神话并没有立刻消失，而是继续繁荣了好几个世纪。这个时候哲学是作为一种新的思维模式而出现的，是与荷马和赫西尔德不同的一种理智探求，这种探求是对世界的本质进行一系列理性的、批判的探求，探求世界的成分、它的运作、事物的产生和变化等，寻求一种普遍的解释，并且开始仔细思考推理和证明的规则。总的来说，哲学家眼中的世界是一个有序的、可预言的世界，事物按其本性在其中运作，反复无常的神的干涉则被抛弃，自然和超自然的区分开始出现。人们普遍认为应当仅仅从事物的本性中寻求原因。由于这些引入新的思维方式的哲学家关注于"physis"，即自然、本性，他们就被亚里士多德称为自然哲学家。

三、爱奥尼亚的哲学家

首先明确地摆脱神话传统的思想流派，是小亚细亚的爱奥尼亚自然哲学家学派，又称米利都学派。这个学派第一次假定整个世界是自然的，是可以用理性探讨和用普通知识来解释的，这样神话中的鬼神就被排除在解释原因之外了。

（一）泰勒斯（Thales，约公元前624年~前546年）

米利都的泰勒斯是爱奥尼亚学派中最早的一位，他是希腊七贤之首，也是西方思想史上第一个有记载有名字留下来的思想家，被称为"科学和哲学之祖"。他年轻时曾经游历过巴比伦和埃及，从巴比伦人那里学到先进的天文学理论，从埃及人那里学到先进的几何学知识。泰勒斯曾用磁石和琥珀做实验，用它们的吸引力来论证万物有灵的思想。据说他成功地预言了公元前585年的一次日食，也曾根据金字塔的影子测量并计算其高度。泰勒斯也观察天象，据柏拉图的《泰阿泰德篇》记载，泰勒斯在夜里因为太过于专注地观察天象，以至于不小心掉到井里，从而被女奴嘲笑他热衷于天上的事情，连脚下的事情都没能看到。亚里士多德的《政治学》中也提到过泰勒斯的一个故事：泰勒斯一度很贫困，人们由此而轻视他，认为哲学无用，泰勒斯并不以为然。有一年冬天，泰勒斯用其天文学知识预测到来年将橄榄大丰收，他便把资金全部投入租用当地的榨油坊，由于没有人竞争，租金很低。到了收获季节，橄榄果然大丰收，榨油坊租金一下子涨了很多，泰勒斯也一举发了大财。他以此向人们表明，哲学家致富是很容易的，只是他们抱负并不在此。

泰勒斯是第一个把埃及的测地术引进希腊，并将之发展成为比较一般性的几何学的人，其中具体细节已无法考证，据说以下几何学定理是泰勒斯提出来的：

1. 直径平分圆周。

2. 三角形的两等边对应两等角。

3. 两条直线相交时对顶角相等。

4. 三角形两角及其夹边已知，此三角形完全确定。

5. 半圆所对的圆周角是直角。

6. 在圆的直径上的内接三角形一定是直角三角形。

这些定理虽然简单，而且古埃及、古巴比伦人也许早已知道，但是，泰勒斯把它们整理成一般性的命题，论证了它们的严格性，并在实践中广泛应用。

在哲学方面，泰勒斯拒绝用超自然因素来解释自然现象，他是古希腊第一个提出"什么是万物本原"这个哲学问题的人，他认为世界本原是水，万物生于水，又复归于水。他说："水是最好的。"在生活伦理方面，有人问他"怎样才能过着有哲理和正直的生活？"回答是："不要做你讨厌别人做的事情。"

泰利斯开创了追问世界本原的理性思维模式，并为后来的思想家所继承，因而对西方历史产生了深远的影响。

（二）阿那克西曼德（Anaximander，约公元前 610 年 ~ 前 545 年）

泰勒斯的学生阿那克西曼德认为"火、气、水、土中任何一种都不能生成万物"。因为一个事物有了某个固定的性质，就不可能变成不同性质的东西，性质为火的事物是不能由水来生成的。故而他认为万物的本原应该是不具备任何性质的东西，他称之为"无定"（apeiron）。一切事物都有开端，然而无定没有开端，无定在运动中分裂出冷和热、干和湿等对立面，从而产生万物。阿那克西曼德认为宇宙是球状的，星辰镶嵌在圆球上，而大地是柱状的，有两个相反的表面，人就住在其中的一个表面上。阿那克西曼德还认为最原始的动物是从海里的泥变化而出的，人是从一种鱼类演化而来的。据说他还制作了日晷与世界地图，而且他对地图的兴趣并不局限于地球，据说也制作了球状的天空图。阿那克西曼德著作有《论自然》，已佚。他是第一位以散文写作的哲学家，只有一句话流传至今："万物所由之而生的东西，万物毁灭后复归于它，这是命运规定了的，因为万物按照时间的秩序，为它们彼此间的不正义而互相偿补。"

（三）阿那克西美尼（Anaximenes，约公元前 570 年～前 526 年）

阿那克西曼德的学生阿那克西美尼认为气是万物之源，气有冷热、疏密、运动的不同，各种物质是通过气的聚和散产生的，并认为火是最精纯或是稀薄化了的气，当火被压缩的时候，就变成了风，风再压缩就变成了水，水在压缩就变成土地，土地压缩最后变成了石头，这些都是气的不同形态。他为了论证这一观点还提出一个简单的呼气实验：如果一个人在嘴唇绷紧时压缩空气，吹出来的就是冷气，但如果让嘴巴放松在的情况下哈气，吐出的空气就会变热。

四、毕达哥拉斯和毕达哥拉斯学派

毕达哥拉斯（Pythagoras，约公元前 580 年～约前 500 年）是古希腊数学家、哲学家，中国的勾股定理在西方便是以他的名字命名的，称为的毕达哥拉斯定理，但凡学过几何学的西方人都知道这个名字。然而他的生平并不能完全确定，只有各种传说。据说毕达哥拉斯出生在爱琴海中的萨摩斯岛（今希腊东部小岛），自幼聪明好学，曾在名师门下学习几何学、诗歌、音乐和哲学。后来因为向往东方的智慧，他经过万水千山，游历了当时文化水平最高的巴比伦、印度和埃及。毕达哥拉斯学成之后返回家乡萨摩斯，开始讲学并开办学校，但是没有达到他预期的成效。公元前 520 年左右，毕达哥拉斯移居西西里岛，后来定居在意大利南部的克罗托内城。在那里，他广收门徒，建立了一个集宗教、政治、学术为一体的团体，这个团体有男女社员，地位一律平等，一切财产公有，知识也是公共财产，不过对外保密。在公元前 5 世纪分裂为科学派和宗教派，科学派把一些知识公布了出来。

毕达哥拉斯用他独特的灵魂观念将哲学与宗教结合在一起，灵魂对于毕达哥拉斯而言是一种和谐，而这种和谐是可以用数来加以规定的，因此智慧就是对数的本性的把握。正如乐器的毁灭并不表明音乐的毁灭，事物的毁灭也不表明其中和谐的毁灭，故而灵魂是不朽的，但是灵魂会受到扭曲和染污，故而灵魂所需的唯一工作就是净化。毕达哥拉斯认为净化灵魂的活动有两种：音乐和哲学，因为音乐是和谐的音调，而哲学是对和谐关系的把握，两者都能帮助灵魂在失去和谐的时候重新恢复和谐。"philosophy"（爱智慧，哲学）这个词最早就是毕达哥拉斯提出来的，而由于智慧就是对数的本性的把握，故而毕达哥拉斯对泰勒斯所提出的"万物的本原是什么"这个问题的回答就是，万物的本原是数，或者说"万物是数"。因为他发现，决定声音是否和谐的是某种数量关系，而和物质构成无关。

"据扬勃利库斯记载，毕达哥拉斯路过一家铁匠铺，听见铁锤击砧的声音，辨认出四度、五度、八度三种和谐音。他猜想声音的不同是由于铁锤的重量不一样，就称了称各个铁锤的分量，发现发出八度音的那一把重量为最重铁锤的一半，发出五度音的相当于后者的2/3。他想重复这个实验，在单弦上响出同样的和声关系。他把一根弦垂上重物绷紧在琴马上，把琴弦分成四等分段，拨动琴弦，发现弦的三部分和一半发出的声音为五度和谐音（比例为3∶2）；全弦和绷紧3/4的弦发出四度和谐音（比例为3∶4）。我们还记得斯米尔纳的泰翁纳说，希帕塞也做过相似的实验，测量三个基本和谐音，但不是用琴弦，是用瓶子装不同高度的水。"

通过这样的研究，毕达哥拉斯逐渐认识到万物的差异并不是其物质成分，而是其中的数量关系，或者说其中数的规定性。毕达哥拉斯对数论作了许多研究，将自然数区分为奇数、偶数、素数、完全数、平方数、亲和数等，数不仅有多寡，还有几何形状，比如三角数、五角数等。因为有了数，才有几何学上的点，有了点才有线面和立体，有了立体才有火、气、水、土这四种元素，从而构成万物，所以数在物之先。对于毕达哥拉斯而言，数的规定性有比例关系、对立关系、类比关系。比例关系正如前面所说与弦长的比例，声音是否和谐取决于此，毕达哥拉斯学派进一步认为，万物的关系都可以归结为整数和整数的比例，但是后来无理数的发现打破了这一论断；对立关系有一和多、奇和偶、有限和无限、直和曲等。类比关系是认为数字和事物和社会的属性之间存在某种类比，比如认为"1"是智慧；"2"是意见；"3"是万物的形体和形式；"4"是正义；"5"是婚姻；"6"是灵魂；"7"是机会；"8"是和谐、爱情和友谊；"9"是理性和强大；"10"是完满和美好。据说一个门徒向他问道："我结交朋友时，存在着数的作用吗？"毕达哥拉斯毫不犹豫地回答："朋友是你的灵魂的情影，要像220

和284一样亲密。"220和284是人类最早发现、最小的一对亲和数，它们各自所有除自身以外的因数之和都等于对方。

毕达哥拉斯认为宇宙是一个球体，地球也是球体，宇宙的中心是"中心火"，所有天体都绕中心火转动。当时已知的天体有九个：地球、月亮、太阳、金星、水星、火星、木星、土星，以及作为一个整体存在的恒星天。然而"10"才是最完美的，于是毕达哥拉斯派假象出来一个天体"对地"，总是处在和地球相对的中心火的另一面，所以地球上的人类看不见它。人来也看不见中心火，因为人类住在地球背对着中心火的一面。这些思想残存于第欧根尼·拉尔修的《著名哲学家的生命和学说》一书中，如下：

"万物的本原是一。

从一产生出二，二是从属于一的不定的质料，一则是原因。

从完满的一与不定的二中产生出各种数目，

从数产生出点，从点产生出线，从线产生出面，从面产生出体，

从体产生出感觉所及的一切形体，产生出四种元素：水、火、土、气。

这四种元素以各种不同的方式互相转化，于是创造出有生命的、精神的、球形的世界，以地为中心，地也是球形的，在地面上住着人。

还有'对地'，在我们这里是下面的，在'对地'上就是上面。"

五、爱利亚学派

（一）克塞诺芬尼（Xenophanes，或译成色诺芬尼，约公元前565年~前473年）

克塞诺芬尼是古希腊诗人、哲学家，爱利亚学派的先驱，他批判了希腊人传统上神人同形同性的看法，认为这些神是人们仿照自己的样子幻想出来的，都穿着衣服，有着同凡人一样的音容笑貌：埃塞俄比亚人说他们的神是狮子鼻、黑皮肤；色雷斯人说他们的神是蓝眼睛、红头发；而希腊人传颂的神干的各种邪恶的事，也都是荷马和赫西尔德的想象，他们把人间一切无耻的丑行加诸神灵：偷盗、奸淫、尔虞我诈。但是克塞诺芬尼并不否认有神，他认为："只一个神，他在诸神和人类中间是最伟大的；他无论在形体和思想上都不像凡人。""神是全视全知全闻的。""神永远保持在同一个地方，根本不动。"这就是理神论的观点，不再简单地把神想象成一个具体的形象，而只是把神当作一个超越于任何形体之上的普遍存在。然而这种神究竟是什么，当时的希腊人很难接受，克塞诺芬

尼自己也清楚这点，他说："没有人，也决不会有人知道我讲的关于神和一切事情的真理。"

（二）巴门尼德（Parmenides of Elea，约公元前515年~前5世纪中叶以后）

巴门尼德是克塞诺芬尼的学生，爱利亚派的实际创始人和主要代表。他受克塞诺芬尼关于神是不动的"一"的影响，从感性世界抽象出最一般的范畴"存在"（being），认为存在是永恒的、连续不可分。巴门尼德在《论自然》的诗里提到，感官是骗人的，大量可感觉的事物都只是幻觉，而且感性世界的具体事物是非存在，是假象，是不能被理性思考的。唯一真实的存在就是"一"，"一"是无限的、不可分的。他区分了"真理之路"和"意见之路"，"意见之路"是按众人的习惯去认识感觉对象，"以茫然的眼睛、轰鸣的耳朵和舌头为准绳"，而"真理之路"则是用理智来进行辩论，通往圆满、不动摇的中心。他说："你不能知道什么是不存在的，那是不可能的，你也不能说出它来；因为能够被思维的和能够存在的乃是同一回事。"这是哲学上从思想与语言来推论整个世界的最早的例子。

（三）芝诺（Zeno of Elea，约公元前490年~约公元前425年）

芝诺是巴门尼德的学生，他的生平缺乏可靠记载，其《论自然》一书也失传已久，据说他曾道："由于青年时的好胜著成此篇，著成后，人即将他窃去，以致我不能决断，是否应当让它问世。"芝诺用归谬法为老师的"存在论"做辩护："如果事物是多数的，将要比是'一'的假设得出更可笑的结果。"据说他从"多"和"运动"的假设出发，一共推出了40个各不相同的悖论，现存的芝诺悖论至少有8个，其中关于运动的4个悖论尤为著名。

1. 无限二分。此悖论有两种说法。

（1）一个人从A点走到B点，要先走完路程的一半，而要走完这一半，须先走完这一半的前一半，而要走完这一半的前一半，须先走完这一半的一半的前一半……如此循环下去，永远离不开起点。

（2）一个人从A点走到B点，要先走完路程的一半，再走完剩下总路程的一半，再走完剩下的一半……如此循环下去，永远不能到终点。

2. 阿基里斯赶不上乌龟。阿基里斯是古希腊神话中善跑的英雄，他想要追上前面的乌龟，首先必须到达乌龟的出发点，然而当阿基里斯跑到乌龟的出发点，乌龟在这段时间内往前爬了一段距离，于是，乌龟还是在阿基里斯的前面，阿基里斯继续追，而当他追到乌龟所在的这个点后，乌龟已经又向前爬了一段距离……如此无穷下去，阿基里斯会离乌龟越来越近，但是乌龟永远都在阿基里斯前面，也就是说，阿基里斯永远追不上乌龟。

3. 飞矢不动。设想一支飞行的箭，在每一时刻，它只位于空间中的一个特定位置。由于时刻并不包含一段持续的时间，因此箭在没有时间的时刻上只能是静止的。鉴于整个运动期间只包含时刻，而每个时刻又只有静止的箭，所以芝诺断定，飞行的箭总是静止的，它不可能在运动。

4. 一倍的时间等于一半的时间。假设三排观众席上有三组观众：A 组、B 组、C 组，每组观众为紧邻的四人，按照从左往右的次序，A 组观众表示为 a1、a2、a3、a4；B 组观众表示为 b1、b2、b3、b4；C 组观众表示为 c1、c2、c3、c4。假设在某个时间单元内，A 组观众不动，B 组观众整体往右挪了一个位置，而 C 组观众整体往左挪了一个位置，那么可以知道，这个时间单元内，C 组观众相对于 B 组观众是整体往左挪了两个位置。然而假设 A 组观众和 B 组观众都不动，C 组观众想要相对于 B 组观众整体往左挪了两个位置，需要经过两个时间单元。两种情况下 B 组观众和 C 组观众的移动后的相对位置是一样的，但是前者只用了一个时间单元，后者用了两个时间单元，也就是说一倍的时间等于一半的时间。

虽然芝诺时代已经过去 2500 多年了，但是围绕芝诺的争论还没有休止，有人把他当作聪明的骗子，有人认为他对古代数学有巨大的影响。芝诺的功绩在于，他把数学和哲学中一些最基本的概念之间的关系，比如动和静的关系、无限和有限的关系、连续和离散的关系，以一种引人注目的方式摆了出来，并进行了辨证的考察。

六、元素派

(一) 恩培多克勒 (Empedocles，约前 495 年~约前 435 年)

恩培多克勒生于意大利以南西西里岛，年轻时因策动了推翻暴君的斗争而被公民授予王位，但是他更愿意把时间花在哲学研究上，便拒绝了。他很大程度上受毕达哥拉斯学派的影响，具有很强的神秘主义色彩，并且也跟毕达哥拉斯一样，走到哪里都有成千上万的追随者。他把生平学问写成了《论自然》与《洗心篇》两篇诗。

泰勒斯曾认为宇宙的基本成分是水，阿那克西美尼认为是气，赫拉克利特认为是火，齐诺弗尼斯认为是土，而恩培多克勒把这些都综合在一起，认为万物由土、水、气、火四根的组合而生成，因四根的分离而消失，四根组合的原因是"爱"，分离的原因是"恨"或者"斗争"。每种合成的实体都是暂时的；只有元素以及爱和斗争才是永恒的。对于感知的原因，他提出一种"同类相知"的原则："我们用土来看土，用水来看水，用气来看明亮的气，用火来看耗散的火，用爱来看爱，用可怕的恨来看恨。"

恩培多克勒认为世界是一个球；在黄金时代，斗争在外而爱在内；然后斗争渐入于内而爱被逐于外，直到最坏的情形出现：斗争完全居于球内而爱完全处于球外为止。以后就开始一种相反的运动，直到恢复黄金时代，又开始反转，如此不断循环下去。

恩培多克勒发现空气是一种独立的实体。因为他观察到一个开口的瓶子倒着放进水里的时候，水不会进入瓶子。另外他发现过一个离心力的例子：如果把一杯水系在一根绳子的一端而旋转，水就不会流出来。恩培多克勒知道植物界里也有性别，而且他也有一种演化论与适者生存的理论。他认为生命开始产生的时候，"四方散布着无数种族的生物，具有各种各样的形式，蔚为奇观。有的有头而无颈，有的有背而无肩，有的有眼而无额，又有孤零零的肢体在追求着结合。这些东西以各种机缘结合起来；有长着无数只手的蹒跚生物，有生着许多面孔和胸部并朝向各个方向观看的生物，有牛身人面的生物，又有牛面人身的生物。有结合着男性与女性但不能生育的阴阳人。但最后，只有几种保存下来了"。

在天文学方面，恩培多克勒知道月亮是由反射而发光的，他认为太阳也是如此。他说光线行进也需要时间，但是时间非常之短促以致我们不能察觉到；他知道日食是由于月亮的位置居间所引起的，这个可能是他从阿那克萨哥拉那里学来的。

恩培多克勒在医学上也有贡献，他是意大利医学学派的创始者，他认为心脏是血管系统的中心，所以也是生命的中枢，这个观点影响了亚里士多德，有人认为这也影响了科学思潮和哲学思潮的整个倾向。

（二）阿那克萨哥拉（Anaxagoras，约公元前 500 年～前 428 年）

阿那克萨哥拉是阿那克西美尼的学生，出生于爱奥尼亚的克拉佐美尼，公元前 464 年来到雅典，居住了 30 年。他是第一个把哲学带给雅典的人。

阿那克萨哥拉认为，用某一种具体元素作为本原不能解决一和多的关系问题，于是提出了"种子说"，认为构成万物的细小微粒是"种子"。事物有多少种可感性质，"种子"就有多少种。"种子"数目无限多，体积无限小，是构成世界万物的最初元素：头发有头发的种子、血有血的种子、金有金的种子。在世界之初，所有的种子都混合在一起，形成一个巨大的混沌物，原始的混沌物在"奴斯"（nous）的作用下旋转，旋转首先从一小点开始，然后逐步扩大，结果使稀与浓、热与冷、暗与明、干与湿分开，产生星辰、太阳、月亮、天空和大地等；万物也逐渐分开了，从而形成了有秩序的宇宙。这个漩涡的理论模型与现代的星系诞生理论十分相似，只是运动的原因不再是"奴斯"了。在希腊文中，"奴斯"本义为心灵，转义为理性，阿那克萨戈拉认为"奴斯"是独立自在的，不和任何个别事物相混，它是运动的源泉，能认知一切事物。

在感知的原因上，阿那克萨哥拉提出了"异质相知"的原则："感觉由相反者所产生……由冷知热，由咸知淡，由苦知甜。一切都已在我们之中，……一切知觉都伴随着痛苦。"

在天文学上，阿那克萨哥拉认为太阳是一团炽热的物质，月亮和地球一样也有山谷和居民，陨石是从太阳上掉下来的石头，雷由云块的撞击而产生，闪电是云与云之间摩擦的结果。由于他否认天体是神圣的，被以"不敬神"的罪名驱逐出雅典。

七、原子论

（一）留基伯（Leucippus 或 Leukippos，约公元前500年～约前440年）

留基伯率先提出原子论，其学说受泰勒斯、芝诺、恩培多克勒、阿那克萨哥拉的影响。他认为如果承认事物是多而且事物具有运动变化的，那么宇宙就不是巴门尼德所教导的是没有内部区分的单一的宇宙体。留基伯把巴门尼德的宇宙砸得粉碎，将其微粒撒向无限的虚空。然而每一微粒，像巴门尼德的绝对存在一样，永恒、不变、不生、不灭、有限、不可分，因此这些存在的微粒被称为原子。"他说宇宙是无限的，其中一部分是充满的，一部分是空虚的，这充满和空虚，他说就是元素。"

（二）德谟克利特（Demokritos 或 Democritus，约公元前460年～公元前370年）

德谟克利特出生在色雷斯海滨的阿布德拉，小时候做过波斯术士和星象家的

学生，成年后来到雅典学习哲学，后来又到埃及、巴比伦、印度等地游历。留基伯是他的导师。他是古希腊杰出的全才，通晓哲学的每一个分支，同时还是一个出色的音乐家、画家、雕塑家和诗人。

德谟克利特继承并发展了留基伯的原子学说，原子（atomon）本义即"不可分割"，原子只有形状、位置和次序的不同，因此颜色是约定的，甜是约定的，苦是约定的，宇宙空间中除了原子和虚空之外，什么都没有，没有不死的神灵，人的灵魂也是由最活跃、最精微的原子构成。原子不能被从无中创造，也不能被消灭，任何变化都是它们引起的结合和分离。德谟克利特试图通过原子来化解不生不灭的本原和感觉到的生灭变化之间的矛盾。

在宇宙论上，德谟克利特认为原子在虚空中相互碰撞从而形成原始的旋涡运动，较大的原子进入旋涡的中心，较小的被赶到外围。中心的大原子相互聚集形成球状结合体，即地球；较小的水、气、火原子，则在空间内产生一种环绕地球的旋转运动；地球外面的原子由于旋转而变得干燥，最后燃烧起来，变成各个天体。

在认识论上，德谟克利特提出"影像说"，即事物中不断流溢出来的原子形成了"影像"，而这种"影像"作用于人的感官和心灵，从而产生感觉和思想。

德谟克利特提出了圆锥体、棱锥体、球体等体积的计算方法，他的著作涉及自然哲学、认识论、逻辑学、天文、地理、生物、医学、心理学、伦理学、政治、法律等许多方面，比如《宇宙大系统》《宇宙小系统》《论自然》《论人生》《论荷马》《节奏与和谐》《论音乐》《论诗的美》《论绘画》等，据说一共有52种之多，可惜大多都遗失或只剩下残篇，马克思和恩格斯赞美他是古希腊人中"第一个百科全书式的学者"。德谟克利特的原子论后来被伊壁鸠鲁和克莱修所继承，再后来又被道尔顿所发展，从而形成了近代的科学原子论。

（三）智者学派和希腊三大数学难题

爱奥尼亚城邦在公元前530年就被波斯征服了，这使得雅典接手了以前爱奥尼亚人的海上贸易，而雅典人领导各城邦于公元前490年的马拉松战役中在陆地上击败了波斯军队，10年后又在海上击败了波斯人，政治和经济的优势使得雅典进入了一个空前繁荣的时期。雅典的手工业也发达了起来，当时的希腊语"sophia"一词是用来指工艺技术，而不是智慧。这一时期雅典的民主体制也发展起来了，人们热衷于谈论政治、法律。于是就出现一批收费授徒，教授修辞学、论辩术和政治知识的职业教师，后来被称为"智者学派"。

公元前5世纪前，智者泛指聪明伶俐并具有某种知识技能的人，如《荷马史诗》用它来称呼雕刻匠、造船工和战车驭手。后来，自然科学家、诗人、音乐家乃至政治家，也被称之为"智者"。到了公元前5世纪，"智者"更多的是指专门以教授青年而获取报酬的职业教师。一般认为智者是希腊哲学史上由自然哲学转向人文哲学的一个转折点。智者普罗塔哥拉说："人是万物的尺度，是存在的事物存在的尺度，也是不存在的事物不存在的尺度。"一下子把人置于世界和社会的中心，这是原始宗教和自然统治之下人类自我意识的第一次觉醒。

智者的论辩促进了逻辑思维的发展，他们之中也有一些几何学家，提出了古希腊三大几何学难题：

1. 立方倍积。求作一立方体的边，使该立方体的体积为给定立方体的两倍。
2. 化圆为方。作一正方形，使其与一给定的圆面积相等。
3. 三等分角。将一个给定的任意角分为三个相等的部分。

这三个问题的难点在于，只能用直尺和圆规作图，而且直尺只能用来画直线，不能用于长度测量，也就是所谓的"尺规作图"。

经过2000多年的艰苦探索，数学家们才弄清楚了这三个难题是"不可能用尺规完成的作图题"，这也是数学史上的一大进步。

八、柏拉图（Plato，约公元前427年～公元前347年）

柏拉图出生于一个雅典世家，幼年学习荷马诗作，后来受到毕达哥拉斯、阿那克萨戈拉、巴门尼德和苏格拉底的影响。柏拉图曾在《理想国》中思考这样一个问题：木匠制作出来的桌子和他头脑中的桌子观念之间是什么关系？木匠制作的每一张桌子，总是尽可能地摹仿他心灵的观念，但是这种摹仿总是不完美的，因为现实总是有各种局限性，总比不上心中的桌子那样完美。于是柏拉图设想造物主与宇宙的关系就如同木匠和桌子的关系，宇宙的万物都是造物主理念不完美的摹仿品。因此存在两个世界：一个是完美的理念世界，另一个是不完美摹仿的物质世界，前者是居第一位的而后者居次。

将此观点发展开来，柏拉图就把世界分为可感领域和可知领域，分别对应人的两种认识，即意见和知识。可感领域包括自然物和影像，分别对应认识中的信念和幻想；而可知领域则有数学型相和本原；分别对应认识中的数学知识和理性知识。幻想是个人的想象和印象，它因人而异，比如诗和艺术作品，是个人想象的产物；信念则是关于自然物共同的感觉，也就是日常我们对山水、动物、植物、人物的感观认识；幻想和信念都属于意见，不属于知识，因为对于柏拉图而言，只有绝对确定的认识才是知识，信念虽然是对日常生活有用的经验，但是还没有达到柏拉图意义的知识标准，柏拉图认为仅凭观察世界是不可能获得知识的。最低级的知识是数学，柏拉图说它介于知识和意见之间，因为数学研究的对象：数和形，是具有普遍、不变的属性的，但是它们又能被感知，另外数学方法是从前提到结论的推理方法，这种演绎推理是具有保真性的，但是推理的最高前提是公理和定义，他们只能依靠自明而无法证明，具有假设的性质。纯粹的知识就是理性知识，哲学就是这种知识，哲学的方法是辩证法，它和数学的演绎推理不同，不是从假设下降到结论，而是从假设上升到原则。就好比苏格拉底式的对话，从假设出发，不断剔除和修正定义中的假设成分，最后达到最完善最确定的定义。辩证法全过程不掺杂任何可感事物，只在理念中移动，最后达到理念。而理智最终认识的本原就是"善"这个统摄一切的原则。

在《蒂迈欧篇》中，柏拉图的造物主不仅是理性的工匠，还是一位数学家，因为他是按照几何原理构造宇宙的。三角形是最基本的材料，这种"二维的原子"通过适当的组合形成"三维的粒子"，即宇宙中仅有的五种正多面体：正四面体、正六面体、正八面体、正十二面体和正二十面体。其中正四面体、正六面体、正八面体和正二十面体分别形成了火、土、气、水四大元素，而正十二面体对应整个宇宙。作为可见的物质宇宙是这样被创造的，然而此前造物主还以一个音乐家的身份，用和谐的比例创造了宇宙和人的灵魂。接着柏拉图还描绘了宇宙的许多特征，比如地球是球形的，被天球包裹着，在天球上标示太阳、月亮和行星的路径。他知道行星分别有各自的速度，偶尔还会逆行，但柏拉图觉得行星的漫游是一种堕落的行为，因为他和毕达哥拉斯一样深信天体是神圣的，而匀速圆周运动是一切运动中最完美的，所以天体的运动应该是匀速圆周运动。于是柏拉图提出"拯救现象"的方法，即用本轮—均轮这种匀速圆周运动的组合来解释行星的不规则运动。虽然有造物主，而且世界灵魂也具有神性，并且把行星和恒星当作一群天神，但柏拉图的宇宙论中其实并没有神的存在，这和传统希腊宗教的神是不一样的，柏拉图的神从不干扰自然的进程，神的功能是巩固和解释宇宙的秩序与合理性，神成了一种解释的话语。

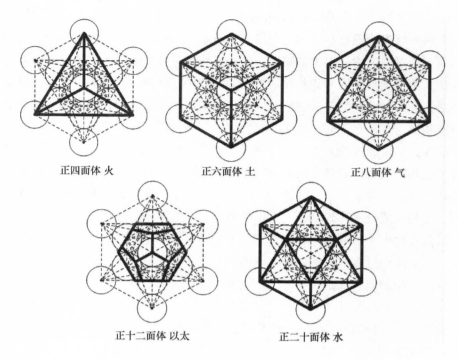

正四面体 火　　　　　正六面体 土　　　　　正八面体 气

正十二面体 以太　　　　　正二十面体 水

图 4-1　五种正多面体

在人体方面，柏拉图解释了呼吸、消化、感情和感觉。在解释人的视觉时，他认为人的眼睛会发出视觉的火，当与外界的光相互作用，就产生了一个视路径，把运动从可见物体传送给观察者的灵魂。在《理想国》中，柏拉图对灵魂做了三重区分：理性、激情和欲望。《菲德罗篇》中有个比喻，灵魂好像是一驾马车，灵魂是驭马者，激情是驯服的马，欲望是桀骜不驯的马。《蒂迈欧篇》认为理性存于头部，对应的德性是智慧；激情存于胸部，对应的德性是勇敢；欲望存于腹部，对应的德性是节制。这也对应于国家的三个阶层：哲学家是治国者，武士是国家的保卫者，劳动者是国家的生产者。

柏拉图在苏格拉底死后离开雅典，在外游历了十年后于公元前 387 年回到雅典，在雅典西北郊外建立了一个学园，主要目的是促进哲学发展，然而为了进入哲学这种纯粹的知识，需要先学习介于知识和意见之间的数学，这就是后来被称为"四艺"的四门希腊数学学科：几何、算术、天文、音律。据说在学园的门口还立了一块牌子："不懂几何学者不得入内。"在教育上，柏拉图还同时强调了两个方面：用体育锻炼体魄，用音乐陶冶心灵，这样可以使人既强健又优雅，否则就可能偏于孱弱或野蛮。柏拉图学园一直持续了900年，直到529年被查士丁尼一世下令关闭。

九、亚里士多德（Aristotle，公元前384年～前322年）

公元前384年，亚里士多德出生于色雷斯的斯塔吉拉，他的父亲是马其顿国王阿敏塔斯二世的御医和朋友。17岁时，他赴雅典就读于柏拉图学园直到柏拉图去世，此后他开始游历各地。公元前343年被腓力浦二世召回故乡，担任年仅13岁的亚历山大的老师。在亚里士多德的影响下，亚历山大对知识十分尊重，而且终身都很关心科学事业，并为亚里士多德的研究提供帮助。

公元前335年腓力浦二世去世，亚里士多德回到雅典建立了吕克昂学院，因为他喜欢边讲课边漫步于走廊和花园，故而又被称为"逍遥学派"。20年后亚历山大去世，雅典掀起了反马其顿的狂潮，雅典人攻击亚里士多德，并判他为不敬神罪，于是亚里士多德逃出了雅典，于公元前322年因身染重病离开人世。

在长期的学习和教学中，亚里士多德系统地、全面地阐述了那个时代的主要哲学问题。据说他写了不止150篇论文，其中约30篇流传至今，幸存的主要是些讲课笔记或未完成的论文，然而这些已经足够使得他成为古希腊哲学的集大成者，并且建立了希腊科学最全面的体系。

他的著作主要分为五类：

1. 逻辑学著作，如《工具篇》。

2. 形而上学著作，如《形而上学》。

3. 自然哲学著作，如《物理学》《论天》《气象学》《动物学四篇》《论灵魂》。

4. 伦理学著作，如《大伦理学》《尼各马可伦理学》《政治学》。

5. 美学著作，如《修辞学》《诗学》。

柏拉图强烈贬低所感觉到的物质世界的实在性，然而亚里士多德则认为可感的个别事物才是真正的存在，他通过区分实体和属性来阐述这个问题：属性必然是某物的属性，不能独立存在。亚里士多德认为事物都是由质料和形式组成的，总而事物的运动变化就是一种形式取代另一种形式的过程，质料则不变。因此，亚里士多德的运动本原有三个：质料、形式和缺乏。然而这不能逃脱巴门尼德的反驳，即不能无中生有。亚里士多德通过区分三个与存在有关的范畴来避开这种反驳：①不存在，②潜在，③现实。一颗种子是"潜在"的树而不是"现实"的树，但潜在的树又不是"不存在"。然而一粒种子之所以能成为一棵树，是因为这是它的"本性"，也即"自然"，这两个是同一个词 physis。宇宙中的所有运动和变化都可以追溯到事物的自然本性。关于运动变化的原因，亚里士多德提出了四因说：

1. 质料因：事物为什么在运动中继续存在？
2. 形式因：事物为什么会以一种特定方式运动？
3. 动力因：事物为什么会开始或者停止运动？
4. 目的因：事物为什么要运动？

一座大理石维纳斯雕像产生的原因不外这四种：质料因就是大理石，形式因是维纳斯的形状，动力因是雕刻家，目的因是制造它的目的。亚里士多德认为，缺乏对目的的认识，许多事情就无法了解了，比如锯子为什么要造成锯齿状？因此亚里士多德赋予目的因比质料因更高的地位。宇宙在亚里士多德看来不是一个机会和巧合的世界，而是一个有秩序、有目的的世界，事物在其中向着由它们自然本性决定的目标发展。这种目的论的解释在当今的物理、化学等学科中已经毫无地位，然而在生物学中却仍然占有支配地位。

在宇宙论上，亚里士多德否定有一个开端，坚持认为宇宙是永恒的。宇宙这个巨大的球被月亮所在的天球壳分为两个区域，月上区是神圣循环永不朽坏的天界，月下区是生死交替短暂变化的地界，地界由土水气火四元素构成，天界由第五种元素以太构成。四元素与两对可感性质有着密切的关系：热和冷、湿和干。土是冷干，水是冷湿，气是热湿，火是热干。除了热冷湿干外，四元素还有轻重的可感属性，按照亚里士多德球状地球和宇宙的观念，最重的土，其天然位置就是在地球的中心，往上依次是水和气，火最轻，处于月亮天球内，再往上就是以太这种更精微的天界元素。

亚里士多德的运动理论有两个基本原则：其一，凡是运动必有推动者；其二，除了朝着天然位置的"自然运动"外，就是受外力的"受迫运动"。比如土、水的下落和气、火的上升就是自然运动，而飞箭则是受迫运动。这两条原则直到伽利略的新力学的出现才开始被打破。关于天界的运动，亚里士多德赋予它最完美的匀速圆周运动，恒星的运动接近于此，然而行星则需要用一系列组合的匀速圆周运动来拯救。然而天界运动的原因是什么？若是不假设有一个"不动的推动者"，就会造成无限倒退的困境，于是这个"不动的推动者"就成了"第

"推动"。宇宙最外层的恒星天球毫无疑问是有第一推动者在推动的，然而为了解决"诸天是如何分享恒星天转动"的机制，亚里士多德并没有工匠像那样使用齿轮来完成运动的传递，因此他不得不宣称每一个行星天球都有自己的第一推动。

在生物学上，亚里士多德写了一系列动物学方面的宏大著作，以及人类生理学和心理学的小论文。这些研究奠定了分类动物学的基础，并且两千年来深深地影响了人类的生物学思想。

第二节 古希腊的科学技术

古希腊的科学技术分为两个阶段：一是希腊古典时代，从泰勒斯到马其顿人征服希腊；二是希腊化时期，从公元前3世纪马其顿人兴起到公元前30年罗马征服埃及的托勒密王朝。这两个阶段的精神气质是一脉相承的，在此合起来按现代的学科分类来加以叙述。

一、古希腊的数学

（一）欧几里得（Euclid of Alexandria，公元前330年～前275年）的《几何原本》

欧几里得的活跃时期大约为公元前300年，其生平已经不太可考，只有一些故事流传下来。据普罗克洛斯（约410年～485年）在《几何学发展概要》中的记载，亚历山大国王托勒密一世邀请欧几里得到亚历山大城工作，为他讲几何学，但他学得很吃力，于是就问欧几里得有没有什么捷径可走，欧几里得回答道："在几何学中没有为国王设置的捷径。"斯托贝乌斯（约500年）记述了另一则故事，一位学生问欧几里得："老师，学习几何会使我得到什么好处？"欧几里得思索了一下，请仆人拿点钱给这位学生，欧几里得说："给他三个钱币，因为他想在学习中获取实利。"

关于欧几里得之前数学的发展，我们现在只有零星的证据，但是人们普遍认为，这段时期的数学发展的成就都被欧几里得编入了《几何原本》之中。在这本书中，数学已经发展成为一个高度公理化的演绎系统。

《几何原本》以23个定义开始，比如"点是没有部分的""线有长度没有宽

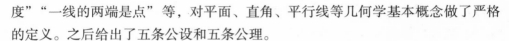

度""一线的两端是点"等，对平面、直角、平行线等几何学基本概念做了严格的定义。之后给出了五条公设和五条公理。

五条公设是：

1. 由任意一点到另外一点可以画直线。

2. 一条有限直线可以继续延长。

3. 以任意点为圆心及任意距离可以画圆。

4. 凡直角都彼此相等。

5. 同平面内一条直线和另外两条直线相交，若在某一侧的两个内角和小于二直角和，则这两条直线经无限延长后在这一侧相交。

五条公理是：

1. 等于同量的量彼此相等。

2. 等量加等量，其和仍相等。

3. 等量减等量，其差仍相等。

4. 彼此能重合的物体是全等的。

5. 整体大于部分。

这些定义、公设和公理成为后面十三篇所有命题的坚实基础，一个命题要想成为一个彻底被证明的结论，必须根据这个基础或者已经被证明的结论以演绎的方式推导出来，这种方法深深地影响了后来的人，成为科学证明的标准，一直到17世纪末。

《几何原本》从第一章到第六章阐述了平面几何的基础；从第七章到第九章则是处理代数问题，包括数论和数的比例理论；第十章致力于对不可通约的数进行分类；第十一章到第十三章论述立体几何。《几何原本》作为数学教科书被使用了两千多年，1607年明代的科学家徐光启（1562年~1633年）和西方传教士利玛窦合作译出了前6卷，"几何学"这个学科名和《几何原本》这本书名就是徐光启首次翻译使用的。后9卷是1857年由中国清代数学家李善兰（1811年~1882年）和英国人伟烈亚力译完的。

除了《几何原本》之外，欧几里得还有很多著作，流传至今的只有五本：《已知数》《圆形的分割》《反射光学》《现象》和《光学》。

（二）阿基米德（Archimedes，约公元前287年~前212年）

欧几里得之后希腊出现了一大批伟大的数学家，而阿基米德是其中最伟大的一位，他从小在亚历山大城跟欧几里得的学生埃拉托色尼和卡农学习，故而他的著作体例深受欧几里得《几何原本》的影响：先是给出定义和公理，再以严谨的逻辑推论得到证明。他发明了穷竭法，并将其应用于形体复杂的面积和体积的计算，比如抛物线所包围的面积、螺旋线所包围的面积、球的表面积和体积等，其中已经蕴含了微积分的思想，只是还没有发展出极限的概念。在《圆的度量》一书中，阿基米德求得圆周率 π 为 7/22 > π > 71/223，还证明了圆面积等于圆周长为底、半径为高的等腰三角形的面积。在《论球和圆柱》中，阿基米德从定义和公理出发，推出有关圆和圆柱面积体积的 50 多个命题。《抛物线求积法》研究了曲线图形求积的问题。《论螺线》明确螺线的定义，以及对螺线的计算方法，并导出几何级数和算数级数求和的几何方法。《论锥型体与球型体》确定由抛物线和双曲线的轴旋转而成的锥形体体积，以及椭圆绕其长轴和轴旋转而成的球形体体积。《数沙者》则专讲计算方法和计算理论，他建立了新的量级计数法，确定新的单位，从而提出表示任何大量计数的方法。阿基米德把数学研究同实际的应用联系起来，不断寻求如何把一般性原则应用于特殊的工程上，因此他的作品始终融合了数学和物理，这对后世产生了深远的影响。

（三）阿波罗尼乌斯（Apollonius，活跃于公元前 210 年）的《圆锥曲线论》

阿波罗尼乌斯活跃于公元前 210 年，著有《圆锥曲线论》8 卷（第八卷失传），它将希腊几何推向了最高峰，自此以后，希腊几何便没有实质性的进步，直到 17 世纪解析几何的出现。这本书讨论圆锥被以不同角度切割时形成的平面图形——椭圆、抛物线、双曲线，并对这些曲线的定义和产生方法给出了新的见解。这些工作为 1800 多年后的天文学革命提供了数学基础，比如开普勒的行星定律，哈雷的彗星轨道。

阿波罗尼乌斯、欧几里得和阿基米德经常被合称为亚历山大前期三大数学家，他们代表了希腊数学的全盛时期或“黄金时代”（时间约为公元前 300 年到前 200 年）。

二、古希腊的天文学和宇宙论

（一）默冬（Meton of Athens，活跃于公元前 425 年）和默冬周期

希腊早期的天文学一直关注于天文观察、星图绘制和历法的编写。编历法总会面对这样一个困难：太阳年不是月球月的整数倍。太阳绕黄道 1 周的时间内，

月球绕地球 12 周再多点，当时希腊采用的是阴历，12 个月，大月 30 天，小月 29 日，1 年为 354 天，历法和季节不能同步，每年要少大约 11 天，为此就需要增加闰月以调节。默冬发现 19 年共有 235 个月，于是在公元前 432 年的奥林匹克运动会上宣布发现采用十九年置七闰的方法，后人将此称为"默冬周期"，在天文学上应用了几个世纪。

（二）欧多克斯（Eudoxus of Cnidus，约公元前 390 年~前 337 年）的同心球模型

欧多克斯比柏拉图稍年轻，曾在在柏拉图学园中学习，他们俩使得希腊天文学发生了决定性的转变：

1. 关注对象从恒星变成行星。

2. "双球模型"的建立，即地球是个在宇宙大球中心的小球，行星在这两个球之间运行。

3. 用匀速圆周运动解释行星的不规则运行。

这种不规则运动主要是行星的逆行运动，他们还知道金星和水星从不远离太阳（水星最大延伸率为 23 度，金星为 44 度）。柏拉图先提出"拯救现象"的，而欧多克斯则想出了具体的数学方案。他把每个行星设定为一系列相互嵌套的同心球，每层同心球都是做匀速圆周运动，但是它们的转轴并不一致，这些同心球的组合运动就形成了行星的周日运行、周年运行以及维度和逆行的复杂运动。这是一种严谨的几何模型，它只是为了实现数学上的秩序而不是物理的结构，也就是说，欧多克斯并不把这些设置当作物理实在。后来亚里士多德把同心球体系当作物理实在来进行了改进，他认真地考虑同心球之间的连接以实现运动的传递。而阿波罗尼乌斯则设想出本轮—均轮的几何模型，以解决行星和地球距离变化的问题：均轮的中心是地球，而本轮的中心在均轮圆周上。另一个方法就是设想天体运行轨道都是偏心圆。

（三）赫拉克利德斯（Heraklides of Pontus，约公元前 390 年~前 339 年）

赫拉克利德斯是柏拉图学园的成员，他提出了一个建议：地球每 24 小时绕地轴自转一周，这样可以解释天体每日的升落，这个观念逐渐广为人知，但是很少有人相信。另外他也提出水星和金星的运动是以太阳为中心的。

（四）阿里斯塔克（Aristarchus，约公元前 310 年~前 230 年）

阿里斯塔克提出了一个日心说的体系，这极有可能是从毕达哥拉斯学派的宇

宙论基础上发展出来的。阿里斯塔克斯提出日心论的论文已经遗失，我们是通过后来的阿基米德与普鲁塔克（Plutarch）的提及才知道的。阿里斯塔克认为：太阳和恒星不动；地球以太阳为中心作圆周运动，变成了一颗行星；恒星离地球和太阳非常遥远，也就是说，宇宙并非像亚里士多德设想的那么小。但是他的学说并没有被后继者接受，因为它与生活常识、理论权威、宗教信仰都发生了难以调和的冲突。

　　阿里斯塔克的《论日月的体积和距离》一书被保存了下来，书中计算出了地日距离是地月距离的 19 倍（实际上约 400 倍），而太阳的直径是月亮的 19 倍（实为 400 倍），是地球的 6 到 7 倍（实为 109 倍）。

　　（五）喜帕恰斯（Hipparchus，约公元前 190 年～公元前 125 年）

　　喜帕恰斯的中文译名还有希巴恰斯、希巴克斯、依巴谷、伊巴谷等。他收集了以前希腊人和巴比伦人的天文观测记录加以比较，并在爱琴海的罗得斯岛建立了他的观象台，发明了许多用肉眼观察天象的仪器，据说他的测量精度小于 1/6弧度。由此他制作出一张相当准确的星表，编制出大约 1080 颗恒星的方位。他首次以"星等"来区分星星，把空中最亮的 20 个星视为"一等星"，然后以光亮度依次递减为二、三、四、五等。第六等星则刚刚能用肉眼观察到。另外，他还发现回归年比恒星年要短的分点岁差。公元前 134 年，喜帕恰斯在天蝎座发现了一颗观察纪录中没有的星星（M44 蜂巢星团），这使他感到疑惑，因为古希腊人相信天体是不生不灭的。

　　（六）托勒密（Claudius Ptolemaeus，约 90 年～168 年）和《天文学大成》

　　托勒密生于埃及的托勒马达伊，父母都是希腊人。托勒密 17 岁到亚历山大城求学，并长期居住在那里直至去世，其生平的史料很少，著有《天文学大成》《地理学》《天文集》和《光学》。其中 13 卷的《天文学大成》是根据喜帕恰斯的研究成果写成的一部西方古典天文学百科全书，他在宇宙论上集成了亚里士多德的地心说，认为宇宙是一个有限的球体，地球居于宇宙的中心，静止不动，日、月、恒星和行星围绕着地球运行，但是他把亚里士多德的 9 个等距天球：月球天、水星天、金星天、太阳天、火星天、木星天、土星天、恒星天和原动力天，改成了 11 个，把原动力天改为晶莹天，又往外添加了最高天和净火天。在天文学上，托勒密则延续了柏拉图的学生欧多克斯"拯救现象"的传统，用本轮—均轮的数学形式去解决行星的不规则运动。

此书在当时较为完满地解释了当时观测到的行星运动情况，并取得了航海上的实用价值，从而被人们广为信奉，在中世纪一直被尊为天文学的标准著作，支配西方天文学达 1500 年之久，直到 16 世纪的哥白尼革命才被推翻。

三、古希腊的物理学

（一）亚里士多德

亚里士多德著有《物理学》一书，然而他的物理学研究和我们现在科学中的物理学有着很大的不同，他是以一种自然哲学的方式去讨论存在的原理、质料和形式、潜能和现实、运动、时间和空间，在之前已有阐述。他认为运动必须要有推动，而且不承认有空无所有的虚空，因此他拒绝原子论的一切有关概念，因为如果一切物体都是由同一终极物质组成的，那么按照本性就全部都是重的，就不会有能自发上升的轻的东西了。亚里士多德缺乏今天"密度"的概念，一直到伽利略才摧毁了亚里士多德这种认为轻重是本质特性的看法。

（二）欧几里得

欧几里得是古希腊第一个把光的研究建立在科学基础上的人，他进行了许多光学实验，并且用几何的方法加以研究。现存两本相关著作《光学》和《反射光学》。《光学》主要研究透视问题，阐述光的入射角等于反射角等。认为视觉是眼睛发出光线到达物体的结果。《反射光学》论述反射光在数学上的理论，尤其论述形成在平面及凹镜上的图像。

（三）阿基米德

阿基米德在亚历山大城跟随很多老师学习，同时吸收了东方和古希腊的优秀文化，最终成为古希腊成就最大的物理学家，被誉为"力学之父"。他既重视对问题进行严密的逻辑证明；又非常重视将科学知识应用于现实，近代科学所包含的两大传统——数理传统和实验传统——在他身上得到了完美的结合，文艺复兴时期的达·芬奇和伽利略等人都以他来做自己的楷模。在理论方面，他发现了浮力定律、杠杆原理。基于对杠杆原理的把握，阿基米德曾说过："给我一个支点，我就能撬起整个地球！"而浮力定律的发现，据说是叙拉古的国王让阿基米德鉴定自己的皇冠是否是纯金的，阿基米德苦思良久不得其法，后来走进浴盆时，由溢出的水获得了灵感，他兴奋地跳起来奔出门欢呼："尤里卡！尤里卡！"尤里卡（Eureka），在希腊语里是"我找到了"的意思，后来常因此被人引用。

在实践方面，他花了很多时间去研究生活中的螺丝、滑车、杠杆、齿轮等简单机械，由此设计和制造了许多仪器和机械，比如举重滑轮、阿基米德螺旋提水器、抛石机等，其中螺旋提水器直到现在的埃及还有人在使用，而军事机械在保卫叙拉古的战争中发挥了巨大作用，连罗马统帅马塞拉斯都承认："这是一场罗马舰队与阿基米德一人的战争"，"阿基米德是神话中的百手巨人"。现存的阿基米德的物理著作有《平面图形的平衡或其重心》《论杠杆》和《论浮体》。《平面图形的平衡或其重心》是关于力学的最早的科学论著，提出了杠杆的思想；《论杠杆》则是关于杠杆平衡的著作；《论浮体》是流体静力学的第一部专著。由于希腊人普遍认为机械发明比纯数学低级，因而他没写这方面的著作。

公元前212年，古罗马军队最终攻陷了叙拉古，据说阿基米德正在地上埋头作几何图形，他对来杀他的士兵说："等一等再杀我，我不能给世人留下不完整的公式。"但还没等他说完，士兵就杀了他，终年75岁。罗马统帅马塞拉斯为此感到十分惋惜，他将这名士兵当作杀人犯予以处决，并为阿基米德举行了隆重的葬礼，把他的遗体葬在西西里岛，墓碑上按照阿基米德的遗愿刻着一个圆柱内切球的图形。

四、古希腊的地理学

（一）埃拉托色尼（Eratosthenes，公元前284年~前192年）

埃拉托色尼生活在希腊化时代的亚历山大城，是古希腊最伟大的地理学家，曾任亚历山大城图书馆馆长，直到去世。在《地球大小的修正》一书中，他将天文学与测地学结合起来计算地球的大小，方法是这样的：在夏至日那天的正午，西恩纳（Syene，今天的阿斯旺）的太阳正好在垂直线上方，而在同一子午线上的亚历山大里亚，太阳离垂直线有7度多的距离，通过西恩纳和亚历山大城的距离，就可以计算出地球的周长，结果是25万希腊里，后来埃拉托色尼将这一数值提高到25.2希腊里，埃及的一希腊里约为157.5米，埃拉托色尼得出的地球周长就是39 690公里，已经十分接近我们现在计算出来的赤道周长40 075.7公里。他的另一本书《地理学概论》总结了希腊地理学的成就，他将世界分为欧洲、亚洲和利比亚（非洲）三大洲和一个热带、两个温带、两个寒带等五个温度带。书中他大量利用毕提亚斯远航和亚历山大远征带来的新数据来改绘世界地图，并且采用了经纬网格来标示地点，这是地图学发展中的一项重大的突破和飞跃,为投影地图学的出现奠定了基础。

埃拉托色尼的这两部地理著作后来都失传了,但是通过残篇以及引用才被我们知晓。

(二)托勒密(Claudius Ptolemy,85 年~165 年)

托勒密完成了喜帕恰斯的一个地理学的设想,即测定和收集重要城市和沿海岸据点的经度和纬度,他著有 8 卷的《地理学》(Geography),其中有 6 卷都是标明经纬度的地点位置表。然而只有少数纬度是通过天文学来测定的,而经度没有一个是从天文学上测定的,似乎都是根据本初子午线和平纬圈的距离来计算出来的。

五、古希腊的生物学

(一)亚里士多德

亚里士多德既对动物生活进行野外观察,又对其进行室内解剖,并用四因说对观察和解剖获得的事实加以分析。亚里士多德着重研究物体的形式因和目的因。他相信形式因隐藏于一切事物之中,而事物开始发展,这些形式就开始显露出来,待事物逐步趋于完善,便最终实现其目的因。这些观点在其生物学的研究中有着全面的体现。他通过一定的观察和解剖,把 540 种动物分门别类,并仔细研究动物构造间的关系,比如他发现动物不会同时有长牙和角,单蹄兽不会长两只角,而有多重胃的反刍动物的牙齿却不行。在亚里士多德看来,这些都体现了形式因和设计的目的,因为自然不会做无益的事情:"由于自然一贯地从这一部分拿掉后,就会在另一部分加以补偿。"亚里士多德还研究动物在胚胎成长期中的形态发展,他认为雌雄在生育上的贡献不同,雌的提供治疗因,而雄的提供形式因,雌和雄就如同木材和木匠一样。另外,亚里士多德按生物胚胎时的成熟程度来把生物分为一个连续的级序,这个级序一共有 11 级,从只具有生殖灵魂的植物,到兼有感觉灵魂的动物,一直到既具有生殖灵魂和感觉灵魂,还具有理性灵魂的人。亚里士多德留下的动物学著作有四篇:《动物的构造》《动物的运动》《动物的行进》和《动物的生殖》。

(二)狄奥弗拉斯特(Theophrastus,约公元前 372 年~前 287 年)

狄奥弗拉斯特在亚里士多德之后主持吕克昂学院,同时他也继承和补充了他的老师亚里士多德的生物学研究工作,对许多植物进行描述和分类。但是他反对在自然界中寻找目的因，而认为科学关心的只是动力因。

六、古希腊的医学

由于缺乏资料，早期古希腊医疗实践有很多细节无法确定。从《荷马史诗》中可以看到，众神被看作是引起瘟疫的原因，人们可以通过祈祷来获得治疗；赫西尔德也认为疾病起因于神。荷马也叙述了医疗咒语和药物疗法，其中一些明显是来源于埃及。行医者已经被看作是一种明确职业的成员，而其中有一位伟大的内科医生阿斯克勒庇俄斯（Asclepius）则被人们神化成为医神，在公元前3~4世纪已经有数百个阿斯克勒庇俄斯神庙被认定，成为人们接受治疗的中心。来访者可能会要沐浴、祈祷和献祭，也可能服用泻药、禁食、接受锻炼或者娱乐。医疗宗教是古代医学中的一个非常重要的部分，而到了公元前5~4世纪，由于受到当时哲学的影响，一种新的、更世俗和更学术的医学和传统医疗活动一起发展起来了，这就是所谓的"希波克拉底派医学"。

（一）希波克拉底（Hippocrates，公元前460年~前370年）

希波克拉底被西方尊为"医学之父"，他在理论上大大减少了巫术和超自然的成分。对于癫痫、中风和脑瘫这类的"神病"进行了自然主义的解释，认为其病因是大脑的粘质对"血管"的阻塞。在《论人的本性》中，他提出人体的基本构成成分是四种体液——血液、粘液、黄胆汁和黑胆汁，疾病是由这些成分的失衡导致的。

"人体包含血液、粘液、黄胆汁和黑胆汁，它们就是构成人体和使之病痛健康的东西，健康主要是这些成分相互间在强度和数量上均有正确比例而且较好地混合在一起的一种状态。当一种物质或缺乏或过剩，或者在人体内被分离而不能与其他物质混合时，病痛便会产生。"

每一种体液都和冷、热、干、湿相联系，而在不同季节的疾病由不同的体液主导，比如在春天由血液主导，夏天是黄胆汁，秋天是黑胆汁，冬天是粘液。除了季节之外，食物、水、空气和锻炼也影响人的健康状况。

希波克拉底派医生自始至终都认为，自然有其自身的治病能力，医生最基本的任务就是辅助自然的治病过程，因此医生的责任主要在于预防疾病，即建议人们通过正确地调节饮食、锻炼、沐浴、性活动等来恢复体液的平衡。当然医生也要从事治疗活动，调节饮食、睡眠和锻炼是最普遍的疗法，另外还有放血、催吐、轻泻、利尿和灌肠等清泻身体的方法。此外，希波克拉底的著作中也论及创伤、骨折和脱臼的治疗，其技术水平已经很高超了。

希波克拉底有很多医学名言流传至今，比如："暴食伤身"，"无故困倦是疾病的前兆"，"简陋而可口的饮食比精美但不可口的饮食更有益"，"寄希望于自然"等。而古代西方医生在开业时都要宣读的一篇从业誓词也是他制定的，即"希波克拉底誓言"，内容择要如下："我以阿波罗、阿克索及诸神的名义宣誓：对传授我医术的老师，我要像父母一样敬重。对我的儿子、老师的儿子以及我的门徒，我要悉心传授医学知识。我要竭尽全力，采取我认为有利于病人的医疗措施，不能给病人带来痛苦与危害。我不把毒药给任何人，也决不授意别人使用它。我要清清白白地行医和生活。无论进入谁家，只是为了治病，不为所欲为，不接受贿赂，不勾引异性。对看到或听到不应外传的私生活，我决不泄露。"

（二）赫罗菲拉斯（Herophilus，约公元前 320 年～前 260 年或前 250 年）

赫罗菲拉斯是希腊化时期的解剖学家，他在亚历山大城的工作得到托勒密王朝前两任国王的资助，据塞尔苏斯和德尔图良的说法，他和追随者甚至对囚犯做过活体解剖。他研究了脑和神经系统的解剖学，发现了神经、脊髓和脑的联结处；也非常仔细地考察了眼睛的几种主要液体和眼膜。赫罗菲拉斯也仔细描述了肝脏、胰脏、肠、生殖器官和心脏，根据血管壁的厚薄区分了静脉和动脉，并给肠子的第一段命名为十二指肠；他还描述过卵巢和输卵管，这些工作都是赫罗菲拉斯在人体解剖学上的巨大成就，他的工作由同时代的埃拉西斯特拉塔继承了下来。

（三）埃拉西斯特拉塔（Erasistratus，约公元前 304 年～前 250 年）

埃拉西斯特拉塔又翻译成伊雷西斯垂都斯，在雅典的逍遥学派和科斯岛接受教育，游历过亚洲，在亚历山大城继续赫罗菲拉斯的研究。他出色地描述了心脏瓣膜在决定血液单向流经心脏的作用。由于受到逍遥学派的影响，他把微粒说和精气理论结合起来解释各种生理过程，他相信人体内所有的组织都由神经、动脉和静脉供给养分：神经输送"神经元气"，动脉输送动物的元气，静脉输送血液。他区分了大脑和小脑，认为大脑是思维的器官，并且认为人体的全部功能本质上都是机械的，例如，消化就是胃磨碎食物的结果。

（四）希腊化时期的医学派别

希腊化时期的医学已经开始分化成为一些对立的门派，赫罗菲拉斯和埃拉西斯特拉塔都是属于"唯理论者"，他们试图用自然哲学的方法应用于医学领域，而当时"经验论者"对他们也有很多批评，他们认为理论思辨对于生理和病因的探求都是浪费时间，主张应该禁止人体解剖，因为它对于医学知识没有任何有用的贡献，医生应该关注可见的病症和原因，并根据以往的经验疗效来推荐治疗方法。在 1 世纪时，罗马出现了第三个医学门派："唯方法论者"，它认为疾病取决于身体的紧张和松弛，因此治疗方法也应基于这一前提，而"唯理论者"和"唯经验论者"都使医学变得繁琐，不管是解剖学、生理学还是对潜在或者明显病因的探究，都应该抛弃，这个学派当时在罗马贵族中十分流行，成为一股强大的医学势力。还有第四个医学门派是"精气论者"，这是在斯多葛学派原理的基础上创立的医学哲学。这些就是盖伦开始学习时所面对的医学界的状况。

七、亚里士多德的逻辑学体系

为了让思维摆脱猜想和想象，形成一种清晰严格的推理习惯，亚里士多德开创了一门新的学科：逻辑学。他的逻辑学著作有《范畴篇》《解释篇》《分析前篇》《分析后篇》《论题篇》《论诡辩式的反驳》，后来被汇编成为《工具论》，成为逻辑学的奠基作。他认为逻辑学是一切科学的工具。他力图把思维形式和存在联系起来，并按照客观实际来阐明逻辑的范畴。亚里士多德创立了以三段论为中心的形式逻辑体系，即由大前提和小前提推出结论，比如由大前提"人是会死的"和小前提"苏格拉底是人"，可以推导出结论"苏格拉底会死"。在《工具论》和《形而上学》中，亚里士多德对矛盾律和排中律做出了全面系统的研究，由此而提出三大基本逻辑规律：同一律，矛盾律和排中律。

1. 同一律：同一个思维过程中，每一思想与其自身是同一的；即"A 就是 A"。

2. 矛盾律：同一个思维过程中，两个互相否定的思想不能同真，必有一假；即"A 不能是非 A"。

3. 排中律：同一个思维过程中，两个相互矛盾的思想不能同假，必有一真，即"要么 A 要么非 A"。

亚里士多德认为它们既是有关客观事物的规律，又是心理上的认识规则，后来一般认为它们只是思维的规律，并不涉及实在。在欧洲的黑暗时代之后，亚里士多德的形式逻辑成了塑造经院哲学的模具，而现代科学的术语体系也是由此而建构起来的。

第三节　古罗马的科学技术

古希腊的历史并不如四大文明古国悠久，但对后来欧洲乃至世界的文明发展产生了巨大的影响，现代科学中的数理传统也正是在希腊科学的传统上发展起来的。后来古罗马人征服了包括希腊在内的广大地域，然而古希腊人在学术上征服了古罗马人。

一、古希腊与古罗马在科学技术上的特点

（一）古希腊的科学技术特点

亚里士多德认为"惊奇、闲暇、自由"是从事哲学研究的条件，当然对于科学研究也是如此。希腊当时汇集了世界各地的商品和知识，还有大量的奴隶使古希腊人生活优裕，有闲暇来发展最高度的哲学、文学和艺术。他们崇尚理性，追求纯粹的科学知识，但是对于具体的技术则不太关心，因为各种生产工作都是由奴隶来完成的，这使得他们蔑视实践，轻视技术与经验。从希腊古典时期的自然哲学到希腊化时期的欧几里得几何学和阿基米德静力学，都表明了他们对理论思维的格外偏爱。以柏拉图和亚里士多德为代表的希腊哲学家在理性探究的思辨领域做出了不朽的贡献，以至于恩格斯称赞说："在希腊哲学的多种多样的形式中，差不多可以找到以后各种观点的胚胎、萌芽。因此，如果理论自然科学想要追溯自己今天的一般原理发生和发展的历史，就同样不得不回到希腊人那里去。"

（二）古罗马的科学技术特点

罗马人和希腊人不同，他们注重实用的技术和具体的实践，不喜欢纯粹理性的思辨活动和抽象理论的构造。古罗马人擅长治理国家，在军事、行政和立法上有优异的能力，但对于自然科学则缺乏兴趣。罗马人为世人留下的是宏伟的工程（以圆形竞技场、万神庙等最为著名）和具有实用价值的百科全书，屋大维本人也曾引以为豪地说："我继承了一座砖瓦之城，但却留下了一座大理石之城。"罗马人只是为了完成医学、农业、建筑和工程方面的实际工作，才对科学稍加关心，他们在纯粹的科学知识上几乎没有什么贡献，甚至连古希腊的科学遗产都逐

渐丢失。然而罗马在自然科学方面虽无重大创新，但由于它征服了地中海沿岸广大地区，接触到了许多文明古国创造的优秀成果，因此它在对各文明的科学成就的总结与综合上做出了贡献。

二、古罗马的科学技术

（一）手工业

古罗马人虽然在理论科学上没有什么建树，但在实用技术上却有不少成就。其中突出的技术成就主要表现在手工业、建筑工程方面。手工业中尤以纺织、玻璃制造、矿冶和机械制造最具代表性。

玻璃在西方是倍受青睐的工业材料。最初，人们只会使用由火山喷出的熔岩凝固后形成的天然玻璃来制造各种器皿。公元前三四千年时，埃及人在制陶的实践中，他们发现将天然碱与砂石混合，在高温中熔化后，得到一种透明的物块，这是原始的玻璃配方，所得的玻璃透明度较差。亚述工匠在这段时期发明了玻璃吹制的技术。中国的工匠在烧制陶器的过程中，也发现过高的炉温会使瓷釉融化，并形成釉滴，这种俗称"釉豆"的透明的玻璃态物质就是中国最早的玻璃。罗马时期玻璃制造已经普及，也普遍开始使用玻璃吹制法，巧妙地处理金属管端的玻璃，从而泡制成空心玻璃器皿。同时，切割技术也得到广泛的运用。公元1世纪，罗马人把各种颜色的玻璃拉成棒状，排成捆加以烧溶，再切出具有一定图案截面的玻璃薄片，在模具上将这些薄片加热熔接，制出玻璃器皿。

（二）建筑工程技术

1. 维特鲁维奥（Vitruvius）。维特鲁维奥大约生活在公元前1世纪，他受过很好的希腊教育，后来成为凯撒大帝的军事工程师。作为罗马人，维特鲁维奥热衷于将所学到的希腊知识运用到实际中去，但他在科学理论上的修养还达不到到希腊人的水平，比如他算出的圆周率等于3.125，远不如200年前的阿基米德算得准确。他最为有名的著作是10卷本的《论建筑》，其中详细叙述了有关的物理学知识和技术知识。他已经了解声音是空气的振动，并且对建筑音乐学作了说明，他在建筑学理论里提到，建筑的比例应该参照人体的比例，因为人体是最和谐、最完美的。《论建筑》在西方一直广为流传，被称为建筑学上的百科全书，是世界上第一部建筑学专著。维特鲁维奥也因此被称为西方建筑学的鼻祖。

2. 建筑工程技术。版图广大的罗马帝国为了巩固自己的统治，很重视交通运输、通信事业的发展。罗马人以首都罗马为中心，建立了通往各行省的公路网。罗马城内主要街道都用石子铺就，而公路网上遇河架桥、逢山凿洞，表现了高超的工程技术水平。所谓"条条大道通罗马"，正反映了罗马在政治上的中心地位。甚至 1944 年盟军在法国诺曼底登陆时，现代化的坦克所行驶的道路还是古罗马时期留下的道路。

古罗马的水利建筑技术在继承古希腊、古埃及和两河流域水利建设经验的基础上，创造了闻名世界的古罗马引水道工程和完整的水利建设技术，成功地开发了运河，满足了军事和经济发展的需要。罗马人的引水道工程尤其著名。为了给越来越多的城市人口供水（到 1 世纪时，罗马城的居民可能达到了 100 万），罗马政府从水源处开始兴建引水渠到市内。据说，罗马城附近的引水道有近 200 公里长，引水道进入低洼地带便架桥，还采用了虹吸技术。

万神庙是罗马皇帝哈德良于 120 ~ 124 年重建造的，是罗马穹顶技术的最高代表，它的穹顶直径达 43.3 米，穹顶中央开了一个直径 8.9 米的圆洞，寓意着神人的沟通。门廊由两排 16 根科林斯式列柱支撑，带有希腊式神庙的建筑风格。

罗马科洛西姆圆形竞技场建于 72 ~ 82 年间，位于罗马市中心，占地面积约 2 万平方米，长轴长约为 188 米，短轴长约为 156 米，圆周长约 527 米，围墙高约 57 米，看台约有 60 排，可以容纳近 9 万观众。圆形竞技场由一系列 3 层的环形拱廊组成，最高的第 4 层是顶阁。这 3 层拱廊中的石柱由地面开始分别是多利安式、爱奥尼亚式和科林斯式，在第 4 层的房檐下面排列着 240 个中空的突出部分，用来安插木棍以支撑遮阳避暑和避雨防寒的帆布。

（三）儒略历

儒略历是以罗马统帅朱利亚·恺撒之名（Julius Caesar）命名的一种历法，是现行公历的基础。罗马本来实用阴历，在希腊天文学家索西吉斯推荐下，恺撒开始推行阳历，即儒略历。儒略历规定 4 年一闰，1 年 365 天，有 12 个月，其中大月 31 天，小月 30 天。因为恺撒生日在 7 月，所以定单月为大月。然而这样平均的大月小月使得 1 年有 366 天，因此必须选择某月减少 1 天，由于罗马死刑在 2 月，2 月就减少 1 天为 29 天。后来由于恺撒之后的屋大维生日在 8 月，所以改 8 月为大月，8 月后的偶数月也是大月，于是 2 月再减 1 天成为 28 天，只有在闰年才成为 29 天。儒略历一直用到 1582 年，由于是以 365 又 1/4 为 1 年，每年比回归年长了 0.0078 天，积累至此时已经达到 10 天的误差，于是格里高利十三世宣布 1582 年的 10 月 5 日直接改为 10 月 15 日。

（四）塞尔苏斯（Celsus）

塞尔苏斯约生于公元前 10 年，卒年不详。他出身于罗马贵族，热衷于收集古希腊人的科学知识，并简要地介绍给古罗马人，为此他用漂亮的拉丁文写了 8 本书，而唯独医学著作流传于世，这使他后来获得了"医学上的西赛罗"之称号。他的著作在古代被当作是通俗读物，而中世纪时几乎完全散失，直到 1426 年被重新发现，由于文艺复兴时代的人对古代人怀有过分的尊敬，于是塞尔苏斯就突然享有非凡卓越的内科医生的盛名。

（五）盖伦的医学体系（Claudius Galenus，129 年～约 210 年）

盖伦出生于小亚细亚的佩尔加蒙，在当地以及士麦那、柯林斯、亚历山大城都学习过，然后回到佩尔加蒙担任角斗士医生，之后为了寻求资助来往于罗马和佩尔加蒙，最终定居于罗马，成为宫廷医生并从事写作。盖伦的一生著作颇丰，据说他撰写了 500 部医术，流传到 19 世纪的还有 22 卷之多，他知晓古代所有主要的哲学论争和医学论争，致力于整合哲学和医学，其著作总结了古代学术医学传统的知识并评判了其中的主要争论，使他成为仅次于希波克拉底的医学权威，对后世有着深远的影响。

盖伦继承了希波克拉底的四体液说，认为疾病和体液的失衡有关，并进一步提出通过鉴定特定的病变器官来定位疾病。而且他还采用了柏拉图把灵魂三分的框架，即分别位于头部、胸部和腹部的理性、情感和欲望，并将它与埃拉西斯特拉塔的三种生理学基本功能联系起来，因此得出大脑作为理性的居所是神经的源头，而神经包含负责感觉和运动的心灵精气；心脏作为情感的居所是动脉的源头，通过动脉输送维持生命的动脉血（即生命精气）；肝脏作为欲望的居所是静脉的源头，通过静脉血为全身提供营养。食物在胃里被生命热烧煮成糜液，经过胃和肠的内壁后，通过周围的静脉被输送至肝脏，在此进一步提炼称为静脉血，然后被输送至各个器官以营养全身。盖伦认为静脉血被送到心脏后，一个大的静脉将一些静脉血分送肺部，这个静脉现在被称作肺动脉；而肺通过动脉将空气输送给心脏以给养其中的"火"，这个动脉现在被称作肺静脉。

盖伦的医学目标是对疾病进行分类，并找出导致疾病的潜在原因，他相信解剖学和生理学知识是其中的关键。然而在他那个时代，人体解剖已经不被允许，所以他的大部分人体解剖学知识要么是通过赫罗菲拉斯和埃拉西斯特拉塔的著作获得，要么是借助于动物解剖来类比得出，而赫罗菲拉斯和埃拉西斯特拉塔的著作并没有流传下来，直到文艺复兴时期，一直是盖伦的著作向欧洲提供唯一的人体解剖的系统说明。他继承了希波克拉底的四体液说，认为疾病和体液的失衡有关，并进一步提出通过鉴定特定的病变器官来定位疾病。

（六）老普林尼（Gaius Plinius Secundus，23 年或 24 年 ~ 79 年）

盖乌斯·普林尼·塞孔都斯，世称老普林尼，以区别于他的外甥小普林尼。出身于罗马的骑士阶层，与后来的罗马皇帝提图斯（79 ~ 81 年在位）交谊甚笃。据小普林尼说，老普林尼把全部的业余的时间都用于学习，且无论读什么书都要作摘录，即使在旅行途中，他也命令伴读的奴隶拿着书和写字的小板子跟在身旁。在吃饭和洗澡的时候，他一面听奴隶给他读书，还一面做摘要。

普林尼一生写了 7 部书，现仅存 1 部百科全书式巨著《自然史》。《自然史》共 37 卷，参考了 146 位罗马作家和 327 位非罗马作家的著作，从 2000 部书中摘引了极其大量的材料，记叙了近两万种物和事。其内容上自天文，下至地理，包括农业、手工业、医药卫生、交通运输、语言文字、物理化学、绘画雕刻等方面。书中新创了许多术语和名词，丰富了拉丁文的词汇。老普林尼说这本书是为了实际从事农业和手工业的人写的，他特别注意从对人是否有用的角度去考察他所记载的事物，书中他关心粮食作物的生产、葡萄和橄榄的种植技术，也关心地震、化学反应过程和处方，还谈到罗马先进的带轮耕犁和收割车，收割车前面安装有两把梳子形的切割刀，牛在后面推着车往前走，就能把麦粒切割下来。另外老普林尼引用了很多传说，比如把中国叫作"丝之国"，说中国的丝是一种在树上结成的绒，采下来以后要经过漂洗、晾晒而成；另外记载了非洲的一个部落，人们没有脑袋，口和眼睛都长在胸部。

公元 79 年 8 月 24 日，意大利维苏威火山大爆发，作为海军舰队司令的老普林尼正在附近清剿海盗，他前往观察火山爆发，因火山喷出有毒气体而中毒身亡。

复习与思考题

1. 《几何原本》的特色是什么？

2. 古希腊的宇宙论有哪些？

3. 阿基米德的科学方法是怎样的？

4. 简述亚里士多德在科学上的贡献。

5. 简述古希腊和罗马科学技术上的特点及其比较。

6. 简述古希腊在近代自然科学上的贡献。

7. 如何理解盖论的医学体系？

第五章　阿拉伯和欧洲中世纪的科学技术

第一节　欧洲古典文化的衰弱

一、1~5 世纪：古典文化的衰弱时期

从盖伦时代或者更早的时候起，罗马政权还没有衰落，科学和哲学等学术就已经停滞不前，甚至倒退。古代文明的光辉开始隐退，欧洲开始在 6、7 世纪进入黑暗之中，造成这种局面的因素有很多，主要有以下几点。

（一）基督教的兴起

公元元年，在罗马人统治的犹太人中诞生了一位重要的宗教人物——耶稣，他用希腊的宗教和思想改进了犹太教，提出救赎的观念，宣传上帝派救世主解救苦难深重的人类，反对偶像崇拜，倡导禁欲、忏悔和颂扬唯一的上帝，在底层人民中很有影响力。犹太教的教士们对耶稣的思想很不满，把他抓起来交给了罗马地方长官，于是耶稣被钉死在十字架上，时年 30 岁。然而耶稣创立的基督教在

死后得到了更广泛的传播，有人说他在死后复活，是犹太人真正的救世主。二十多年后，保罗强调耶稣受难是在为人类救赎，是全人类的救世主，如此增强了基督教的开放性和普世性。在最初的两个世纪，基督教遭到罗马帝国的残酷镇压。后来基督教的影响越来越大，教会却逐渐被富人控制，教义也发生了变化，罗马帝国开始承认基督教的合法性。325 年，君士坦丁大帝亲自主持第一次基督教全体主教会议。380 年，罗马皇帝狄奥多修订基督教为国教。信仰的兴起逐渐浇灭了对事物的探究热情，希腊文化更是被基督教视为异端而务除之而后快。

（二）西罗马帝国的灭亡

395 年，罗马皇帝狄奥多修去世，他的两个儿子分别继承了帝国的东部和西部，从此罗马分裂成为东罗马帝国和西罗马帝国。东罗马帝国开始希腊化的进程，改称拜占庭帝国，以希腊语为国语。而西罗马帝国因蛮族侵扰而支离破碎，近代欧洲的各个民族和国家开始形成，拉丁语被修改和地方化。410 年，蛮族军队攻陷罗马，将之洗劫一空。476 年，西罗马帝国末代皇帝被废，西罗马帝国正式灭亡。从此大大小小的蛮族王国开始建立。这些王国间也不断有冲突，政权的不稳定加上经济的衰退，也使得高深的学术研究在当时的西欧社会难以为继。

（三）雅典学校的关闭

529 年，东罗马帝国皇帝查士丁尼下令封闭雅典的所有学校，包括柏拉图学园。因为此时基督教已经成为国教，教会视希腊学术为异端学说。于是希腊的很多学者都去了波斯，但是教会在拜占庭的势力并不是太大，世俗的文化并未被完全垄断，去波斯的学者发现波斯还不如拜占庭，所以大部分人又回来了。因此，拜占庭还保留了一点希腊的学术，然而西面的蛮族国家的希腊文化却几乎丧失殆尽。

（四）亚历山大图书馆被烧

亚历山大图书馆始建于公元前 3 世纪，当初建馆的唯一目的就是收集全世界的书，实现世界知识总汇的梦想。当时古埃及人及托勒密时期的哲学、诗歌、文学、医学、宗教、伦理和其他科学均有大批著述收藏于此，极盛时据说馆藏各类手稿逾 50 万卷。四方学者纷纷云集此地，使图书馆享有"世界上最好的学校"的美名。公元前 48 年，罗马统帅恺撒为了帮助埃及女王克娄巴特拉七世争夺王位，放火焚烧敌军的舰队和港口，这场大火蔓延到了亚历山大城里，致使图书馆遭殃，全部珍藏过半被毁。当时图书馆容纳不下的 30 万卷书都存放在了塞拉皮斯神庙得以幸免，而 392 年罗马皇帝狄奥多修下令拆毁塞拉皮斯神庙，基督徒烧毁神庙里的藏书，而且还残忍地杀害了古代世界唯一一位女科学家希帕蒂娅。642 年，阿拉伯军队攻占亚历山大城，据说首领阿慕尔·伊本·阿斯下令将所有馆藏图书交给城里的 4000 多个公共澡堂作燃料，足足烧了 6 个月之久，此说曾被西方学者广泛引用，然而后来被质疑是伪造的。不管怎样，亚历山大图书馆很早就已经淹没在历史之中，现在已经荡然无存了。

二、5 ~ 10 世纪：黑暗时代

由于宗教的兴起，蛮族的入侵以及帝国的崩溃，加上 541 年 ~ 542 年地中海区域爆发的第一次大规模鼠疫，史称"查士丁尼大瘟疫"，据估计此次瘟疫有 1 亿人丧生，它使 541 年 ~ 700 年间的欧洲人口减少约 50%，这些因素都使得欧洲世界经济整体倒退，文化走入低谷，人们的精神又普遍陷入了愚昧迷信，于是欧洲进入了 500 年的黑暗时代。唯有教士本尼狄克创立的修道院制度，为欧洲留存了些许文化知识。在黑暗时代，希腊知识已经逐渐被忘却，古代学术残存的唯一痕迹是约出生于 480 年的波依修斯，他出身于罗马贵族，是古代哲学精神嫡传的最后一人，也是经院哲学的最早一人。他从希腊著作中编写出算术、几何、音乐、天文这四门数学性学科的专著，成为中世纪学校流行的教材。中世纪早期关于亚里士多德的知识，几乎完全是从波依修斯的注释得来。

第二节　阿拉伯国家的科学技术

一、阿拉伯帝国的崛起

5 世纪的阿拉伯半岛分布着许多阿拉伯部落。570 年，穆罕穆德诞生于麦加，610 年起布道，宣称自己是真主的使者，传达真主的启示，创立了伊斯兰教，他传授的启示后来就形成了《古兰经》。"伊斯兰"是阿拉伯语"皈顺"的意思，"穆斯林"的意思是信仰安拉且服从先知者。622 年穆罕穆德在麦地那建立伊斯兰国家，并组建军事力量，到 632 年他逝世时，阿拉伯半岛已经基本统一。

穆罕穆德的后继者发动了大规模的对外战争，往西一直征服了西亚、埃及和整个北非，并且攻占了西班牙半岛，往东一直扩张到印度河流域，并把疆界推进

到唐朝边境。

二、阿拉伯在科技传播方面的贡献

（一）保存了古希腊和古罗马的学术

阿拉伯人原本文化比较落后，伊斯兰教的建立使得宗教信仰成为他们精神的核心，也使早期穆斯林具有排斥学术的倾向。然而在庞大的阿拉伯帝国建立之后，阿拉伯人开始努力学习东西方的先进文明城果，在各地建立了图书馆以及一些公共和私人的学校，穆罕默德在《古兰经》中也曾鼓励他的门徒："求学对每一个穆斯林来讲都是天命"，"为了追求知识，虽远在中国，也应该去"。在西罗马帝国灭亡前后的长期动乱中，许多希腊、罗马古典作品毁坏流失，一部分通过东罗马流传到阿拉伯帝国。830 年，巴格达专门建立了一个翻译机构，名叫"智慧馆"，让学者把希腊典籍翻译成阿拉伯语，传说是付给译者以同译稿相同重量的黄金，于是集中了大批学者来搜集、整理、翻译和研究波斯、希腊、印度和中国的典籍，一直持续了一百多年，被称作"百年翻译运动"，如此便保存了逐渐在西欧失传的古希腊古罗马人的科学成就，许多古代的著作，例如亚里士多德、柏拉图、欧几里得、阿基米德、托勒密的著作，都被译成阿拉伯文，而西欧人后来是通过阿拉伯文译本才又重新认识这些学术成就的，从而为近代科学在西欧的产生做出重要贡献。

（二）沟通了东西方的科学技术交流

由于阿拉伯帝国地跨亚非欧，使得其国际贸易十分发达，中国的丝绸，印度的香料，非洲的象牙、黄金都经阿拉伯商人运销各地，形成了四通八达的陆海商道。同时，这种国际贸易的繁荣加速了文明之间的交流，中国文明的很多成果：罗盘、印刷术、造纸术、火药、火器、数学、炼金术、医学等，就是通过阿拉伯人介绍给欧洲的。阿拉伯人把中国制造火药的主要成分硝石叫作"中国雪"，用于医疗和冶炼金银等方面；阿拉伯人在与唐朝的怛罗斯战役中俘获了很多造纸工人，使得中国的造纸术也开始西传；西方炼金术一词"Alchemy"来自阿拉伯文 alkimiya，而其中的"kimiya"，据说来自阿拉伯人对"金液"的福建语（读作 kimya）的音译。频繁来到中国的阿拉伯商人，不但给中国带来了伊斯兰教，也带来了中亚的天文仪器和著作、阿拉伯的药学和医学，以及伊斯兰建筑艺术等。

三、阿拉伯帝国的科学技术

阿拉伯人由于广泛地接触了波斯、希腊、印度和中国的文明，在最初的翻译和学习之后，也开始在科学技术的相关领域做出了自己的发展和贡献，下面我们按学科分类来加以叙述。

（一）天文学的成就

阿拉伯人在天文学上并没有做出理论上的创新，他们接受了托勒密的天文学体系，然后在天文观测基础上对托勒密的天文常数进行修正。此外，他们运用印度天文学家发明的正弦表，使球面三角学作为一种极为有效的工具应用于天文观测和天文计算中。

9世纪，比胡那因·伊本·伊沙克（Hunayn ibn Ishaq）翻译注释了托勒密的《天文学大成》，译后名字为《至大论》（Almagest）。829年，巴格达建立了第一座天文台，此后相继建立了多处，并制造和配备了各种精密的仪器，如星盘、天球仪和地球仪等。阿尔·巴塔尼（Al－Battani，约858年~929年）是伊斯兰世界最伟大的天文学家，他在著作《萨比天文表》中，对托勒密的一些错误进行了纠正，这部书传到欧洲，成为后来欧洲天文学发展的基础。

（二）数学的成就

伊斯兰教创立之前，阿拉伯数学使用极为简单的计算方法。7世纪之后，印度的数学符号、十进制和中国的筹算法相继传入阿拉伯。8~9世纪中叶，阿拉伯的学者翻译了许多古代的数学经典著作，首先是欧几里得的《几何原本》，之后有婆罗摩笈多、阿基米德、阿波罗尼乌斯、托勒密和丢番图等人的数学著作，这些文献被重新校订、考证和增补，使得大量的数学知识得以保存和传播，而且在某些方面有了进一步发展。"代数之父"阿尔·花拉子模（780年~850年）提出了"代数、已知数、未知数、根、移项、集项、无理数"的概念，给出了二次方程"还原""对消"的代数解，他的《复原与化简算术》一书把代数学发展成为一门与几何学相提并论的独立学科，书中引进的印度数字经斐波那契传到欧洲，逐渐代替了欧洲原有的算板计算及罗马的记数系统，此书被译成拉丁文后作为欧洲的科学教科书一直用到16世纪。另外，阿拉伯人在三角学上也有很大的贡献，阿尔·巴塔尼在三角学中引入了余切函数，研究了球面三角学，发现余弦定理；阿布尔·瓦发用几何方法解代数方程，还引入了正割和余割函数，并且给出了一些重要的三角函数公式；13 世纪纳述·拉丁在《论四边形》中完整地建立三角学的系统，给出了解球面直角三角形的 6 个基本公式，这本书使三角学脱离天文学而成为数学的独立分支，对三角学在欧洲的发展起了决定性的作用。

（三）医学的贡献

1. 累塞斯。阿尔·拉齐（Ar Razi，860 年～922 年），在欧洲以累塞斯（Rhazes）之名著称，他所著的《天花和麻疹的鉴别》一书在世界上久负盛名。另外，著有百科全书式的《万国医典》，集当时希腊、印度、中东的医学知识之大成，对炼金家所使用的仪器设备作了详细的介绍：风箱、坩埚、勺子、铁剪、烧杯、蒸发皿、蒸馏器、沙浴、水浴、漏斗、焙烧炉、天秤和砝码等。累塞斯在医学上非常重视实践经验，他曾说："医学的真理是无法到达的终点，一个聪明的医生的实践经验要比书中写的更有价值。"传说人们曾为巴格达一所医院的选址而争论，累塞斯建议市内各个地方挂上鲜肉，观察鲜肉在何处最慢腐烂，则该处最适宜建筑医院。

2. 阿维森纳。伊本·西纳（Ibn Sina，980 年～1037 年），在欧洲以阿维森纳（Avicenna）之名著称。阿维森纳出身于税务官家庭，10 岁时就能记住《古兰经》和许多阿拉伯诗歌，他废寝忘食地阅读并掌握伊斯兰律法，随后是医学，最后是形而上学。18 岁治好了萨曼王朝（Samanid）的努赫·伊本·曼苏尔（Nuh ibn Mansur）亲王的重病，得以进入藏书丰富的王室图书馆阅读。阿维森纳的智力非凡，专注力强，因而得以持续进行十分连贯的学术研究。白天在宫廷做医生又兼任行政官员，每天晚上与学生一起撰写著作和讨论其中的问题，丝毫不为外界的纷扰所影响，甚至在躲藏和入狱时也不放弃写作。他留传的著作达 200 多种，最著名的有百科全书《哲学、科学大全》，另一部巨著是《医典》，全书共 5 卷约 100 万字，直接继承了古希腊的医学遗产，也吸收了中国、印度、波斯等国医药学的成就，体现了当时世界医学和药物学的先进水平。《医典》首创性地把人的疾病分为脑科、内科，神经科、胸科、妇科、外科、眼科等，并分门别类地对各种疾病的起因、症状的治疗加以详细记述，书中记载的药物达 670 种之多。在论热病、鼠疫、天花、麻疹等病的一章中，他提出这些病是由肉眼看不见的病原体所致，且致病物质是通过土壤和饮水来散播的。12 世纪西班牙人首先将其译成拉丁文，直到 17 世纪西方国家还视其为医学经典，至今仍有参考价值。

（四）光学的贡献

由于沙漠和热带气候的原因，眼病在阿拉伯盛行，因此光学现象引起阿拉伯学者的极大重视。

阿尔·哈金（965 年 ~1039 年）在《论视觉》一书中研究了球面和抛物面的反射镜、透镜，发现透镜的成像是由光线的折射造成的，书中表述了光的反射定理，描述了眼睛的构造及其作用，修正了托勒密关于眼睛发出光线的错误观点，正确认识了光线来自观察物的反射，另外还探讨了大气中的光学现象。

（五）炼金术对化学的促进

1. 历史过程。中国战国时期方术盛行，方士们认为金石之类的不朽之物能让人长生不死，用金石炼丹由此肇始。术士们发明了将药物加温升华的制药方法，后来炼丹术和道教的修炼相结合，炼丹服药在两晋、南北朝和隋唐时期日益蔚然成风。西方早期炼金术的代表人物是"希腊化时期"的佐西默斯（Zosimus，生于约 250 年），他著有 28 本书，其中约有 300 篇著作对炼金术的全部知识作了总结。7 ~ 9 世纪，中国的炼丹术以及希腊的炼金术一起传到阿拉伯，阿拉伯人将两者相结合并加以发展。到了 8 ~ 10 世纪，出现了大量的炼金术著作，12 世纪以后，又被翻译成拉丁文传到了西欧。

2. 炼金术的实践来源。自然界和人类的活动中经常可以看到物质会发生变化，比如制陶、染色、酿酒、冶金等，工匠们掌握着其中的方法。出于对黄金等贵金属的渴望，有人希望能够把铜铁锡铅等贱金属转变成为黄金，当时的工匠有很多方法可以制造出金银赝品，然而工匠们知道这并不是真正的炼金术，炼金术的目标是让贱金属真正地变成贵金属，就如同矿石能转变成金属一样，当时并没有一种理论否定这种转变，反而有很多哲学理论支持它。

3. 炼金术的哲学化。希腊的哲学为炼金术提供了许多理论依据。柏拉图在《蒂迈欧篇》里提到物质本身无性质，物性可以变化。亚里士多德目的论哲学认为，万物内在都朝着尽善尽美的方向努力。斯多亚学派更是直接地认为贱金属接受贵金属的灵气后能成为贵金属。古代的原子论者把物体的广延当作最本质的属性，而炼金术士却将颜色看成最本质的属性，因为金属的种类和其外形无关，颜色是判定其种类最重要的特征，一旦通过化学方法改变了金属的颜色，那么它就脱胎换骨变成了另外一种金属，这是炼金术士的基本信念之一。因此，炼金术的主要过程是以颜色来命名的：先是把铜锡铅铁融合成无颜色的死物，称为"黑变"；接着加入汞使得合金表面变白，称为"白变"；然后加入少量黄金使合金变黄，称为"黄变"；最后泡洗净化，使得合金呈现纯正的金色，表明它已经转化为贵金属。

4. 炼金术对化学的促进。化学是脱胎于炼金术的，炼金术增强了人们的实验意识，而炼金术士发明制造出的蒸馏器、熔炉、加热锅、烧杯、过滤器等器具，后来成了化学中的实验器具，另外"炼金"过程中细致的观察加深了人们对自然界的认识，而炼金中有时还会意外获得诸如明矾、酒精等化工产品。然而，炼金术对化学发展所起的促进作用只是客观上的效果，并非出自本意。

第三节　欧洲中世纪的科学技术

一、欧洲中世纪

欧洲中世纪（Middle Ages）（约 476 年～1453 年），是欧洲历史上的一个时代（主要是西欧），自西罗马帝国灭亡（476 年）到文艺复兴和大航海时代（15 世纪末～17 世纪）的这段时期。

476 年西罗马帝国灭亡以后，封建制度才逐渐在欧洲形成和发展起来。14、15 世纪的意大利人文主义学者把具有灿烂成就的古代和启蒙时代之间的黑暗期称为中世纪，中世纪又可以细分成三个阶段：早期、过渡期和晚期（或高峰期），大致对应于 500 年～1000 年，1000 年～1200 年，1200 年～1450 年。在中世纪早期，西欧经历了一个逆城市化过程，工商业衰落，古典学校没落，基督教会的势力却不断地膨胀，虽然一些城市的学校还在，然而修道院才是占统治地位的教育力量，学术的焦点变成了宗教和神学。据统计，1000 年，拉丁西欧大约有 2200 万人口，而中国核心地带有 6000 万、印度有 7900 万、伊斯兰有 4000 万；就城市人口而言，罗马有 3.5 万人、巴黎有 2 万、伦敦有 1.5 万，而君士坦丁堡有 30 万、开封有 40 万、巴格达则有 100 万。

（一）基督教会势力的膨胀

4 世纪时，基督教在被定为罗马国教之后得到了很大的发展，在意大利、埃及、北非都有了传播。到600年左右，基督教已得到巩固，并传播到了西班牙、高卢、不列颠及黑海沿岸。在西欧长期动乱的过程中，基督教会乘机扩大影响，其势力不断膨胀。法兰克和不列颠各国的君主都接受了基督教，向教会大量地赐赠地产，教会又不断地巧取豪夺。它在西欧和拜占庭帝国所占有的地产越来越多，仅在西欧就占有全部地产的1/3左右。教会成为欧洲最大的封建土地所有者，不但剥削农奴，还向全体居民征收什一税。

教会严格控制人们的思想，其影响遍及城乡。当时人们大都不识字，只有教士有一定的文化知识。他们读经，讲道，宣传神学。基督教推崇盲目信仰，扼杀一切求知的欲望，认为过于深究自然界的秘密，不适于基督教的精神幸福，反对神学的人都遭到了教会的迫害。天主教不但垄断着意识形态，而且有自己的行政系统、税收和法律制度，有自己的军队和监狱，有时教皇甚至可以废黜国王，将其土地转赠别人。

（二）日耳曼诸王国的学术

8世纪时，查理大帝的出现使得西欧自罗马帝国消亡以来第一次出现建立中央集权政府的尝试。在查理大帝的主导下，欧洲出现了一次学术活动的大爆炸。查理大帝本人是个文盲，然而他从海外引进学者来充实宫廷学校，并说服了阿尔昆来领导教育改革事业。

阿尔昆（Alcuin，730年~804年）在宫廷学校里讲授七艺（文法、逻辑、修辞、算术、几何、音乐、天文），以此来培养皇室成员，同时也培养宗教和政界人才。以阿尔昆为核心形成了一个学术圈子，他们热衷于争论神学问题，收集、校对和眷写了许多书籍，其中包括神父的著作，也有古典作家的著作。查理大帝和阿尔昆颁布了兴建教堂学校和修道院学校的敕令，阿尔昆的学生被任命为主教或修道院院长，他们的努力使得教士们的平均教育水平得到了提高，为将来的学术奠定了基础。

（三）科学的凋零和技术的缓慢进步

由于欧洲封建社会自给自足的庄园经济，加上基督教会的思想禁锢，注定了欧洲中世纪科学的凋零。然而蛮族侵入四分五裂的罗马帝国之后，也革新了很多新的物质技术，比如裤子取代了罗马式长袍，牛油代替了橄榄油，毛毡、雪橇、木盘、木桶的制造方法也进行了改进，发展了重轮犁，还带来了裸麦、燕麦、小麦和啤酒花的种植，以及骑马用的脚蹬等。黑暗时代的技术革新，使得大多数劳动人民能摆脱一些体力上的重活，而且能生产出多余的粮食，为城镇的发展提供了条件，另外一个后果就是使得文明的中心从地中海转移到了欧洲北部。

（四）疾病流行

第一次疾病大流行称为查士丁尼瘟疫，共有两次，发生在 540 年 ~ 590 年。并没有明确的数字统计多少人因此死亡，不过一般认为这个疫病导致东地中海约 2500 万人死亡。这场瘟疫衰弱了拜占庭帝国，查士丁尼企图恢复罗马帝国光荣的梦想也因此失败。

第二次疾病大流行是黑死病。在 1346 年 ~ 1350 年黑死病大规模袭击了欧洲，导致欧洲人口急剧下降，死亡率高达 100%。黑死病被认为是蒙古人带来的。约 1347 年，往来克里米亚与墨西拿（西西里岛）间的热内亚贸易船只带来了被感染的黑鼠或跳蚤，不久便漫延到热内亚与威尼斯，1348 年疫情又传到法国、西班牙和英国，1348 年 ~ 1350 年再东传至德国和斯堪的纳维亚，最后在 1351 年传到了俄罗斯西北部。估计欧洲有约 2500 万人死亡，而欧、亚、非洲则共有 5500 万 ~ 7500 万人在这场疫病中死亡。当时无法找到治疗药物，只能使用隔离的方法阻止疫情蔓延。此后，在 15、16 世纪黑死病多次再次侵袭欧洲，但死亡率及严重程度逐渐下降。有观点认为，这场黑死病严重打击了欧洲传统的社会结构，削弱封建与教会的势力，间接促成了后来的文艺复兴与宗教改革。

二、十字军东战

11 世纪开始，罗马教皇势力进入鼎盛时期，教会以夺取圣地耶路撒冷为借口，派遣西欧的封建领主和骑士对地中海东岸的国家发动了前后 8 次、历时 200 年的战争，因参战士兵佩有十字标志，西方称之为"十字军东征"，伊斯兰世界称之为"法兰克人入侵"，本书称之为"十字军东战"。

十字军虽然以捍卫宗教、解放圣地为口号，但实际上战争中敌友双方界线不完全是按宗教划定的，而是以政治、社会与经济等目的为主，伴随着贪婪的劫掠（沿途劫掠是十字军的惯例），甚至在 1204 年的第四次十字军东战劫掠了共同信仰耶稣基督的君士坦丁堡。法国编年史家维拉杜安写道："自世界创始以来，攻陷城市所获的战利品从未有如此之多。"此外，还伴随着野蛮的杀戮，比如在抢夺了圣地耶路撒冷后，十字军进行了空前的血洗，单在一所寺院里就有约 1 万名避难者惨遭屠戮，《耶路撒冷史》记载说十字军实行了惨绝人寰的 30 天大屠杀，以至于一个十字军指挥官在写给教皇的信里说，他骑马走过尸体狼藉的地方，血染马腿到膝。

延续了二百多年的十字军东战运动虽然以失败告终，却对欧洲历史产生了极大的影响。首先，十字军东战造成了封建制度的衰落，因为很多领主陆续破产并在死后将土地遗留给国王，不少农奴成为十字军后不再回来。其次，十字军所带回来的金银财宝增加了地方上的货币供应，大力提升了经济的成长。另外，欧洲人还带回许多新奇的纺织品、食物和香料。对这些新货物的需求，促进了 14 世纪地理大发现时代的到来。而十字军从东方带回了在欧洲已经消失了的古希腊文化，最终导致了文艺复兴的出现。

三、大翻译运动

十字军发动的战争使得欧洲人开始接触到阿拉伯世界所保存的丰富的文献，于是欧洲掀起了翻译阿拉伯文献的热潮。医学和天文学成为 10 和 11 世纪的翻译前沿；12 世纪早期翻译的重点转移到了占星术和数学上来；从 12 世纪后半叶到 13 世纪，人们的注意力被引向亚里士多德及其评著们的物理学和形而上学的著作。大翻译运动的中心是西班牙和意大利。

西班牙之所以成为翻译运动的一个地理中心，是因为这里在穆斯林统治时，既有丰富的阿拉伯书籍，又保留了基督徒社区，使得这里成为两种文化调和的最佳地点。在基督徒重新征服了西班牙之后，尤其是托莱多于 1085 年陷落之后，基督教学者在这里得到了大批阿拉伯语的希腊文献，使西班牙的托莱多成为翻译运动的中心之一。把阿拉伯文译成拉丁文的翻译家分为两类人：一类是从小精通阿拉伯文的西班牙人，另一类是后来学习阿拉伯语的外地人，其中一位最伟大的翻译家是杰拉德（Gerard of Cremona，1114 年 ~ 1187 年），他从意大利来到西班牙，寻找托勒密的《至大论》，最终在托莱多找到，于是开始学习阿拉伯文，把它翻译成拉丁文。此后的三四十年里，他又翻译了许多著作，12 部天文学文献、17 部数学和光学著作、14 部逻辑学和自然哲学著作以及 24 部医学著作，其中包括欧几里得的《几何原本》、花剌子模的《代数》、亚里士多德的《物理学》《论天》《天象学》《论生与朽》、阿维森纳的《医典》以及盖伦的著作。

意大利则是翻译希腊文著作的另一个主要地点，尤其是在南部的西西里，由于与拜占庭帝国一直有密切的交流，使得那里总是有讲希腊语的社区和曾有希腊文书籍的图书馆。重要的早期翻译家是詹姆斯（James of Venice），他翻译了一批亚里士多德的著作以及一批数学著作，而最著名的是威廉（William of Moer-beke，活跃于 1260 年 ~ 1286 年），他努力去完成一部完整可靠的亚里士多德文集，也翻译了亚里士多德的主要集注、许多新柏拉图主义的著作以及阿基米德的著作。

到了 12 世纪末，西欧已经恢复了希腊和阿拉伯哲学、科学中的主要部分，剩下的缺口陆续在 13 世纪得到填补。

四、大学的创立

11 世纪之前，欧洲的教育机构主要是教会学校，这些学校的主要职能是为教会选送神父和教士。后来，随着社会生产力的发展以及城市的兴起，以及城市居民求知欲的日益提高，原有教会学校已满足不了需要，于是就出现了师生组织起来的城市学校。

1100 年，西欧国家的城市学校还仅仅是一位学者带着一二十位学生，但到了 1200 年，这些学校在数量和规模上有了急剧的增长，比如在牛津任教的学者超过了 70 名，学生则以百计，大学就此开始形成。这时的大学并不是一块土地、一群建筑或一个章程，也没有学术和教育的意义，只是老师和学生组织起来的社团或者协会，以此来实现自我管理和保障相互的权益，因此流动性也很强。大学在教皇和国王等权贵的保护和支持下拥有很多特许权，比如豁免其地方管辖和征税。虽然教会确实对大学有过一些干预，但是绝大多数时候，大学都获得了异乎寻常的支持和保护。

博洛尼亚大学于 1088 年建立，1150 年获得大学的身份，采用学生雇用老师的模式，而 1200 年成立的巴黎大学则是教师的行会，后来寄读于巴黎大学的英国学者在牛津组成了牛津大学，之后许多大学都建立了起来，但一般都仿效这三个大学中的一个。当时大学的设置以巴黎大学为例，分为四个学部，一个本科生的文哲学部，三个研究生学部：法律、医学和神学。文哲学部作为研究生部的学前准备，其规模远远大于三个研究生学部，因此逐渐地成为学校的主导。文哲学部也不再延续"七艺"的体系，文法不受重视而逻辑逐渐被强调，数学性的"四艺"依旧保持次要地位，此外，补充了三种哲学：伦理哲学、自然哲学和形而上学，医学、法律和神学则是高级学科。大学招收的学生大约是 14 岁的男生，在中学已经学过拉丁文，以学徒的模式分配给一位学者，学习 3 ~ 4 年后参加学士学位的考试，通过后获得熟练学徒的身份，可以当学者的助教并继续学习，大概 21 岁时修完所有必修课，可以参加硕士考试，通过后就能获得完全的教员资格。要想继续攻读医学的话，需要五六年时间，法学需要七八年，而神学要 8 ~ 16 年时间，完成研究生学业的人都是极其稀少的学术精英。当时大多数学生在进入大学一两年后就辍学了，由于中世纪的高死亡率，大批学生尚未完成学业就死去。

中世纪的大学有着高度的统一，并且有着共同的课程体系，讲授着相同的书籍和相同的学科，这有别于与古代雅典的不同学校代表不同思想流派。这种标准化的教育表达了一种理性传统的方法论和世界观，于是大学逐渐成了欧洲学术活动的中心，也为欧洲中世纪科学的复兴培育了大批人才。

五、经院哲学——神学中的理性精神

（一）教父哲学

基督教初期是使徒传道时期，使徒们到处宣扬耶稣基督的神迹，传播上帝救世的福音。2 世纪中叶至 5 世纪，使徒中一些人利用新斯多葛主义、新柏拉图主义等世俗哲学来加工《圣经》的信条，制订了一整套基督教教义，如一神、三位一体、创世、原罪、救赎、预定、天国等，形成基督教神学，他们被信徒们称为"教父"。早期教父（比如德尔图良）认为理性有极限，需要用信仰来弥补，甚至认为哲学比其他异教徒对基督教更危险，提出"惟其不可能，我才相信"的观点。后来的教父比如奥古斯丁则把新柏拉图主义哲学与基督教教义结合起来。中世纪唯一流传的柏拉图对话录是《蒂迈欧篇》，里面论述了宇宙和万物生成的理性模式，对于古代和中世纪思想有着巨大的影响。

（二）经院哲学

由于查理大帝的教育改革政策大大提高了神父的学术水平，大约在 9 世纪，查理大帝的宫廷学校和教会学校中产生了一种经院哲学的思潮，教父哲学开始让位于经院哲学。此时亚里士多德主义开始逐渐重回欧洲大陆，神学命题日益以问题的形式提出，人们在回答时将正反两面的理由或意见列举出来，然后加以分析，得出结论。经院哲学家围绕共相与个别，信仰与理性的关系展开了长期的争论，形成了唯名论与实在论两大派别。代表人物之一托马斯·阿奎那在《神学大全》中将亚里士多德的思想与天主教神学相协调起来，使得原本让教会担心的亚里士多德思想得以广泛传播，这也反映了当时社会面貌开始从天启信仰逐渐向理性思考发生转变，为近代科学的到来铺垫了思维方式的基础。

六、罗吉尔·培根的实验活动

罗吉尔·培根（Roger Bacon，约 1214 年～1293 年），出生于英格兰的贵族家庭，在牛津大学学习后留学巴黎大学，1247 年当了方济各会的修士后回到牛津，用全部财产置办了一个完整的炼金术实验室，开始致力于新的学科发展，包括语言学、光学、炼金术，还进一步研究天文和数学。他对光的反射和折射进行了研究，提出了一种对虹的解释；也研究过平凹镜片的放大作用，并建议可以以此制作望远镜；还认为人能够制造出自动车辆和舟船，以及潜水艇和飞机之类的东西。他利用镜子和透镜在炼金术、天文学与光学中进行实验，还曾企图寻找点石成金的"哲人之石"。他认为人常犯错误的原因有四种：过于崇拜权威、习惯、偏见、对有限知识的自负。培根反对按照书本和权威来裁定真理，而主张靠"实验来弄懂自然科学、医药、炼金术和天上地下一切事物"。他的实验工作和思想受到了谴责，1257 年他被送回巴黎受法兰西派教团监视和看管，10 年后碰到对其工作很感兴趣的教皇克雷芒四世，于是他被释放，并遵从教皇密令于1267 年写出《大著作》《小著作》《第三部著作》，可克雷芒四世第二年就去世了。10 年后培根又被曾任方济各会会督的新任教皇尼古拉四世判处监禁，且不准申诉，直到 1292 年尼古拉四世去世后才被释放，而培根不久便去世了。

罗吉尔·培根在神学一统天下的年代，提出了"实验是科学之王"的科学思想，并且提出数学教育的重要性，为近代自然科学的诞生作了思想和方法上的准备。虽然并不被当时所接纳，教会囚禁了他的身躯，但他的思想却召唤了实验科学时代的到来。

复习与思考题

1. 阿拉伯世界的兴起在科学史上的意义是怎样的？
2. 炼金术对化学的促进作用有哪些？
3. 通过本章的内容可看出神学、哲学与科学的关系是怎样的？
4. 如何理解欧洲的黑暗中世纪。
5. 简述罗吉尔·培根在科学上的贡献。

第六章　哥白尼革命及近代自然科学的诞生

本章教学目的和基本要求：

从近代科学的诞生中了解科学与其他各领域以及社会之间的关系，从而更好地把握科学的本质方法及其精神内涵，重点是哥白尼革命、资本主义生产方式的兴起、远洋航海、文艺复兴、思想解放运动、科学解剖学；难点是宗教改革、人文精神的内涵和托勒密的地心说体系。

第一节　近代科学产生的社会条件

中世纪后期，欧洲的封建制度开始解体，资本主义的生产方式开始兴起，欧洲世界从物质到思想上都开始发生了巨大的变革，这也成为近代科学产生的社会条件。

一、资本主义生产方式的兴起

（一）欧洲技术的进步

黑暗时代蛮族给西欧带来了一些根本性的技术革新，到了 11～13 世纪，多余的粮食和手工业产品的贸易在欧洲北部有了显著的发展。诸如船尾舵和牙樯之类的航海技术的新发明，也大大节省了划桨的船奴，水力在 12 世纪下半叶开始被用来砑布、压碎染坊用的菘蓝和制革用的树皮，到了 13 世纪还被用来锯木头和推动铁匠的风箱，14 世纪被用于铸锤和磨石，15 世纪用于水泵抽水。纺纱车在 13 世纪发展了起来，同时还出现了铸铁、生铁，还有机械时钟。中国的四大发明：造纸术、活字印刷术、指南针、火药也先后传入欧洲，使得学术知识得到广泛传播，航海技术也大大提高，而火器的发展促使了拥有绝对权力的王朝的兴起。随着各类技术发展得越来越精细，手工艺的各行业开始分化，工程师、工具制造者与车匠、铁匠分家了，雕刻家、画家和石匠、装饰工分家了。手工艺人也开始读书识字，他们不仅能够记载技艺上的经验，还能吸取学术传统中的养分，对近代科学技术的发展做出了贡献。

（二）资本主义生产方式的兴起

14、15 世纪欧洲手工业和农业技术上的进步，使得社会分工进一步扩大，社会生产结构发生了巨大变化，形成一些各具特色的工业区和农业区，雇佣关系开始出现，分散的家庭手工业逐渐被集中的手工工场取代，资本主义生产方式于是兴起来了，成为近代科学产生的根本动力。恩格斯说："如果说，在中世纪的黑暗之后，科学以意想不到的力量一下子重新兴起，并且以神奇的速度发展起来，那么，我们要再次把这个奇迹归功于生产。"手工工场的出现为近代科学的产生提供了大量丰富的实践经验和研究课题，于是在 15 世纪下半叶起出现了技术改革。

二、马可·波罗与地理大发现

（一）《马可·波罗游记》

马可·波罗（Marco Polo，1254 年 ~ 1324 年），出身于意大利的商人家庭，17 岁时跟随父亲和叔叔，沿陆上丝绸之路前往东方，历时 4 年，在 1275 年到达元朝大都（北京）。他在中国居住了 17 年，除了在京城大都供职外，还奉皇帝之命巡视过陕西、四川、云南、河南、江浙等省或出使外国，自称曾治理过扬州 3 年。

1295 年，波罗父子三人由海路乘船回到意大利，消息迅速传遍了整个威尼斯，他们的见闻引起了人们的极大兴趣。马可·波罗回家时把中国的眼镜也带去了，所以在西方最早制造眼镜的地方，是马可波罗的故乡威尼斯。马可·波罗在回家的第二年参加威尼斯舰队作战被俘，在狱中他把自己在中国和亚洲其他国家的见闻，口授给一位名叫鲁思蒂谦的狱友，后者用法文记录了下来，整理成著名的《马可·波罗游记》（或称《马可波罗行纪》《东方闻见录》）。

马可·波罗是第一个广泛游历东方各国而又留下一部名著的欧洲人，对于长期闭塞的欧洲人有着振聋发聩的影响，其中对东方世界进行了夸大甚至神话般的描述，极大地激发了欧洲人对东方的好奇心。这本书完成后，几个月的时间里就在意大利境内随处可见，在1324年马可·波罗逝世前，游记已被翻译成多种文字在欧洲广为流传，现存的《马可·波罗游记》有119种文字的版本。

《马可·波罗游记》打开了欧洲人的心灵视野，激发了欧洲人此后几个世纪的东方情结，也激起了欧洲人对中国文明与财富的向往，地理学家参考游记制作了许多有价值的地图，许多航海家受到马可·波罗的鼓舞和启发扬帆远航，对以后新航路的开辟产生了巨大的影响。

（二）"黄金渴望"与新航路的开辟

西欧国家渴望到东方来搜求黄金和贵重货物以发财致富，其中香料是货物中十分重要的一种。由于欧洲很多地方的冬季寒冷而漫长，大量牲畜缺乏过冬的饲料，当地人只好把许多不用作传种的牲畜宰掉，做成咸肉。这就需要胡椒、丁香、豆蔻等香料来作调味品，而这些东西本身欧洲并不出产，都需要从东方运来。1千克胡椒在产地印度价格为1克~2克白银，而亚历山大港价格是10克~14克白银，到威尼斯成为14克~18克白银，再到欧洲各消费国则高达20克~30克白银。享用中国生姜和印度胡椒成了富人的标志，丁香和肉豆蔻更是只有王公贵族才敢问津的珍贵调味品。然而香料的利润大都被阿拉伯人和意大利人赚取，因为东西方之间的海路原来分别取道黑海、波斯湾和红海，红海以东的贸易大都由阿拉伯商人经营，对西欧的转手贸易则由意大利商人把持。奥斯曼土耳其的兴起，控制了北部的交通咽喉。于是，对于狂热地追求财富的欧洲商人来讲，开辟直接通往东方的新航路已十分迫切。

（三）地理大发现

由于商业贸易上的急迫需求，欧洲许多雄心勃勃的探险家开始远洋航行，寻找从西欧前往亚洲的海路航线，以带回东方的香料。其中有四次著名的探险活动：

1. 1487年，在葡萄牙国王的支助下，迪亚士（Bartholmeu Dias，约1450年~1500年）的探险队沿非洲海岸南下，达到了非洲的最南端好望角。

2. 1497年，葡萄牙人达伽马（Vasco da Gam，约1469年~1524年）沿迪亚

士的航线继续东进北上，越过印度洋到达印度，成功开辟了通往东方的新航线，回国时载着满船的香料、丝绸、宝石和象牙，所获取的利润是航行成本的 60 倍。然而出发时的 170 人也只剩下 55 人，大部分死于坏血病。

3. 15 世纪末，意大利的克里斯托弗·哥伦布（Christopher Columbus，1451 年~1506 年）根据地理学家托斯康内利的数据和自己依据《圣经》的推算，相信从西边去亚洲要更近，于是在西班牙王室的支持下，穿越完全未知的大西洋海域，到达了美洲大陆。在此后的 10 年时间里，哥伦布相继 3 次西航到达了美洲的另外几处，查清了南北美洲海岸之间的联系，但是哥伦布始终把自己发现的新大陆误认为就是东方的印度，却始终没有找到梦寐以求的黄金和珠宝。哥伦布的追随者之一亚美利哥·韦斯普奇（Americus Vespucius，1454 年~1512 年）在给朋友的信中猜测哥伦布发现的是一块新大陆，他的信在出版后得到广泛流传，使得当时的地理学家在世界地图上把这块大陆标为"亚美利加"。

4. 1519 年，葡萄牙人麦哲伦（Ferdinand Magellan，1480 年~1521 年）启航为西班牙王室完成哥伦布未竟的事业，经历两年的艰难历程终于到达香料群岛，此后沿着达伽马的航线回到西班牙。260 名船员只有 18 名生还，麦哲伦本人也在途中被杀身亡。这次环球航行从经验上证实了大地是球形的观点，也纠正了以前对地球周长的错误计算。

伴随着新航路的开辟，东西方之间的文化、贸易交流大量增加，使得欧洲的知识阶层从古典作家的权威中解放出来，并且通过殖民地的掠夺和市场的开拓，也使得资本主义也获得长足的发展。然而对于欧洲以外的国家和民族而言，地理大发现除了带来了物资交流之外，更常见的是死亡和侵占。

在欧洲大航海运动的几十年之前，中国明朝的郑和（1371 年~1433 年）就开始了大规模的航海运动，从 1405 年到 1433 年，郑和共计下西洋 7 次。第一次下西洋的船只共计 208 艘，随船人员超过 27 000 人，而郑和乘坐的宝船长约 138 米，宽约 56 米。郑和下西洋所到之处，不仅进行平等自愿、等价交换的海外贸易，还传播先进的中国文化，在明成祖朱棣"宣教化于海外诸番国，导以礼仪，变其夷习"的诏令下，郑和把中华礼仪和儒家思想、历法和度量衡制度、农业技术、制造技术、建筑雕刻技术、医术、航海造船技术等，传播给亚非一些仰慕中华文明的国家。现在海外还留有许多郑和的故事与郑和的遗迹，表达了当地人民对这位传播中华文明的先驱的敬意。利玛窦评价说，中国的"皇上和人民却从未想过要发动侵略战争"，因为他们"满足于自己已有的东西，没有征服的野心"。李约瑟研究郑和的舰队后说:"明代海军在历史上可能比任何亚洲国家都出色,甚至同时代的任何欧洲国家,以致所有欧洲国家联合起来,可以说都无法与明代海军匹敌。"之后他又评价说:"来自东方的航海家,即中国人,他们从容温顺,不记前仇;慷慨大方(虽有限度),从不威胁他人的生存;宽容大度,虽然有点以恩人自居;他们全副武装,却从不征服异族,也不建立要塞。"

三、文艺复兴

随着欧洲经济的复苏与城市的发展,以及各种文明的思想和知识在欧洲的传播,在 14 世纪工商业发达的意大利,最先出现了对基督教神权的反抗,他们以复兴古代希腊、罗马的古典文化为口号,反对神权和封建特权,提倡人权和个性自由,并且早期主要表现在文学和美术领域,这就是所谓的"文艺复兴"。

"文艺复兴"发源于佛罗伦萨、米兰和威尼斯,后扩展至欧洲各国,它不只是一场复兴古典文化的运动,更是一场新时代的启蒙运动。文艺复兴高扬人的价值,谋求个性解放,追求人自身的完善,坚持理性,反对迷信和盲从。此后西方的文化价值观发生了根本性的变化,从对神的注重转变成为对人的注重,同时也增进了人对自然观察的兴趣,而正是通过对自然的研究,科学研究才开始走向重视实验的道路。

(一)但丁

但丁(Dante Alighieri,1265 年~1321 年),出生在意大利佛罗伦萨的没落贵族家庭,当时佛罗伦萨政界分为两派,一派效忠于代表封建贵族利益的教皇,另一派效忠于代表资产阶级利益的皇帝。但丁的家族属前者,而但丁热烈主张独立自由,因此成为后者的中坚力量,后来被放逐,终死不得归。但丁被誉为旧时代的最后一位诗人,同时又是新时代的最初一位诗人。他所创作的长诗《神曲》,明确表达了自己对天主教会的厌恶,率先对教会提出批评。

但丁写给初恋情人贝阿特丽切的 31 首抒情诗结集出版,取名《新生》,这是西欧文学史上第一部剖露心迹,公开隐秘情感的自传性诗作。但丁在《论世界帝国》里表达了他的政治思想,其中对教会进行了激烈的批判,坚持教权与王权分工,驳斥了君主权力来源于教皇的观点;他认为最大的统一能够实现最大的和平,因此需要一个至高的君王统治的世界帝国才能保障人们的和平。另外,但丁著有《飨宴》一书希望以道德和知识消除城邦间及其内部的倾轧和攻伐;

其《论俗语》则批驳只重拉丁语、轻视意大利语的倾向。他留下许多名言："走自己的路，让别人去说吧"；"通向荣誉的路上并不铺满鲜花"，"一个知识不全的人可以用道德去弥补，而一个道德不全的人却难以用知识去弥补"。

（二）达·芬奇

达·芬奇（Leonardo Di Serpiero Da Vinci，1452 年~1519 年），出生于佛罗伦萨附近芬奇镇的村庄，被誉为"文艺复兴时期最完美的代表"，是人类历史上罕见的全才，达·芬奇反对经院哲学家们把过去的教义和言论作为知识基础，他鼓励人们向大自然学习，从中寻求知识和真理。他说"理论脱离实践是最大的不幸"，又说"实践应以好的理论为基础"。他厌恶宗教，抨击天主教那些掌权的为"一个贩卖欺骗与谎言者"，认为"真理只有一个，不是在宗教之中，而是在科学之中"。他在绘画、雕刻、音乐、诗歌、通晓透视学、解剖学、光学、力学、生理学、物理学、数学、地质学、天文学等领域都有杰出的贡献，对自然的各个方面都进行仔细的观察和研究，从而在画家、雕刻、音乐、诗歌、发明家。他还是建筑师和工程师，设计了飞行机械、潜水机械和机枪等许多器械。他终生勤奋，前后积累的手稿大约有 7000 页，不过由于他的手稿在当时并未流行于世，故而没有发挥出应有的影响。

四、宗教改革

黑死病的肆虐沉重打击了欧洲的封建制和基督教会的神权，新兴的资本主义在经济、技术和思想的有利条件下开始成长，资产阶级与新贵族逐渐形成，文艺复兴运动使得人文主义思想广泛传播，造纸术和印刷术的发展也使得书籍不再珍贵，市民们希望追求个人的自由、平等、享乐和财富，摆脱神权统治下的蒙昧、说教、禁欲、封建等级和分裂割据，民族主义也勃然兴起，罗马天主教会与欧洲各主权国家及社会各阶层的矛盾加剧，天主教会自身的腐败也使得基督教徒要求振兴基督教，于是通过改革来建立适应于民族国家发展的"民族教会"或适应于资产阶级兴起需要的"廉价教会"，便成为欧洲市民们共同的要求。

宗教改革运动首先起源于德国，由于政治上的四分五裂，德国每年为罗马教廷提供巨额财富，因而被称作"教皇的奶牛"。改革最直接的原因是德国向教徒兜售赎罪券，1517 年 10 月 31 日，威登堡大学的神学教授马丁·路德（Martin

Luther，1483 年~1546 年）贴出一张布告《九十五条论纲》来讨论赎罪券的问题，两周以后就传遍全德国，标志着宗教改革的序幕。

马丁·路德的主要观点包括：信仰即可得救；《圣经》是信仰的唯一源泉；"因信称义"；每个人都可和上帝直接沟通，可以自己理解《圣经》；仪式上只保留洗礼和圣餐；取消了对圣母玛利亚及圣徒的崇拜；炼狱不存在；教士可以结婚，修会不必存在等。马丁·路德点燃了德国人民反对罗马天主教会的烈焰，其他国家也随之出现改革，1555 年，新旧教两派国家签订《奥格斯堡和约》，承认各国有权决定臣民的宗教信仰，不能接受者只有迁居他国。然而如此并没有消除宗教矛盾，新教和旧教、新教各派的矛盾最终导致了很多宗教迫害乃至于宗教战争。尽管如此，宗教改革打击了天主教会大一统的神权统治，促进了欧洲民族国家的形成，也促进了欧洲资本主义的发展，使得人们的思想得到解放，也为自然科学的研究创造了条件。

第二节　近代自然科学的产生

一、人文精神催生了科学精神

由于文艺复兴和宗教改革的思想解放运动，人们的观念经历了"以神为本"到"以人为本"的转变，开始大量地关注世间、关注个体，同时也注重对自然的观察和实验，以理性反对盲从和迷信，由此而催生了科学精神。

16 世纪~17 世纪是近代自然科学从神学中独立出来并迅速发展的世纪。地理大发现首先推动了天文学的发展，因为在茫茫的大海中，海船的准确定位是生死攸关的大事，而要想精确地测量海船的经纬度，几乎完全依赖于天文学：纬度的测量可以很容易地通过观测北极星与海平面的夹角实现，经度的测定在钟表没有发明之前也只能通过天文观测。为此，天文学家需要制定精确的星表，以及对行星的运动规律进行精确而便捷的数学运算，才能满足航海的需求。这样，具有现实功能的天文学就必须和经验观测紧密结合在一起，而不能从天启的信仰中找寻依据，于是天文学就率先从神学中脱离出来了，由此而引发了一场影响深远的天文学革命，近代自然科学也由此而诞生。

二、哥白尼革命

（一）中世纪的宇宙观

在中世纪早期的欧洲，希腊的宇宙论被基督教当作异端而抛弃，取而代之的是犹太人原始简陋的宇宙图景：宇宙是个大盒子或者大帐篷。在希腊的古典学术重新回到欧洲之后，亚里士多德的宇宙论开始深入人心，并获得正统的地位：宇宙是有限的，地球居于宇宙的中心，上帝在宇宙的最外层推动着天球。天上是永恒不变的神圣的天国，由第五元素以太构成，而地下是由土水气火构成的腐朽易变的俗世。自然界没有真空，凡是运动必须有推动者，元素都有其天然的位置。在但丁的《神曲》中，地狱、炼狱、天堂在这个宇宙结构中各自都有着对应的位置：地球内部是地狱，地面到月球天是炼狱，而月球天以上的天界，依次有水星天、金星天、太阳天、木星天、土星天、恒星天、原动天，行星的运动由托勒密的天文学体系来解释。中世纪的人们还普遍迷恋大小宇宙的类比，即人身结构和宇宙结构是类似的，由一个活的灵魂维系着宇宙的运行，地上的四元素和人体的四种体液有关。这是一整套由神学、天文、物理、伦理各方面内容交融在一起的宇宙观，而哥白尼则是从中突破，最终由许多人的努力才建造了另一番宇宙的图景。

（二）托勒密的天文学

在我们的感觉中，大地是保持静止不动的，而日月星辰都在天空中运行，因此地球作为宇宙的静止不动的中心是很容易接受的观点。在地球上观察到的夜空中的星星，绝大多数都是保持着固定的相对位置的，每天都东升西落，这些星星被叫作"恒星"。然而，其中有几颗行星却会在恒星间游走，希腊人称之为"行星"，意为漫游者。肉眼看见的行星有五颗，即水星、金星、火星、木星、土星。行星的运动与毕达哥拉斯派的理念发生冲突，因为他们认为神圣的天界运动应该是神圣的圆周运动，恒星就很好地符合这点，于是受毕达哥拉斯影响的柏拉图让弟子用完美的圆周运动去拯救行星的运动，托勒密的天文学就是这一"拯救现象"的产物，采用本轮－均轮两个圆周运动的叠加效果，来解释行星的逆行和亮度变化。这个传统一直延续了一千多年，直到哥白尼还是如此，然而哥白尼却给宇宙更换了一个中心。

（三）哥白尼的日心说

尼古拉·哥白尼（Nicolaus Copernicus，1473 年～1543 年），出生于波兰，10 岁时父亲去世，此后一直由舅父乌卡斯（瓦兹洛德大主教）抚养，中学的时候，他就被舅父带去参加人文主义者的聚会。18 岁时被送到克拉科夫大学学习医学，期间对天文学产生了兴趣，跟曾编制天文历表的沃伊切赫学习过数学和天文，哥白尼的"日心说"思想就是此时萌芽的。为了跟盘踞在波兰以北的十字骑士团作斗争，23 岁的哥白尼被舅父送到文艺复兴的策源地意大利学习教会法，期间从博洛尼亚大学的天文学家德·诺瓦拉（de Novara，1454 年～1540 年）那里学习了天文观测技术和希腊的天文学理论，后来在费拉拉大学获宗教法博士学位。

1506 年，哥白尼回到祖国，在舅父的官邸整理他从意大利搜集到的天文资料，并写成"日心说"的提纲《试论天体运行的假说》。1512 年舅父病死，他便迁到弗隆堡，买下西北角一座箭楼，建立了一座小小的天文台。哥白尼作为弗隆堡大教堂的教士，平时担负着繁重的教务，由于医术高明而以"神医"著称，1519 年还曾带领军民和条顿骑士团作战以保卫城堡。只有业余时间里，哥白尼才能从事他热爱的天文学研究，经过 30 年的时间，终于在他 70 岁的时候（1543 年），出版了划时代的《天球运行论》，他在收到书商寄来的书的当天就去世了。

托勒密的天文学有一个引人注目的缺点，即它对行星运行的解释在数学上过于繁复。哥白尼相信自然规律具有简单和谐的性质，他心中最重要的问题是：行星应该有怎样的运动，才会产生最简单且最和谐的天体几何学。在古代著作的启示下，通过自己的一些观察，建立起以太阳为中心的天文学体系，行星都围绕太阳这个中心运行，包括地球，他赋予了地球三种运动：周日自转、周年公转、地轴周年回转运动。哥白尼的日心说转变了宇宙的中心，打破了亚里士多德天地截然二分的观念，引进了运行相对性的概念，对行星的运行的定性解释有着空前的简单性和统一性，本轮和均轮的使用也从 80 多个简化到约 34 个。然而哥白尼的日心说体系还远远没有达到完善的程度，因为地球运动的状态会带来很多物理学和观测上的问题，比如云彩为什么不会被地球抛到后面以及观测不到恒星的周年视差等，这些要在后继者那里才会给出科学的解答。

《天球运行论》出版后并未引起人们的关注，因为它是十分专业的数理天文学著作，一般人不能了解，而许多专业的天文工作者，只是把这本书当作编算行星星表的一种方法，正如书前序言的作者奥塞安德尔所说的那样，当时的天文学是数学的一个分支，不要企图天文学家能告诉人们宇宙的真实面貌。《天球运行论》在出版后很长时间没有引起罗马教廷的注意，只是遭到过马丁·路德的斥责。后因布鲁诺和伽利略公开宣传日心地动说，危及教会的思想统治，罗马教廷才开始对这些科学家加以迫害，并于 1616 年把《天球运行论》列为禁书。

（四）布鲁诺与无限宇宙

乔尔丹诺·布鲁诺（Giordano Bruno，1548 年 ~ 1600 年），出生在意大利那不勒斯附近诺拉城一个没落的小贵族家庭。11 岁时被送到那不勒斯的一所私立人文主义学校学习了 6 年，17 岁进入修道院学习了 10 年，获得神学博士学位，并且获得了教职。由于受到文艺复兴的影响，布鲁诺广泛阅读，并被哥白尼的学说所吸引，逐渐对宗教神学发生了怀疑。他热情地宣传哥白尼的太阳中心说，反对亚里士多德和托勒密，其新奇的思想和出色的口才使得教会感到害怕。1576 年布鲁诺逃离修道院，开始流亡生涯，期间著有《论原因、本原与太一》《论无限、宇宙、与众世界》等著作，在哥白尼的日心说基础上，更进一步提出了宇宙无限的观念，认为太阳系外还有无限个世界，太阳并不是宇宙的中心，无限的宇宙是没有中心的。布鲁诺在欧洲的很多大学宣传他的新宇宙观，反对亚里士多德和托勒密，同经院哲学家们展开了激烈的论战，罗马教会到处捕抓他，终于在 1592 年成功将他押解到罗马。在七年漫长的监狱生涯里，布鲁诺英勇顽强，毫不妥协。1600 年 2 月 17 日，教会以极其野蛮的手段，火焚布鲁诺于罗马的百花广场，临刑前他还高呼："火，不能征服我，未来的世界会了解我，会知道我的价值。"

（五）天才的观测家第谷

第谷·布拉赫（Tycho Brahe，1546 年 ~ 1601 年），出生于丹麦贵族家庭，13 岁进入哥本哈根大学，1560 年 8 月根据预报观察到一次日食，从此对天文学产生了极大的兴趣。16 岁转入德国莱比锡大学学习法律，但他的业余时间都用来研究天文学。1563 年第谷观察了木星与土星相合，发现比星历表预言的要早 1 个月，于是就想编制更精确的星历表。19 岁因为数学上的争论与人半夜决斗，被削去鼻子，他用金属做了一个惟妙惟肖的假鼻子戴着。1572 年第谷对天空中出现的一颗前所未有的新星进行了仔细观察，出版小书《论新星》，从此声名鹊起。丹麦国王腓特烈二世为了留住本国的天文学人才，于 1580 年专门为他在汶岛修建了一个大型天文台,设置了四个观象台、一个图书馆、一个实验室和一个印刷厂,配备了齐全的精密仪器,耗资黄金 1 吨多。第谷是最后一位也是最伟大的一位用肉眼进行天文观测的天文学家,经过 20 年系统精确的天文观测,他发现了许多新的天文现象,而他对行星运动的观测比以前几乎准确了 20 倍,另外 1582 年颁布的格里高利历根据他的数据把一年长度定为 365 日 5 时 49 分 12 秒,仅比回归年长 26 秒。

第谷·布拉赫在天文观测上做出了杰出的贡献,然而他在天文体系上则谨慎保守,提出了一种介于地心说和日心说之间的宇宙结构体系:地球静居中心,行星绕太阳运行,而太阳则带领行星绕地球运转。这一体系 17 世纪初传入我国后曾一度被接受。

1599 年腓特烈二世死后,第谷受波西米亚国王鲁道夫二世的邀请移居布拉格,建立了新的天文台。1600 年第谷与开普勒相遇,邀请他作为自己的助手,第二年第谷就去世了。

(六)伽利略

伽利略(Galileo Galilei,1564 年～1642 年)出身于生于比萨没落的贵族家庭,父亲精通音乐理论和声学。伽利略 8 岁开始上学,11 岁全家迁往佛罗伦萨,他在修道院学校学习,17 岁被父亲送往比萨大学学习医学,然而他却对数学、物理和仪器制造感兴趣。21 岁因家贫退学,一边做家庭教师,一边努力研究古希腊著作。22 岁写出论文《天平》,引起学术界注意,被称为"新时代的阿基米德",25 岁因为写了一篇论固体重心的论文,被比萨大学聘为数学教授。3 年后到帕多瓦大学任教,1610 年回到佛罗伦萨,1633 年以"反对教皇、宣扬邪学"罪名被罗马宗教裁判所判处终身监禁,后于 1642 年逝世。

1608 年,荷兰眼镜匠利帕希制造出第一架望远镜,1609 年伽利略听说后,未见实物就自己动手做了一架,经改进后可以放大 33 倍。他用望远镜观测天空,发现了许多以前肉眼看不到的天象,比如恒星的数目增多,月球表面高低不平,木星有 4 颗卫星,金星有盈亏现象,银河原由大量的恒星组成,土星有多变的椭圆外形等,1610 年 3 月,他把望远镜对天象的观测写成《星空信使》一书出版,震撼了整个欧洲。1613 年又出版了《关于太阳黑子的书信》,发表了他对太阳黑子的观察。伽利略用这些新的天象来推动了哥白尼学说的传播,这也使他陷入了长期的论战。1623 年他出版了《试金者》一书,其中批评了当时学术界的现状,并提出近代自然数学化的宣言："哲学被写在宇宙这部永远在我们面前打开着的大书上，我们只有学会并熟悉它的书写语言和符号以后，才能读懂这本书。它是用数学的语言写成的，字母是三角形、圆，以及其他图形，没有这些，人类连一个字也读不懂。"

（七）开普勒

约翰尼斯·开普勒（Johannes Kepler，1571 年～1630 年），出生于德国的威尔镇，他是早产儿，体质很差，幼年因天花而导致视力衰弱，一只手半残。他12 岁时入修道院学习，学习异常勤奋，16 岁进入图宾根大学，受到天文学教授麦斯特林的影响，成为哥白尼学说的拥护者，20 岁获得硕士学位后留校学习神学以便将来成为牧师。23 岁那年被学校推荐到奥地利的格拉茨高级中学当数学教师，25 岁时开普勒发表第一本著作《宇宙的神秘》，构建了一个杂糅了哥白尼日心说和毕达哥拉斯神秘主义的宇宙体系，即以太阳为中心，五颗行星和地球各自分布在五种正多面体相互内接和外接组合的六个天球上，这本书被第谷·布拉赫看到，虽然他不同意开普勒的观点，但是却非常欣赏和佩服他的数学知识和创造天分。1596 年由于宗教迫害，开普勒被赶出学校，之后接到第谷的邀请，在1600 年来到布拉格，接手了第谷的观测数据。

开普勒面对第谷留下的大量的天文资料，他要做的便是从中确定行星运行轨道的精确形状并且发现行星运动所遵循的规律。开普勒先借助于火星，因为第谷的数据中火星是最丰富的，他利用三角测量法，巧妙地确定了地球的"真实"轨道。然后他参考了地球的"真实"轨道，从偏心圆的角度来确定火星的轨道，他作了多达 70 次的艰巨、冗繁的计算，才找到一个比较符合第谷数据的方案。但是细心的开普勒发现，由此算出的火星位置同第谷的数据间相差 8 分。这是第谷的数据发生了误差，还是火星的轨道根本就不是圆呢？开普勒坚定地认为："这 8 分是不允许忽略的，它使我走上了改革整个天文学的道路。"于是开普勒向行星轨道形状也许是椭圆的方向进行了大胆地探索，终于取得了成功，得出行星运动的三大定律：椭圆定律、面积定律和调和定律，前两个定律发表于 1609年，第三个定律发表于 1619 年。

开普勒在他的三大定律完成后，抑制不住自己的巨大喜悦，在书的前言中写道："这正是我 16 年前就强烈希望探求的东西。我就是为了这个目的同第谷合作……现在大势已定！书已经写成，是现在被人读还是后代有人读，于我却无

所谓了。也许这本书要等上 100 年，要知道，大自然也等了观察者 6000 年呢！"

三、科学解剖学的建立

（一）安德烈·维萨里的《人体结构》

安德烈·维萨里（Andreas Vesalius，1514 年～1564 年）生于布鲁塞尔的一个医学世家，14 岁进入鲁汶大学学美术，3 年后转入巴黎大学读医学。当时解剖学课堂上讲授的是盖仑的教材，虽然也有解剖实践课，但解剖的只是狗或猴子等动物尸体，而且是由雇佣的外科医生或刽子手担任的，与教授们的讲课毫无联系，学生也不准亲自动手。所以理论和实践严重脱节，而且错误百出，他后来在《人体结构》的序言里回忆说："我在这里并不是无端挑剔盖仑的缺点。相反地，我肯定了盖仑是一位伟大的解剖学家，他解剖过很多动物。限于条件，就是没有解剖过人体，以致造成很多错误，在一门简单的解剖学课程中，我能指出他 200 种错误。"维萨里为了揭开人体构造的奥秘，常到圣婴公墓研究骨骼，据说还发掘过无主的坟墓，盗窃过绞刑犯的尸体。1536 年，他入读帕多瓦大学，第二年取得博士学位，然后他留在了帕多瓦教授外科和解剖学。维萨里在演讲时使用解剖工具亲自演示操作，这与以往的聘请外科医生进行动物解剖的方式大不一样，吸引了很多学生。1543 年，维萨里主持了一场对罪犯公开的解剖，把所有骨骼组合成骨骼系统捐献给巴塞尔大学。这个标本留存至今，是世界上最古老的解剖学标本。同年，这也是哥白尼出版《天体运行论》的一年，28 岁的维萨里写出了一部按骨骼、肌腱、神经等几大系统描述的 700 多页的巨著《人体结构》，书中附有大量详细的人体解剖插图，以大量、丰富的解剖实践资料，对人体的结构进行了精确的描述，标志着科学的解剖学的建立。

由于教会的迫害，维萨里在第二年就被迫离开了帕都瓦。离开帕都瓦以后，查理五世邀请他到西班牙担任御医。20 年后，有一次他为一位贵族做验尸解剖，当剖开胸膛时，监视官说心脏还在跳动，诬陷维萨里用活人做解剖。宗教裁判所乘机判处维萨里死罪，由于国王出面干预才改判往耶路撒冷朝圣。但归途中船只遇险被困，50 岁的维萨里病逝于岛上。

（二）塞尔维特

塞尔维特（Michael Servetus，1511 年～1553 年），维萨里在巴黎大学的同学，曾与维萨里一道私下进行过人体解剖研究。维萨里被迫离开了巴黎大学，但塞尔维特继续进行研究。

　　塞尔维特通过解剖发现，心脏左、右心室中的血是交流的，但并不是通过盖伦所说的心室中间看不见的间隙。并指出：血液在肺血管内经过"加工"并得到澄清。他第一次提出血液从右心室，通过肺动脉分支血管流到肺，在肺内经过"加工"并得到澄清，再通过肺静脉分支血管流入左心房，在其间存在着一些看不见的很巧妙的装置，把极微细的肺动脉分支和肺静脉分支联结在一起。这些看法基本可以看作是对血液肺循环的认识，限于当时条件，他未能提出有系统的循环概念，"循环"一词未被使用。但后人基于他的功绩，常将肺循环称为"塞尔维特循环"。

　　塞尔维特的这一发现首先发表在1553年秘密出版的《基督教的复兴》一书之中。信仰单一神派的塞尔维特使用了他所发现的小循环来批评正统基督教的三位一体学说。这触怒了教会，罗马宗教裁判所将塞尔维特逮捕并判处火刑。然而3天后塞尔维特逃了出来。但没过多久，塞尔维特在日内瓦被新教领袖加尔文抓住了。1553年10月27日，塞尔维特在日内瓦郊外被处以火刑，罪名是否定三位一体和婴儿洗礼。他的书也遭到封禁和烧毁，仅剩3本幸存，被隐藏了数十年，直到1616年威廉·哈维的解剖才使得肺循环的功能被普遍接受。

复习与思考题：

1. 文艺复兴时期的欧洲人为什么会对东方有着强烈的向往？

2. 人文精神的内涵是怎样的？

3. 哥白尼日心说对托勒密的地心说的革新之处有哪些？

4. 科学的解剖学是如何建立的？

5. 近代自然科学兴起的背景是什么？

6. 哥白尼革命中几位主要人物的贡献是什么？

第七章 16世纪～18世纪的自然科学技术

本章教学目的和基本要求：

了解近代科学的起源及其历程，从中把握科学的精神及方法，重点是光本性的研究、近代化学学科的确立、燃烧现象的解释、岩石成因的争论、血液循环的发现、生物分类法；难点是机械自然观、微积分的创立和静电子的建立。

16世纪～18世纪，自然科学研究的重大突破发生在物理学领域，形成了牛顿经典力学体系，力学大厦得以建立起来，其他的学科则处在知识的收集和积累阶段，进行较为平稳地发展。与理论科学领域的革命对应，在技术领域则发生了一场深刻影响人类历史进程的革命，第一次技术革命。

第一节 牛顿力学体系的建立

力学是研究物质机械运动规律的科学，是物理学的一个重要的分支学科。17世纪，牛顿继承和发展了伽利略和开普勒等人的研究成果，提出了力学运动三定律和万有引力定律，从而创立了牛顿力学体系。

一、伽利略的力学研究

意大利物理学家伽利略（Galileo Galilei，1564年～1642年）是近代科学的开创者，他用观察和实验的方法寻求科学原理，并把数学方法和实验方法进行有机结合，不仅取得了近代力学的一系列成就，同时也对后人的研究产生了广泛而深刻的影响，从而为近代科学的发展做出了巨大的贡献，因此，伽利略被称为近代力学之父，实验物理学的先驱。

（一）观察和实验方法的运用

伽利略在他的研究工作中一直强调观察、实验的重要性，他主张从观察和实验中得到客观的事物。他不仅自觉地应用仪器对自然现象进行观察，而且自己还设计了不少科学仪器（包括望远镜、测温器、比重秤等），此外在他的科学研究中特别注重引入实验的方法，使实验成为研究自然科学最基本的科学方法，从而取得了许多重要的成果。

单摆的等时性是伽利略在力学上的一个重要发现。据说，伽利略最初是观察到了比萨大教堂圆顶上吊灯的摆动现象，后来通过对单摆进行实验研究，发现单摆的摆动周期与振幅大小和摆锤重量无关。也就是说，如果不考虑阻力的影响，悬挂在等长线上的一个软木球或一个铅球的摆动规律是相同的，而且不论振幅为多少，其周期是个定值，这就是单摆的等时性原理。1656年，荷兰科学家惠更斯〔Christiaan Huyg（h）ens，1629年～1695年〕利用单摆的等时性原理将摆运用于计时器从而发明了摆钟，使人类进入了一个新的计时时代。

自由落体运动定律也是伽利略在力学上的一个重要发现。亚里士多德关于落体运动的观点是体积相等的两个物体，较重的下落得较快，而且，物体下落的快慢与它们的重量成正比。这个错误观点对后世影响颇大，后来有人给出了正确的见解，但没有加以验证。伽利略从单摆运动的研究中受到启发，设计了著名的斜面实验来研究落体运动，让小球沿斜面下滚，当斜面的倾角达到90°时，小球在斜面上的运动就成了自由落体。伽利略还运用抽象的方法，设想了一种理想化的条件，即包括斜面摩擦力和空气阻力在内的所有阻力全部为零，在这个条件下，进行他的斜面实验。伽利略在实验中发现，不同重量的小球沿高度相同而倾角不同的斜面到达底端所用的时间相同，并进一步推算出小球是以匀加速运动沿斜面滚下，其速度与时间成正比，下落的距离与时间的平方成正比。伽利略再把实验展开，设想把斜面的倾角调至90°时，上述结论依然成立，即自由落体也是匀加速运动，物体下落的时间与物体的重量无关，这就是自由落体运动定律。

在此基础上，伽利略通过实验进一步发现，从一定高度的斜面上滚下的小球可以再滚上对称放置的另一个斜面，而且不管斜面的倾角如何变化，小球总能达到同落下的高度相等的斜面高度，这就说明，小球滚上第二个斜面的高度只与它在第一个斜面上滚下的高度有关，而与第二个斜面的斜度无关。伽利略再把这个结果进一步设想，如果把第二个斜面的斜度不断减小，随之小球在升到原有斜面的高度之前在第二个斜面上运动的路程也就不断增长，直到把第二个斜面的斜度减小到零，即把它变为平面，那么，小球在没有受到外力的情况下就会以不变的速度无限向前滚动下去而不会停止。这就是伽利略对"惯性定律"最初的表述。这个定律说明，力不是维持物体运动状态的原因，而是改变物体运动状态的原因，由此牛顿得出了运动第二定律。伽利略的斜面实验使得亚里士多德的一些错误观点得到了纠正，力学的研究从此走上了科学的道路。

（二）数学和实验方法的结合

伽利略在强调观察和实验重要性的同时，也特别重视引入数学的方法。伽利略确信自然界这本书是用数学语言写成的，不掌握数学的语言，就不能理解自然界的奥秘。在研究工作中，他把数学和实验方法相结合，如在斜面实验研究中就运用了数学分析，从而得到了自由落体定律的数学表达公式，这使得人们对自然的定性描述发展成为定量的分析，从而对自然的认识更加深入和精确，也为研究自然开辟了更加广阔的天地。

伽利略在力学研究中的另外一个重要发现就是，在研究抛射体运动时用数学的方法发现的运动叠加原理。伽利略之前的人们已经发现抛射体的运动轨迹是一条曲线，仰角在45°时达到最大射程，但没能给出科学的解释。伽利略发现，抛射体的轨迹是水平方向上初速度不为零的匀速直线运动和竖直方向上加速度恒定的自由落体运动的合成。他把两种运动加以分解，使用数学方法证明抛射体运动的轨迹是一条抛物线，并得出在仰角为45°时射程最大。

伽利略是近代第一个系统地把实验方法和数学方法引用科学的人，他认为，在用实验方法揭示自然现象的本质和规律的过程中，同时必须结合逻辑推理和数学分析的方法。他的这种研究方法，成为近代科学研究中的一般程序和经典模式，并对自然科学的研究产生了深刻的影响。

二、牛顿的综合

伽利略揭示了物体不受外力作用时保持匀速直线运动状态，但没有给出具体的运动定律；开普勒提出了行星运动的三定律，描述了行星运动的过程，但没能解释行星运动的机制问题。17世纪许多科学家都试图找到答案，但都没有成功。英国物理学家牛顿（Isaac Newton，1643年~1727年）在自己研究的基础上，综合并发展了伽利略和开普勒等人的力学成果，建立了一个严密而又相对完整的牛顿力学体系。牛顿是科技史上一个里程碑式的人物，他的工作代表了近代自然科学的最高成就。

（一）万有引力定律的发现

在牛顿发现万有引力之前，已经有许多科学家严肃地考虑过这个问题：为什么行星要按照一定的规律围绕太阳运行？惠更斯从研究摆的运动中发现，保持物体沿圆周轨道运动需要一种向心力，1673年，他推导出向心力定律。1679年，胡克和哈雷从向心力定律和开普勒第三定律，推导出维持行星运动的万有引力和距离的平方成反比。

牛顿从苹果落地现象中得到启发，认为使苹果下落到地面的力，即地面物体所受地球的引力和地球对月球的引力是同一种力，试图寻求一个同时对天上和地面物体都普遍适用的规律。最终，牛顿在开普勒行星运动定律以及其他人的研究成果上，结合自己的微积分概念，用数学方法推导出了万有引力定律。牛顿认为万有引力是任何两物体之间都普遍存在的一种力，该引力大小与两物体质量的乘积成正比，而与两者之间的距离的平方成反比，即 $F = G \cdot M_1 M_2 / r^2$。从而，牛顿从物理学上圆满回答了行星沿椭圆轨道运动的动力学原因。

万有引力定律把地面上物体运动的规律和天体运动的规律统一了起来，对后来物理学和天文学的发展具有深远的影响。它第一次解释了作为自然界中四种相互作用之一的一种基本相互作用的规律，在人类认识自然的历史上树立了一座里程碑。

（二）《自然哲学的数学原理》

1687年牛顿的著作《自然哲学的数学原理》出版，标志着牛顿力学体系的建立。所谓牛顿力学体系，简单来说是以一些基本概念：时间、空间、运动着的物质（以质量为其量度）和力等为基础，以牛顿力学三定律和万有引力定律为核心，并用微积分这种数学方法来描述低速（速度远小于光速）宏观物体的运动规律的力学学科。《自然哲学的数学原理》就是这个体系的集中表现，它不仅创立了一个综合地面物体运动和天体运动的力学理论体系，实现了物理学发展中的第一次大综合，而且奠定了天体力学的基础，被称为 17 世纪物理学和数学的百科全书。

《自然哲学的数学原理》分为两大部分内容。牛顿遵循古希腊的公理化模式，从定义、定律（即公理）出发，并以大量的实验和观测事实为依据，通过严格的逻辑证明和精确的数学计算，从而导出命题，形成了牛顿力学的完整科学体系。

第一部分是导论性部分，包括"定义和注释"以及"运动的基本定理或定律"。牛顿首先对力学中的一些基本概念给出了定义，如惯性、质量、力、向心力等，并在注释中给出了时间和空间的概念，阐述了他的绝对时空观。在此基础上，牛顿着重叙述了牛顿力学三定律。牛顿第一定律，即惯性定律，是对伽利略关于惯性认识的更普遍的概括形式，给出了力和运动的关系。牛顿第二定律，即加速度定律，是对伽利略研究的继承和发展，进一步给出了力和运动的定量关系。牛顿第三定律，即作用力和反作用力定律，是牛顿的新发现，揭示了自然界力的对称性。这一部分是牛顿对前人工作的概括和综合，他的力学三定律构成了近代力学的基础，也是牛顿力学体系的核心。

第二部分是这些基本定律的应用，共分为三篇，包括"论物体的运动""论物体（在阻力介质）中的运动"以及"论宇宙系统"。第一篇主要讨论引力问题，给出了万有引力定律。第二篇主要讨论物质在介质中的运动规律，证明了笛卡尔的漩涡模型不能正确说明观测到的行星运动，还讲述了有关流体性质的若干定理和推测。第三篇主要讨论力学规律在天文学上的应用，解释了行星的运动和潮汐之类的引力现象。这一部分内容奠定了天文学和宇宙学思想的基础，代表了牛顿力学体系的最高成就。

牛顿的《自然哲学的数学原理》是一部划时代的巨著，也是人类掌握的第一个完整的科学的宇宙论和科学理论体系，它不仅是近代物理学和天文学的基础，也是现代一切机械、土木建筑、交通运输等工程技术的理论基础，其影响遍布经典自然科学的所有领域。但由于历史的局限性，牛顿的绝对时空观以及他的力学体系也对后人产生过不利的影响。

第二节　牛顿力学之外诸学科的发展

16 世纪～18 世纪，自然科学的各个学科在发展的过程中都取得了明显的进步。数学的研究方法被彻底改变，产生了变量数学；物理学中除了形成牛顿力学，静电学和几何光学也建立起来；化学革命使得科学的化学真正确立起来，从此化学走上了科学的道路；在牛顿力学和变量数学的推动下，天文学中产生了天体力学；而随着社会实践的需要，近代地质学也建立起来。

一、变量数学的产生

文艺复兴以来，欧洲经济开始获得发展。生产实践的需要和科学本身的需求使数学转向对运动以及各种变化过程和变化着的量进行研究，由此引发了变量数学的诞生。变量数学是人们对自然界的认识从客观事物的相对静止状态发展到探索其运动变化规律的学科，其研究对象也从常量扩展到变量、从静态扩展到动态。这一时期数学上最重大的进展就是解析几何的创立和微积分的诞生。

（一）解析几何的创立

解析几何是在坐标系的基础上用代数方法来研究几何对象的一门几何学分支。它的创立归功于两位法国数学家：费尔马（也译为费马，Pierre de Fermat，1601年～1665年）和笛卡尔（Rene Descartes，1596年～1650年）。他们的工作使数学研究的对象和方法都产生了质的变化，对后来数学的发展产生了深远影响。

最早提出解析几何思想的是费尔马，他于1629年编写的《平面和立体的轨迹引论》中阐述了他对解析几何的认识，但这部著作直到他去世，才由他的儿子于1679年整理出版。书中，费尔马建立了坐标系，并通过坐标系把希腊时已得到的曲线都表示成了代数方程，如任意直线方程、圆的方程以及双曲线的方程等。另外，费尔马还产生过空间解析几何的思想，他曾在一篇短文中探讨三维空间的轨迹问题，但没有对这些问题进行具体研究。

对解析几何的创立真正做出划时代贡献的是笛卡尔，他于1937年出版了一部哲学著作《更好地指导推理和寻求科学真理的方法论》，该书有三个附录：《几何学》《屈光学》和《气象学》。其中的《几何学》就阐述了笛卡尔的解析几何思想。在书中，笛卡尔不仅给出了解析几何的重要概念，即坐标以及通过坐标把代数方程同曲线相联系，还引入了变量的思想。笛卡儿建立的平面坐标系，将平面上的点和实数对（x，y）建立了一一对应的关系，使几何曲线与代数方程完美结合。而变量的思想，使得静态的代数方程与几何图形实现了动态的和谐统一，从此开拓了变量数学的领域。

费尔马和笛卡尔创立的解析几何虽然很不完善，例如他们的坐标系都没有负坐标，他们都曾认识到空间解析几何的问题，但都没能进一步深入；但重要的是他们为数学的研究引入了新的思想和新的方法，不仅建立起代数与几何的本质联系，而且大大拓宽了数学研究的对象，从而完成了数学史上一项划时代的变革，也为微积分的发展铺平道路。

（二）微积分的诞生

微积分是研究函数的微分、积分以及有关概念和应用的数学分支。微分的核心思想就是以直代曲，即在微小的领域内，可以用一段切线段来代替曲线以简化计算过程。积分是微分的逆运算，分为定积分和不定积分，定积分就是把图像无限细分，然后再进行累加，不定积分是对已知的导数求其原函数。而把定积分和不定积分联系起来的就是著名的牛顿－莱布尼兹公式，其内容是一个连续函数在区间［a，b］上的定积分等于它的任意一个原函数在区间［a，b］上的增量。

微积分的思想萌芽可以追溯到古代，因为面积与体积的计算自古以来一直是数学家们感兴趣的课题。古希腊的阿基米德以及中国古代数学家刘徽（约公元225年～295年）等人在解答上述问题时都产生过微积分的思想。17世纪，欧洲许多数学家也开始运用微积分的思想研究速度、切线、面积和体积以及最值等问题，其中，对微积分的诞生做出最主要贡献的是牛顿和德国数学家莱布尼兹（Gottfried Wilhelm Leibniz，1646年～1716年）。

牛顿最早制定了微积分。他于1665年11月发明微分法，1666年5月建立积分法。1666年10月，牛顿将前两年的工作总结为《流数简论》，明确了现代微积分的基本方法。莱布尼兹则最早公开发表关于微积分的论文。他于1684年公开发表世界上第一篇微分学论文，1686年发表第一篇积分学论文。牛顿和莱布尼兹各自独立地、在总结前人大量研究成果基础上，把微分和积分从各种特殊问题中概括出来，使之成为一般化、系统化的运算方法。他们在求积问题与作切线问题之间的互逆关系的基础上创立了微积分的基本定理，即牛顿－莱布尼兹公式或称微积分基本公式，并且对无穷小算法进行了归纳与总结，正式创立了微积分这一数学中的重要运算法则。他们使得运动学问题、几何中曲线的切线问题、函数中最值问题、曲线长度及曲面面积和立体体积问题通过微积分被总结于一个高度统一的理论体系之中，从而通过微积分，数学既可以描述运动的事物，也可以描述一种过程的变化。正如恩格斯指出的那样，只有微分学才能使自然科学有可能用数学来表明状态，并且也表明过程，即运动。

微积分的创立，不但极大地推动了数学自身的发展，成为高等数学发展的基础；而且推动了其他学科的发展，尤其是天文学、力学、光学、电学、热学等自然学科的发展，成为众多相关科学发展的数学分析工具。乃至现在，在一些金融、经济等社会科学领域，也经常运用微积分的原理来研究整个社会、整个经济的宏观和微观变化，从而显示了微积分非凡的威力。

二、物理学的发展

16世纪～18世纪，物理学领域除了牛顿力学体系的建立以外，物理学的其他分支也得到了较大的发展。通过对热、电磁现象和光学的研究，使得热学理论初具体系，静电学建立起来，几何光学也获得了发展，对光的本性也有了一定的认识。

（一）热学理论初具体系

热学是研究物质处于热状态时的有关性质和规律的物理学分支，它起源于人类对冷热现象的探索。人类具有与生俱来的冷热知觉，冷热现象是他们最早观察和认识的自然现象之一。人们最早通过火认识热，发明了摩擦取火，也发现摩擦可以生热，中国古代的"五行说"和古希腊的"四元素说"都把火看作是构成万物的一种基本物质，而热是由火引起的一种物质的表现。这些都是人们对热现象最初的认识。

一直到17、18世纪，随着蒸汽机的不断完善和在工业上的广泛应用，不但促进了工业的迅速发展，也促使人们对蒸汽以及其他物质的热的性质做深入的研究，因而推动了热学实验的发展。从17世纪伽利略制成最早的温度计开始，温度计的完善和发展为热学从定性研究向定量研究创造了条件，计温学也逐渐发展起来。人们又从确定两个不同温度的物体混合后的温度开始，进而测量物体在物理和化学过程中的热效应，由此建立了量热学。在这个过程中，温度和热量作为描述热现象的两个基本概念，最初未能被人们进行有效的区分。直到18世纪中叶，英国布莱克提出了潜热和比热的概念之后，才对温度和热量两个概念进行了区分，这使得计温学和量热学获得了进一步的发展。

随着计温学和量热学的发展，要求人们对热的本性做出回答，对各种热现象做出合理的解释。18 世纪出现了一种关于热现象本质的假说，即热质说。热质说认为，热是一种特殊的物质（即热质），热质是一种无色、无味、无形状、无质量的微粒，它可以无孔不入地进出各种物质；当热质进入物质时，物质会变热，而热质流出物质时，物质会变冷；在热质流入、流出过程中，热质保持总量守恒。热质说不仅解释了许多的热现象，例如热传导、摩擦变热、热膨胀等现象，而且也促进了热学理论的研究工作，例如在热质说观点指导下，人们研究了热机的效率，提出了改进的方向，特别是卡诺设计了理想的热机，并用热质守恒的观点，证明了著名的卡诺定理，极大地促进了热学理论的发展。由于热质说在各方面取得的成功，因而成为 18 世纪占统治地位的一种观点。至此，人们对热学的研究走上了定量实验科学的道路，热学理论初具体系。

随着热学理论的发展，人们发现用热质说对许多新现象的解释十分勉强，甚至遇到了许多困难，由此逐渐认识到热质说是一个错误的假说。尽管热质说作为一个错误的假说，曾经影响了许多科学家，束缚了他们的思想，阻碍了他们在科学上前进的脚步，但同时它又使人们发现了许多热现象的规律。因此，热质说在热学发展史中占有一定的地位，它的历史作用还是值得肯定的。

（二）静电学的建立

静电学是研究静止电荷的特性及规律的一门学科，是 18 世纪人们在对电磁现象的实验研究中取得的最重要的成果。从研究摩擦起电开始，到电的产生和储存，再到对电的本质的认识，最终把数学引入电现象的研究中，发现了著名的库仑定律，标志着静电学作为一门独立的学科建立了起来。

早在我国古代和古希腊时期，人类就有了关于静电现象的记载，但直到 1660 年，德国物理学家格里克（Otto von Guericke，1602 年～1686 年）发明摩擦起电机，才使人们能对电现象进行观察和研究。这种摩擦起电机是一个可绕中心旋转的足球大小的硫磺球，用人手或布帛放在转动的球体表面可使其上产生大量电荷。后来人们对它不断进行改进，以获得更多的电荷，并利用它做各种实验，产生新奇的电现象，使人们对电现象产生兴趣，从而大大地普及了电学知识。

1720 年英国电学家格雷（S. Gray，1675 年～1736 年）研究了电的传导现象，发现了导体和绝缘体的区别，随后又发现了导体的电磁感应现象。1733 年法国物理学家杜菲（Du Fay，1689 年～1739 年）在进行摩擦起电和电的传导实验研究中发现了两种电荷，分别称之为松脂电（负电）和玻璃电（正电），并得出了静电具有同性相斥、异性相吸的基本特性。1745年～1746年，荷兰莱顿大学的学者制造了莱顿瓶。这是一种能储存电荷的装置，是一个内外都贴有锡箔的玻璃瓶，从瓶口的软木塞中插入一根金属棒，杆的上端装一金属小球，下端用金属链子与瓶内表面接触，它能储存由起电机产生的大量静电。莱顿瓶的出现为进一步研究电现象提供了有力的手段。

随着对电现象的实验研究，人们开始探究电现象的本质。美国科学家富兰克林（Benjamin Franklin，1706年～1790年）根据自己所观察到的现象，猜想天上的闪电和地上的电火花可能具有相同的性质，他用莱顿瓶进行了著名的风筝实验，证明雷电就是一种放电现象，与人工摩擦产生的电具有完全相同的性质，使人类对电的认识前进了一大步。后来，富兰克林认识到雷电的危险，在此基础上发明了避雷针。至此，人们对电的认识有了初步的成果。

对电学的定量研究，是静电学建立的关键。在这个过程中，做出最重要贡献的是法国物理学家库仑（Charles – Augustin de Coulomb，1736年～1806年）。库仑于1785年在《电力定律》一文中用扭秤实验得出了著名的库仑定律，定律指出真空中两个静止的点电荷之间的相互作用力，与它们的电荷量的乘积成正比，与它们的距离的二次方成反比，作用力的方向在它们的连线上，同名电荷相斥，异名电荷相吸。库仑定律是电学发展史上的第一个定量规律，它使电学进入了定量科学阶段，为静电学奠定了基础，也为电磁学和电磁场理论的发展开辟了道路。

（三）几何光学的发展

光学是研究光的行为和性质的物理学科。光学的发展是一个漫长而曲折的历史过程，一般把16世纪～18世纪光学的发展称为几何光学时期。几何光学是以光的直线传播规律、独立传播性质以及光的反射和折射定律为基础的光学。它以光线的概念为基本观点，把组成物体的物点看作是几何点，把它所发出的光看作是无数几何光线的集合，光线的方向代表光能的传播方向。在此基础上，它采用数学中的几何方法，通过几何作图来研究物体被透镜或其他光学元件成像的过程以及设计光学仪器的光学系统。

17世纪，光的反射和折射定律的发现奠定了几何光学的基础，光学开始真正成为一门科学。1621年，荷兰数学家斯涅尔（Willebrord Snell Van Roijen，1580年～1626年）通过实验首先发现了光的折射定律，即在不相同的介质里，入射角和折射角的余割之比是常数。由于余割和正弦成反比，所以这个叙述等价于现代折射定律的表达式。1637年，笛卡尔以媒质中球的运动作类比，进一步完善了光的折射定律，给出了折射定律的现代表述形式，即用正弦函数表达的折射定律的形式。直到1657年，费尔马得出著名的费马原理，并从原理出发真正从理论上推导出了光的反射和折射定律。光的反射和折射定律，构成了几何光学的两大支柱，在光学的发展史上有着重要的影响。

牛顿在物理学上除了建立了牛顿力学体系，在光学上也做出了两个重要的贡献：一个是在对光的颜色的研究中给出了颜色的本性的解释，另一个是在光的本性认识中提出光的"微粒说"。1666年，牛顿通过三棱镜实验，发现白光是由各种不同颜色的光组成的。为了验证这个发现，牛顿设法把几种不同的单色光合成白光，并且计算出不同颜色的光的折射率，精确地说明了色散现象，即复色光分解为单色光而形成光谱的现象。由此，牛顿揭开了物质的颜色之谜，原来物质的色彩是不同颜色的光在物体上有不同的反射率和折射率造成的，否定了过去认为白色和黑色是两种基本颜色的观念。

1638年，法国数学家皮埃尔·伽桑荻（Pierre Gassendi，1592年~1655年）提出物体是由大量坚硬粒子组成的，并在他死后于1660年出版的著作中阐述了他对于光的观点：他认为光也是由大量坚硬粒子组成的。

牛顿以他的光的色散实验为基础，随后对于伽森荻的这种观点进行研究，他根据光的直线传播规律、光的偏振现象，最终于1675年提出假设——光是一种由极小的微粒形成的粒子流的理论，牛顿认为光是从光源发出的一种物质微粒，在均匀媒质中以一定的速度传播。

微粒说很容易解释光的直进性，也很容易解释光的反射，因为粒子与光滑平面发生碰撞的反射定律与光的反射定律相同。但微粒说并不能完全解释当时已知的光现象。这样，牛顿也就成了关于光的本性的微粒说的代表人物。而与牛顿同一时代的荷兰科学家惠更斯（C. Huygens，1629年~1695年）认为，光是一种机械波，这种机械波是由光波的振动而发出的，光波是一种靠"以太"作为物体载体来传播的纵向波。波动说也可以解释光的反射、折射现象，但不能解释光的直线传播等现象。从此，惠更斯就成了光的波动说的代表人物。由于牛顿的威望和当时对光本性认识的局限性，在牛顿以后的整个18世纪里，微粒说占据着统治地位。牛顿的微粒说尽管有其局限性，但在探索光的本性的认识道路上，它与波动说同样是一个重要的里程碑。

三、近代化学的建立

近代之初，还没有严格意义下的化学科学，直到 17 世纪中叶，英国化学家波义耳（Robert Boyle，1627 年~1691 年）使化学从炼金术的束缚中解脱出来，明确了化学的目的和任务，批判了传统的元素概念，并把科学的实验方法引入化学，从而把化学确立为科学。此外，化学领域的另外一个重大的理论突破是由法国科学家拉瓦锡（Antoine–Laurent de Lavoisier，1743 年~1794 年）完成的，他建立了化学史上的第一个科学的理论，即氧化燃烧理论。

（一）近代之初的化学

17 世纪中叶之前，没有近代意义上的化学，化学仍然主要以炼金术的形式存在。炼金家受到炼金术和中国炼丹术的影响，他们的研究出现两个目的：一是继续把普通金属变成金、银等贵重金属；二是要把物质炼成能医治一切疾病的"仙丹"。尽管他们的研究以失败而告终，但是他们却因此得到了许多可靠的化学知识，并发明了许多有用的药品，逐渐使炼金术走上了实用化，并将炼金术知识分别用于矿物冶炼方面和医药方面，从而导致了矿物学和医药化学的发展。

炼金术士、冶金家以及医药化学家的目标都带有实用性质，他们的实验旨在产生实际利益和效果，他们的思维也受到当时的四元素说或三要素说理论的影响。瑞士炼金术士帕拉塞尔苏斯（Philippus Aureolus Theophrastus Bombostus von Hohenheim，1493 年~1541 年）就是把医学和炼金术结合成为医药化学的代表性人物。他提出人体本质上是一个化学系统的学说，这个化学系统由三要素（盐、硫和汞）组成，它们分别对应身体、心灵和灵魂，疾病可能是由于元素之间的不平衡引起的，而平衡的恢复可以用矿物的药物而不用有机药物。他注意到，用蒸馏和提纯的方法从金属和矿物中制得的化合物来取代传统的草药，可以对新的疾病进行有效诊断。引用矿物质作为药物是他在医学上的一个重要贡献。这样一个转变也促进了对于专科疾病的研究，并有助于把有益和有害的药物加以区别。帕拉塞尔苏斯是历史上第一个对疾病进行分类的人，他用化学方法制备的药物在治疗当时最严重的一些疑难疾病时（如梅毒、癫痫和麻风病等）取得了一定的疗效。

德国冶金学者阿格里科拉（Georgius Agricola，1494 年~1555 年）则是矿物学的代表人物。他最初是一名医生，在对矿厂工作的病人诊断时，意识到必须熟悉矿业的生产流程，才能了解病人的病因，转而进行矿物的研究。和他同时代的帕拉塞尔苏斯一样，这种把药和矿物联系起来以及把医生与矿物学家结合为一体的做法在这个时期是化学发展的一个显著特点。1556 年，阿格里科拉的遗作《论金属》出版，这也是他最重要的一部著作，书中总结了采矿工人的实践知识，详细阐释了矿石的地质构造、勘定方法、采矿和冶金的过程，并配有精美的插图。他的工作使得矿物学从一门职业开始向科学的方向转变，他也被誉为矿物学之父。

这个时期的化学研究，一方面，没有形成统一的化学研究对象，而且实验的目的不是促进对化学现象的科学理解、发现和验证化学规律；另一方面，由于受生产条件和整个科学技术的限制，从各部门获得的化学实验事实和经验材料还比较零散，缺乏合理的理论结构，也无法为经验研究提供理论指导。因此，近代之初，还没有严格意义下的化学科学。

（二）波义耳的贡献

波义耳在化学的研究方面做出了突出的贡献，1661 年出版了《怀疑派化学家》，被认为是一部对化学发展产生重大影响的著作，标志着化学被确立为一门科学，波义耳也被誉为近代化学的奠基人。

在书中，波义耳做出的第一个贡献是明确了化学的概念。他主张化学的研究目的是探索自然规律，而不是制造贵重金属或制备药品；化学的任务主要是对现象进行理论解释，而不是把它当成一种技术去实际利用。这样就使得化学摆脱了从属于炼金术、医药化学或其他工艺化学的地位。确定这样的化学概念是非常重要的，从波义耳开始，化学被看作一门理论科学，而不是一种技艺，是自然哲学的一个分支，主要从事对物质现象的理论解释，从而为化学学科的发展指明了方向，使化学走上了正确的发展道路。

波义耳做出的第二个贡献是批判了传统的元素概念。他在实验的基础上，首先批判了传统的四元素说和三要素说，因为在化学研究中他体会到传统的元素观念给出的元素太少，无法解释已知的化学现象。接着他归纳了当时人们对元素的认识，给元素下了一个朴素的定义，即元素是指某种原始的、简单的、一点没有掺杂的物质，它不能用任何其他物体造成，也不能彼此相互构成，它是直接合成所谓混合物的成分，也是混合物最终分解的要素。这个元素的定义并不是人们一般意义上认为的那样是一个科学的定义，而只是对他那个时代的化学家所理解的元素下了一个清楚的定义而已。因为这个定义并没有建立在科学实验的基础上，而只是凭空猜想。在书中可以看出，尽管波义耳总结了元素的定义，但他对元素的认识仍然是很模糊的，他甚至怀疑元素概念的必要性。波义耳试图用他的微粒论的观点去解释各种化学反应，即物质是由大小、形状和运动方式各异的细小微粒组成；任何物体的现象和性质均取决于微粒及其运动，并可以微粒及其运动来解释。虽然波义耳的微粒论是一种机械哲学论，但它推进了人们对物质组成的认识，也把化学带到了自然哲学的领域，并随着自然哲学向自然科学的转型而成为科学。

波义耳做出的第三个贡献是把科学的实验方法引入了化学。波义耳认为化学必须建立在大量实验观察的基础上，对化学的变化要作定量的实验研究，化学规律也应该用实验而不是玄想的方法获得，从而强调了实验方法和对自然界的观察是科学思维的基础，提出了化学发展的科学途径。波义耳正是这样身体力行的，他的许多项化学成就都是在实验中敏锐观察的结果，如他创建了著名的波义耳气体定律，制成了实验中常用来鉴别酸碱的石蕊试纸，提出了诸多鉴定物质的方法，等等。波义耳这种把严密的实验方法引入化学研究的科学作法，为化学成为一门实验科学奠定了基础。

在 1662 年波义耳根据实验结果提出："在密闭容器中的定量气体，在恒温下，气体的压强和体积成反比关系。"称之为波义耳定律。这是人类历史上第一个被发现的"定律"，也是第一个描述气体运动的数量公式。

（三）燃素说的兴起

17 世纪以来，欧洲的工业生产和整个科学技术水平都有了很大的提高，采矿、冶金、炼焦、制陶瓷等工业有了普遍增长，在这些工业活动中，人们发现所接触到的化学变化大多与燃烧有关，这引起人们对燃烧现象的重视以及探讨燃烧现象的本质和规律的兴趣。于是，一大批化学家加入研究燃烧现象的工作中来。

波义耳通过金属煅烧实验，提出"火微粒"的观点来解释燃烧现象。他认为，火是一种具有重量和穿透力的"火微粒"，它存在于一般的可燃物中，可燃物燃烧时放出"火微粒"留下不能燃烧的灰烬，因此一般可燃物燃烧时表现为重量减少。而有的物质的燃烧不是主动进行的，是被燃烧的，当这些物质被燃烧时，周围的"火微粒"会进入物质里面，导致燃烧后重量增加，例如金属燃烧后重量会增加。由于波义耳的定量实验研究还不够系统，没有注意到金属煅烧实验中密闭容器里空气的变化，所以他没有发现这种解释的错误之处，但他的观点还是可以说明某类燃烧现象，在一定程度上推动了人们对燃烧的认识。

德国化学家贝歇尔（Johann Joachim Becher，1635年~1682年）认为可燃物都含有某种与燃烧有关的物质，提出燃烧过程是可燃物向外排放"油状土"的观点。1703年，德国化学家施塔尔（G. E. Georg Ernst Stahl，1660年~1734年）在总结波义耳和他的老师贝歇尔关于燃烧问题的认识的基础上，系统地提出了一种关于燃烧的理论，即燃素说。燃素说认为，一切与燃烧有关的化学变化都可以归结为物体吸收燃素与释放燃素的过程；燃素是由细小、活泼的火微粒构成的火元素，它包含在所有可燃物和金属里面，它还能由一种物体转移到另一种物体；物体燃烧时释放燃素变成灰烬，而灰烬吸收燃素又会重新成为物体。

燃素说第一次把大量的化学事实联系起来，用一个简洁的理论体系，对当时已知的许多化学现象做了一个统一的说明，其本身具有一定的科学价值。它以科学求实精神，扫除了长期以来笼罩在化学中的神秘观念，引导人们进行有目的的实验，得出了许多化学发现。因此，它在化学发展史上起到了积极的作用，一度占据统治地位。

但是，燃素说毕竟是一个错误的燃烧理论，它把燃烧过程中的真实关系弄颠倒了，现象被当作了本质，而燃烧本质是可燃物与氧元素的结合。燃素说也没有认识到燃烧需要空气是其中的氧直接参加了反应，错误地把空气当作燃素的溶剂。随着研究方法的改善和研究范围的扩大，大量和燃素说矛盾的事实开始出现，最突出的实例就是难以解释金属煅烧后重量增加的现象，尽管有人设想了燃素具有"负重量"以及其他各种解释，但都没能获得化学家的普遍承认而影响不大。燃素说统治了化学达百年之久，对化学的进一步发展起到了阻碍作用。

（四）氧气的发现

18世纪，气体的研究和氧气的发现促成了人们对燃烧现象的正确解释。伴随着精确定量的化学实验，人们发现了多种气体。1727年，英国植物学家黑尔斯（Rev. Stephen Hales，1677年~1761年）通过将各种物质加热后，在水面上收集产生的气体来测定从物质中所抽出气体的量。由于他注重于测量气体的体积进行定量研究，而忽视它们的定性化学特征，因而没能发现个别的气体。但是他的实验对后人的研究带来了启发。1756年，苏格兰化学家布莱克（Joseph Black，1728年~1799年）通过实验证明把白镁氧（碱式碳酸镁）加热，会放出一种气体，他称为固定空气（二氧化碳），这是他对这种气体的重新发现。后来，又有化学家发现了"浊气"（氮气）、"可燃气体"（氢气）等。这些发现使人们意识到气体在化学反应中的重要性。

而在气体研究方面最重要的发现就是氧气，它的发现要归功于英国化学家普利斯特里（J. Joseph Priestley，1733 年～1804 年）和瑞典化学家舍勒（Carl Wilhelm Scheele，1742 年～1786 年）。

1774 年普利斯特里做了利用聚光镜使汞锻灰分解的实验。他把汞锻灰（氧化汞）放在玻璃容器中用聚光镜加热，把放出的气体收集起来，对它的性质进行了研究。他发现这种气体有助燃、助呼吸作用，这些性质虽然与一般空气类似，但作用更强。由于他坚信燃素说，相信燃烧就是物体损失了燃素，而燃素被助燃的空气吸收，因此根据实验他认为空气只有一种，区别只是燃素的含量不同。他认为一般空气助燃性比较差是因为它已经包含有部分燃素，还能再吸收一些燃素，一旦空气被燃素所饱和，它就不再助燃，最后变成"燃素化空气"。而新气体之所以助燃能力格外大，是因为它是不含燃素的空气，因此吸收燃素能力特别强，故命名为"脱燃素空气"（氧气）。

舍勒在 1771 年～1772 年间的气体实验研究中认识到，当时人们认为空气只是一种物质的观点是错误的。他发现，空气是由两种性质不同的流体组成：一种支持燃烧，约占总体积的 1/3～1/4，他称之为"火空气"（氧气）；另一种不支持燃烧，称之为"浊空气"（氮气）。经过多次实验，舍勒很快找到了制造比较纯净"火空气"的方法，他分别加热碳酸银（$AgCO_3$）、氧化汞（HgO）、硝石（KNO_3）等多种不同物质均制得火空气，并对其进行了研究。舍勒同普利斯特里一样，也是燃素说的坚定拥护者，认为"浊空气"是吸足了燃素的，所以就不表现出对燃素的吸引，而"火空气"则是纯净的没有吸过燃素的，故表现出特别吸引燃素的性质。由于在理论上的墨守成规，舍勒也没能认识到氧的真正作用。1775 年，舍勒完成了他的著作《空气与火的化学论文》，并于 1777 年出版。

普利斯特里和舍勒虽然各自独立地发现并制得了氧气，但是，由于他们被传统的燃素说所束缚，没有进行理论上的创新，因此，这种本来可以推翻全部燃素说观点并使化学发生革命的氧元素，没有被他们真正地认识，从而使他们失去了发现真理的机会。但氧气的发现预示着人们对燃烧现象本质的发现已经指日可待了。

（五）拉瓦锡的氧化燃烧学说

最先摆脱传统思想的束缚，从而给予氧气以正确理解和命名的是化学家拉瓦锡。拉瓦锡在化学研究工作中，不仅善于运用天平进行系统的定量实验研究，而且特别重视理论思维的创新，从而取得了重大的科学突破。

1774 年，拉瓦锡用锡和铅做了著名的金属煅烧实验，通过用天平对整个密闭容器在燃烧前后进行称重，发现其总重量是不变的，即金属煅烧后增加的重量恰好等于空气失去的重量。由此，一方面，他用定量分析方法验证了质量守恒定律；另一方面，在实验事实面前，拉瓦锡没有像前人一样因循守旧，而是在理论上勇于创新，从而得出科学的假设，即金属的锻渣可能是金属和部分空气的化合物，从此对燃素说产生了怀疑。不久，普利斯特里来巴黎访问，与拉瓦锡分享了他发现"脱燃素空气"的实验，这使拉瓦锡深受启发。后来，拉瓦锡重复了普利斯特里的实验，最终得出了空气是由参与燃烧的"纯粹空气"和不参与燃烧的"有毒空气"两部分组成。1777 年他将前者命名为"氧气"，后来化学家夏普塔尔（Chaptal, Jean Antione Claude, Comte de Chamteloup, 1756 年~1832 年）将后者命名为"氮气"。拉瓦锡在发现氧的性质的基础上，进一步揭示了燃烧的本质。他于 1777 年发表了《燃烧概论》的论文，提出了氧化燃烧学说，指出燃烧是物质和氧的化合反应，"燃素"在物体中是不存在的，从而批判了燃素说，揭示了燃烧和空气中氧的本质联系。

拉瓦锡虽然没有像舍勒和普利斯特里那样独立地制出氧气，但他通过定量的实验研究结合正确的理论思维，首先对氧有了正确的理解，因此恩格斯还是把他称为真正发现氧气的人。他的氧化燃烧学说的建立，使得神秘的"燃素"被真实的物质"氧"所取代，解开了当时大量新发现与传统燃素说之间的矛盾，把颠倒的化学理论正立了过来，使 18 世纪相当混乱的化学思想得到了统一，是化学发展史上的一场革命。

拉瓦锡在化学领域还做出了许多的贡献，1789 年，拉瓦锡出版了一部著作《化学纲要》，书中总结了他的学术思想。除了他的氧化燃烧理论，他在书中还阐述了质量守恒定律，这是他用定量分析的方法从实验的角度验证并总结出来的。他还提出了建立在科学实验基础上的元素的概念，认为元素是尚未被分解的物质，即化学分析所能达到的终点，元素仍然可能由其他更简单的物质构成，而且元素的数目和性质只能通过实验来确定；并在此基础上，列出了一张包含当时所认识的 33 种元素的元素表。尽管拉瓦锡在这里也犯了错误，认为少量存在的物质就不是元素，例如黄金，却把"光"和"热"作为了物质元素，但他的元素概念，是对物质组成认识的一个重大突破，结束了长期以来在元素观念上的混乱，标志着近代化学元素概念的确立。拉瓦锡也被后世尊称为近代化学之父。

四、天文学的发展

随着哥白尼日心说的创立，16 世纪～18 世纪的天文学也获得了一定的发展。天文望远镜的诞生开创了天文学研究的新纪元，数学家和天文学家在将牛顿力学应用于天体运动时建立了天体力学，同时康德—拉普拉斯星云假说的提出使得太阳系演化学得以诞生。

（一）天文望远镜的诞生

天文学是研究宇宙空间天体、宇宙的结构和发展的学科。由于天文学研究对象的特殊性，使得天文学的研究方法主要依靠观测。自 1609 年伽利略开始用望远镜观测天体以来，天文学家比他们的前辈拥有了巨大的优势，望远镜成为天文学家探测宇宙的强有力的工具，随后望远镜在技术上取得了很大进展，性能越来越精良的各种天文望远镜不断为探测研究天体奥妙做出新的贡献。

伽利略是用自制的望远镜观察天体并获得了一系列发现的第一人，可以说，伽利略发明了天文望远镜，开创了望远镜天文学的新时代。伽利略望远镜是用凹透镜作目镜，以光线的折射为基础而制成的，称为折射望远镜。开普勒于 1611 年也设计了一种新型折射望远镜，他把伽利略望远镜的凹透镜目镜改成小凸透镜，它的光学性能远较伽利略式为优，这种望远镜叫作开普勒望远镜。早期的折射望远镜存在一些缺陷，有色差和球面相差的问题。玻璃对不同颜色的光具有不同的折射能力，这叫作色散。这样就会使得通过透镜聚焦的光线不能严格聚焦于一点，这就是由色散产生的色差现象，这种色差就会使成像模糊。另外当时使用球形曲率的透镜，使平行光不能被聚焦，这种球面相差也不能形成清晰的像。

牛顿发现光的色散后，于 1668 年制造了牛顿反射望远镜。这种望远镜是用凹面镜作为物镜，再组合一个平面反射镜来反射光线并形成影像，而不是像折射望远镜那样使用透镜折射形成图像，从而消除了光的色散造成的色差。英国天文学家赫歇尔（Friedrich Wilhelm Herschel，1738 年～1822 年）是制作反射望远镜的大师，他一生制造了数百架反射望远镜。他在 1789 年制造了当时最大的一架反射望远镜，口径为 1.22 米，镜筒长为 12.2 米。这个庞然大物在巨大的构架中竖立起来，看上去像一尊指向天空的大炮，人们进行观测时需要爬到镜筒内寻找焦点。赫歇尔用自制的反射望远镜在天文学领域取得了大量开创性的研究成果。1781 年，他发现了一颗比土星更遥远的行星——天王星，从而使人们对太阳系的认识扩大了一倍。1787 年和 1789 年，他又发现了天王星和土星各自的两颗卫星。他观测到了大量的星云和星团，他还进行了银河系结构的研究，并提出了银河系为扁平状圆盘的假说，大大增进了人们对宇宙的认识。

天文望远镜作为一种观测仪器，它的诞生，促进了自然科学的伟大变革，彻底改变了人们的宇宙观，给近代天文学开辟了宏远的道路。

（二）天体力学的建立

天体力学是以数学为主要研究手段，以万有引力定律为基础，应用力学规律来研究天体的运动和形状的科学。从开普勒发现行星运动三定律到牛顿力学体系的建立，天体力学得以诞生，但它的学科内容和基本理论是在 18 世纪后期建立的。

17 世纪，牛顿和莱布尼茨共同创立的微积分学，成为天体力学的数学基础。18 世纪，由于航海事业的发展，需要更精确的月球和大行星的位置表，于是数学家们致力于天体运动的研究，从而创立了分析力学，成为天体力学的力学基础。在这些基础上，天体力学逐渐建立并发展起来。

在天体力学的建立过程中，做出突出贡献的有：瑞士数学家欧拉（Leonhard Euler，1707 年～1783 年）、法国数学家达朗贝尔（Jean Le Rond d'Alembert，1717 年～1783 年）、法国数学家拉格朗日（Joseph - Louis Lagrange，1736 年～1813 年）等，最后，由法国数学家拉普拉斯（Pierre - Simon Laplace，1749 年～1827 年）集大成而正式建立了经典天体力学。

欧拉作为一位数学大师，将数学分析方法用于力学，创立了第一个较完整的月球运动理论。达朗贝尔给出了达朗贝尔原理，使一些力学问题的分析简单化。拉格朗日是大行星运动理论的创始人，也是分析力学的创立者，他吸收并发展了欧拉、达朗贝尔等人的研究成果，于 1788 年出版了著作《分析力学》，研究宏观现象中的力学问题，书中还叙述了他对太阳系的长期稳定性问题的研究工作。分析力学同研究太阳系中行星和卫星运动的天体力学密切相关，方法上互相促进，对天体力学的建立和发展都产生了深远的影响。1799 年，拉普拉斯集各家之大成，出版了经典天体力学的代表作——《天体力学》。书中，他第一次提出了天体力学的学科名称，并描述了这个学科的研究领域，总结了他自己和同时代人对天体运动研究的全部成果，并使之系统化，从而形成了天文学中一门独立的分支学科——天体力学。因此，他被誉为天体力学之父。

天体力学的建立和发展，极大地加强了人们对天体认识的广度和深度，使得人们对天文学的认识不再只是单纯通过被动观测对天体的位置、形状等进行有限探索，而是可以用物理方法去主动预测天体的运行规律，从而指导各种天文观测，这就为天文学提供了更广阔的发展空间，也使天文学走上了科学研究的新道路。

（三）太阳系演化学的开创

18世纪，人们已普遍接受日心说，也掌握了正确的太阳系结构，行星与卫星运动的共同规律性也为人们所了解，但是新的问题又摆在了人们面前——太阳系到底是如何形成的？各行星最初的运动及状态是怎样的？在对这些问题的研究中，很多人提出过有关太阳系形成的各种学说，其中，康德—拉普拉斯星云假说是第一个较科学的太阳系演化学说，由于它所起的开创作用，太阳系演化学得以诞生，并逐渐成为天文学中一个重要的研究分支。

1755年，德国哲学家康德（Immanuel Kant，1724年~1840年）在《自然通史和天体论》一书中，从哲学角度提出了太阳系起源的星云假说。他认为，太阳系是由一团主要由大小不等的固体尘埃微粒组成的稀薄原始星云通过万有引力和斥力的作用而逐渐形成的，先在中心体形成太阳，然后剩余的星云物质进一步收缩演化并在中心体周围形成了行星和卫星。这一假说提出后一直未引起人们的注意。1796年，拉普拉斯在《宇宙系统论》一书中重新提出太阳系起源于原始星云的假说。他认为，太阳系是由一团巨大、炽热且转动的原始星云在万有引力和离心力的共同作用下逐渐形成的，星云的中心部分形成太阳，绕中心旋转的各个环状物质形成了行星和卫星。拉普拉斯的星云假说由于采用了力学原理和数学方法加以论证，其物理图像更加清晰，再加上拉普拉斯本人的巨大学术威望，很快产生了广泛的影响，也使得人们重新认识和关注康德的星云假说。康德和拉普拉斯的星云假说大同小异，只是拉普拉斯更注意理论上的论证，因此，后人常称为康德—拉普拉斯星云假说。

康德—拉普拉斯星云假说尽管只是初步给出了太阳系起源的轮廓，还有很多不完善的地方，但是它的科学意义和历史功绩十分重大。星云假说出现以前，人们把天体的运动变化看作是上帝发动起来的，而星云假说指出，太阳系是物质在时间的进程中逐渐发展而来的，引力和斥力的对立统一是恒星演化的动力，这是用自然界本身演化的规律性来说明星球演变的一些性质，无疑是对归功于上帝的荒谬观点的一个有力的打击，也极大地推动了天文学的发展。

五、近代地质学的产生

地质学是一门研究地球及其演变的科学，它的产生源于人们对矿产资源的认识，人类对岩石、矿物性质的认识可以追溯到远古时期，但作为一门学科，地质学成熟的较晚。一直到了近代，随着采矿业和矿物学的发展，人们积累了大量的有关矿物、岩石、化石的资料以及观察到许多地质现象，为了对这些地质资料做出解释，各种学派和观点层出不穷。地质学就是在不同学派、不同观点的争论中形成和发展起来的。18 世纪，关于岩石成因的"水火之争"就是地质学产生之初的一场革命。

关于地球岩石的形成理论，当时的地质学家形成了两个学派：水成论学派和火成论学派。水成论的代表人物是德国地质学家魏尔纳（Abraham Gottlob Werner，1750 年~1817 年），他认为，所有地层是地球在原始海洋期结晶沉积而成，水是岩石形成过程中的唯一动力，而地下火的作用是次要的、局部的。但他的原始海洋的观点是没有根据的。火成论的代表人物是英国地质学家赫顿（James Hutton，1726 年~1797 年），他在 1795 年出版的《地球的理论》一书中指出，地球内部是熔融的岩浆，它通过火山迸发出来固化为岩石。赫顿强调"地下火"在岩石形成过程中的作用，但并不完全否定水的作用，他认为河水只是把风化了的岩石碎屑冲到海里，逐渐积累、形成石砾砂土和泥土。赫顿认为地球既没有开始也没有结束，不能用设想的原始海洋来解释地质形成的过程，而要用"现在还在起作用"的地质力量来解释。

水成论和火成论各执一端，争论热烈。在"水火之争"初期，由于水成论中的某些观点迎合了圣经的洪水说，所以得到了教会的支持，从而占据统治地位。后来，由于火成论不断得到观察和实验的证实、补充，人们普遍转而支持火成说。

地质学史上的"水火之争"，是一场地球科学的启蒙运动，它不仅激发了更多的学者投身于地质考察和研究之中，而且使得人们对地质学的研究开始由思辨走向诉诸观察与实验，从而使地质学开始成为一门独立的科学。

六、生物学的发展

16 世纪~18 世纪，生物学的发展主要体现在两个方面：一是英国医生哈维（William Harvey，1578 年~1657 年）血液循环的发现使得生理学发展成为科学；二是瑞典植物学家林奈（Carl von Linné，1707 年~1778 年）初步建立了生物分类学。

（一）哈维血液循环的发现

17 世纪，在前人研究的基础上，哈维把实验方法引入生理学和医学，建立了血液的循环学说，解决了当时医学界的一大难题。

哈维作为一名医生，在行医的同时，也进行着研究工作。为了弄清楚人体内的血液是如何流通的，他用动物做了许多的解剖实验，经过反复的观察，并受到宇宙中循环运动的启发，他产生了血液循环流动的设想。为了对其进行验证，他把实验方法用于研究之中，进行了结扎血管和计算血流量的实验。前一个实验结果说明了，动脉血液是从心脏流出的，而静脉血液是流向心脏的，即可得出血液在血管内是单方向流动的。后一个实验结果表明血液的流量大于人体内的血液总量，这一现象只有用血液在人体里反复循环的说法才能解释。根据这些研究结果，1628 年，哈维出版了《心血运动论》，书中系统论述了他的血液循环学说。他认为，血液从心脏经动脉流向全身，再由静脉流回心脏；动脉与静脉之间的血液是相通的，血液在体内是循环不息的；心脏的收缩和扩张是血液循环的原动力。后来，科学家用显微镜观察到了毛细血管的存在，正是这些细小的血管将动脉与静脉连在了一起，从而进一步验证了哈维的血液循环学说。

哈维血液循环的发现，使得生理学成为一门独立的科学，他也被后人尊称为近代生理学之父。他的工作，也为人类科学地认识自身奠定了基础。

（二）林奈建立生物分类学

生物分类是生物学研究中最基础的工作，是指通过将生物划分为一定类别，对它们的特征进行描述，并对其命名，从而能对生物进行统一的认识和研究的一种基本方法。

近代分类学诞生于 18 世纪，它的奠基人是瑞典植物学者林奈。他在 1735 年出版了科学巨著《自然系统》，书中创立了统一的生物命名法和生物分类系统。

他首先建立了双名制命名法，即规定动植物名称用两个拉丁文来表示，属名在前是名词，种名在后是形容词。用这种命名法林奈标出了当时他所知道的每一种动植物的名称。他还指出对那些新发现而尚未定名的动植物，都可以按这种方法加以命名，并在种名后加入命名者的姓名，以示负责。其次，林奈提出了统一的生物分类系统，他把自然界分为植物、动物和矿物三界，每一界又按从属关系分为纲、目、属、种四个级别，从而确立了分类的等级系统。在植物界，林奈用雄蕊的特征区分纲从而把植物分成了24个纲，用雌蕊的数目区分目，又以花果性质区分属，以叶的特征区分种。在动物界，林奈根据心脏、血液、呼吸、生殖器等分为六大纲，分别为哺乳纲、鸟纲、两栖纲、鱼纲、昆虫纲和蠕虫纲。这样，林奈就把自然界的所有生物统一在了他所创立的这一套分类系统之中。

林奈建立的生物分类学，结束了几千年来生物命名中的混乱不清的状态，为分类学研究创造了最基本的条件，开创了生物学的新纪元。尤其是他的植物分类系统，代表了当时人为分类系统的最高成就。但由于他受到物种不变思想的局限，他的《自然系统》一书中没有亲缘概念，缺乏进化的思想，这使得他的分类系统只是反映出各种生物在形态与结构上的相近程度，而忽视了物种之间的连续性和生物系统发育的关系。

复习与思考题：

1. 化学是怎样被确立为一门科学学科的？
2. 如何理解拉瓦锡革命？
3. 16世纪~18世纪欧洲对光和热的理解是怎样的？
4. 林奈在生物学方面有哪些贡献？
5. 科学生理学是如何诞生的？

第八章　19 世纪的自然科学

本章教学目的和基本要求：

　　了解自然科学的全面发展以及数学革命引发的对数学本性的思考，重点是能量守恒与转化定律的提出过程、热力学定律的提出、电磁理论的建立、原子—分子论的提出、灾变说和渐变说的争论、细胞学说的建立；难点是非欧几何和进化论。

　　19 世纪，自然科学进入了系统整理和全面发展的阶段，各门学科相继成熟，都取得了革命性的进展，理论科学实现了全面的综合，科学研究手段和方法也日益完善，19 世纪因此被誉为科学的世纪。

第一节　数学革命的时期

　　19 世纪，数学领域发生了革命性的变革，不仅出现了许多新的数学理论和分支，而且也使人们的数学观念发生了深刻的变化。

一、代数学的成熟

　　代数学是研究数、数量、关系与结构的数学分支。在 19 世纪，群论和布尔代数的产生，使代数学发生了革命性的变革，它们不仅解决了一系列复杂的数学问题，开辟了数学的新领域，同时，也促使数学在其他学科中得到更加广泛的应用。

（一）群论的出现

群论是在数学中研究名为群的代数结构。群论思想的产生主要来源于对代数方程根式求解问题的研究。

探究代数方程根式求解的问题一直是代数学的基本研究课题。16 世纪，数学家们就已经得到了三次、四次方程的求根公式，之后，人们自然地去探讨五次及五次以上的方程的公式解法。但是经过 200 多年很多数学家的努力，都没有获得成功。到了 18 世纪下半叶，法国数学家拉格朗日（Joseph‐Louis Lagrange，1736 年~1813 年）开始意识到这种用代数方法求解五次方程的公式是不存在的，他研究五次以上代数方程的解法时，发现根的有理函数与根置换对方程性质的深刻影响，从而首先提出了相当于置换群的概念，这是群论的萌芽思想。1824 年挪威数学家阿贝尔（Niels Henrik Abel，1802 年~1829 年）证明了五次以上的一般代数方程不可能用根式求解。随后，法国数学家伽罗华（Évariste Galois，1811 年~1832 年）对于高次方程是否能用根式求解问题给出更彻底的解答：他提出了群的概念，证明了由方程的根的某些置换所构成的群的可解性是方程根式可解的充分必要条件，从而用群论彻底解决了根式求解代数方程的问题，而且由此发表了一整套关于群和域的理论，人们称之为伽罗华理论。

伽罗华理论的重要意义，并不在于实际上求解方程，而是在于群概念的出现。群是一个完全抽象的概念，其系统中的数学对象不一定是数，可以是函数、矩阵、运动或其他的东西；运算也不一定是加减乘除等寻常算术、代数中的运算，可以是别的方法，这就大大拓展了数学的领域。群论思想的产生，对数学产生了重大的影响，它使代数研究进入了新的时代，即从过去专门针对方程求解这种局部性研究转向代数系统结构的整体性分析研究的阶段。而且，在它的群概念中，已经有了抽象数学的思想，从而推动了抽象代数学的产生。此外，群论的思想还向其他学科渗透，因此它不仅对近代数学的各个方向，而且对物理学、化学等许多学科都产生了重大的影响。

（二）布尔代数的产生

逻辑学一度被看成是哲学的内容，但由于数学方法在科学研究中发挥的重要作用，人们就有了用数学计算的方法来研究思维过程的想法。17 世纪，莱布尼兹就提出了用一种通用的科学语言来建立思维演算的设想，但是他的研究没有成功。逻辑的演算工作最终由英国数学家布尔（George Boole，1815 年~1864 年）

实现了。

19 世纪中叶，布尔首创了布尔代数（也称逻辑代数），在数学史上树起了一座新的里程碑。1847 年，他发表了《逻辑的数学分析》，书中创造了一套符号系统，利用符号来表示逻辑中的各种概念。他还建立了一系列的运算法则，利用代数的方法研究逻辑问题。1854 年他又发表《思维规律研究》一书，对此理论作了进一步的完善。布尔用数学方法研究逻辑问题，成功地建立了逻辑演算。人们把这种将形式逻辑归结为一套代数演算的逻辑理论称为布尔代数。例如，最简单的布尔代数只有两个元素 0 和 1，它应用于逻辑中，其中的 0 为假，1 为真，从而实现对逻辑的判断。这种两元素的布尔代数也可以应用于电子工程中的电路设计、计算机设计及自动化系统等领域的逻辑运算中。后来人们又在布尔代数的基础上发展了数理逻辑，数理逻辑在现代的数学和计算机科学中都获得了广泛的应用。

二、几何学的革命

几何学是研究形状、大小、空间区域关系的数学分支。19 世纪，非欧几何的创立对人们的空间观念产生了极其深远的影响，几何学的统一也使得 19 世纪出现的几种重要的、表面上互不相关的几何学被联系了起来，从而为几何学创造了一个全新的世界。

（一）非欧几何的创立

非欧几何是泛指一切和欧式几何不同的几何学，它的创立是源于人们对欧式几何第五公设的怀疑，19 世纪，德国数学家高斯（Johann Carl Friedrich Gauss，1777 年～1855 年）、匈牙利数学家鲍耶（János Bolyai，1802 年～1860 年）和俄国数学家罗巴切夫斯基（Nikolas Lvanovich Lobachevsky，1792 年～1856 年）等人在对第五公设的讨论中，各自独立地提出了不同于欧式体系的新的几何学，从而创立了非欧几何。

第五条公设又称平行公理，其内容是：若一条直线与两直线相交，且若同侧所交两内角之和小于两直角，则两直线无限延长后必相交于该侧的一点。由平行公理可导出下述命题：过已知直线外一点，有且只有一条直线平行于已知直线。平行公理并不像其他公理那么显然，许多几何学家尝试用其他公理来证明这条公理，但都没有成功。

高斯早在 18 世纪末就意识到第五公设是不能被其他公理所证明的，并且他在否定平行公理后，发现了与欧氏几何迥然相异的新几何学，称之为非欧几何。但高斯怕不能为世人所接受，故在生前没有发表任何关于非欧几何的论著，人们是在他逝世后，从他与朋友的来往书信中得知了他关于非欧几何的研究结果和看法。

鲍耶受父亲的影响也致力于第五公设的证明，在研究过程中他发现了和高斯相同的结果，1823 年他在给父亲的信中讲述了他的非欧几何系统，但直到 1832 年他的关于新几何学的论文《绝对空间的科学》才被作为附录发表在他父亲的几何著作中，他的发现也没有得到人们的重视。鲍耶因为自己的发现没有得到世人的理解和应有的认可而消沉沮丧，并放弃了对几何学的研究。

罗巴切夫斯基在研究平行公理的过程中，用平行公理的逆命题，即通过直线外一点，可以引至少两条直线平行于已知直线，来代替平行公理作为替代公设，由此替代公设和其他公理公设组成新的公理系统展开逻辑推导，从而得出了一系列与欧式几何不同的命题。罗巴切夫斯基指出，这些命题整体形成了一个逻辑上没有任何矛盾的新公理系统，这个理论就是一种新的几何学，即非欧几里得几何学。1826 年 2 月 23 日，罗巴切夫斯基在喀山大学的学术会议上宣读了他的第一篇关于非欧几何的论文，这篇首创性论文的问世，标志着非欧几何的诞生。后来这个理论被称为罗巴切夫斯基几何，简称罗氏几何，也被称为双曲几何。罗巴切夫斯基的创造性的工作同样遭到了学术界的冷漠和反对，但他始终没有动摇过对新几何学体系的研究，他后来又陆续出版了好几本关于新几何的著作。尽管罗巴切夫斯基终其一生没有使得非欧几何得到人们的普遍认可，但由于罗巴切夫斯基对非欧几何的特殊贡献，他本人被人们赞誉为"几何学中的哥白尼"。

1854 年德国数学家黎曼（Georg Friedrich Bernhard Riemann，1826 年 ~ 1866 年）突破前人三维欧几里得空间的束缚，从维度出发，建立了更一般的几何学，称之为黎曼几何，又叫椭圆几何。到了 19 世纪 70 年代，有几位数学家先后在欧几里得空间中给出了非欧几何的直观模型，揭示出非欧几何的现实意义，这才使得非欧几何真正得到人们的广泛理解。

非欧几何的创立，为数学的发展提供了一种脱离实用学科的相对独立性的模式，也使人们意识到数学与现实不是紧密联系的，数学的本质在于它的充分自由，从而为数学创立了一个全新的世界。此外，非欧几何也引起了关于几何观念和空间观念的最深刻的革命，它不仅丰富了几何学体系，而且拓宽了人们的空间观念，从而对 20 世纪初物理学所发生的关于空间和时间的物理观念的变革等方面也产生了深远的影响。

（二）几何学的统一

19 世纪，随着新几何学种类的不断涌现，数学家试图用统一的观点来解释几何学，最具代表的是德国数学家克莱因（Felix Christian Klein，1849 年～1925 年）和希尔伯特（David Hilbert，1862 年～1943 年）。

最早提出几何学统一性问题的是克莱因。1872 年，他在一次名为"爱尔兰根纲领"的演讲中充分阐述了以变换群的思想来统一几何学。他提出了将群论应用于几何学，对几何学进行重新定义，即所谓几何学，就是研究几何图形对于某类变换群保持不变的性质的学问；并在此基础上对几何学进行整理分类，开辟了研究几何学的新途径和方法。这样一来，19 世纪出现的几种重要的、表面上互不相关的几何学被联系了起来，而且变换群的任何一种分类都对应着几何学的一种分类。克莱因的观点能统一大部分的几何，并提供了许多可研究的几何问题，对几何思想的发展产生了持久而深刻的影响。然而，克莱因的方案仍不能容纳所有的几何。

另一位对几何学的统一产生了深远影响的数学家是希尔伯特，他所提出的统一几何学的途径是公理化的方法。希尔伯特在 1895 年出版的著作《几何学基础》一书中提出的公理系统包括 5 组 20 条公理，它与欧式几何公理体系的不同之处在于没有原始定义，其定义是由公理来刻画的。而且他第一次提出了选择和组织公理系统的原则，利用他这一研究方法，就可以得到相应的某种几何。如用罗巴切夫斯基公理代替平行公理，就可得到双曲几何；用黎曼的直线公理代替连续公理，就可得到椭圆几何。希尔伯特创造的现代公理化方法比传统的公理化方法更抽象、更科学，因此也就具有更大的普适性和更高的严谨性。它不仅将已有几何学分支建立在统一的基础之上，还有助于推动纯粹数学的发展，促进了抽象代数、泛函分析和拓扑学等抽象学科的兴起。然而，公理化方法也有其自身的局限，它只能对已有知识进行组织或推理，而不能创造新的知识。

虽然数学家想要统一几何学的思想和方法并不能统摄所有的几何学分支，但这种统一性思想对数学的研究产生了深刻的影响，并在 20 世纪进一步延伸到整个数学领域中，成为现代数学研究较为普遍的趋势。

第二节　经典物理学的辉煌

于 17 世纪创立的经典物理学，经过 18 世纪在各个基础部门的拓展，到 19 世纪得到了全面、系统和迅速的发展，达到了它辉煌的顶峰。到 19 世纪末，经典物理学已建成了一个以经典力学、热力学和统计物理学、经典电磁学这三大理论为支柱，包括力、热、光、电诸学科在内的，宏伟完整的理论体系，它所蕴涵的深刻而明晰的物理学基本观念，对人类的科学认识也产生了深远的影响。

一、热力学的建立

热力学是从宏观角度研究物质的热运动性质及其规律的学科。19 世纪，由研究当时的蒸汽机的效率开始，人们转而深入探讨热与机械运动的转化问题。能量守恒和转化定律的发现，从根本上改变了热学的理论，为热力学的建立奠定了基础。热力学基本定律的相继提出，则为热力学的发展铺平了道路。

（一）能量守恒与转化定律的发现

能量守恒与转化定律可以被表述为：能量既不会凭空产生，也不会凭空消失，它只会从一种形式转化为另一种形式，或者从一个物体转移到其他物体，而能量的总量保持不变。它是自然界的基本定律之一，也是继牛顿力学体系以来物理学的最大成就。19 世纪，欧洲科学家在对热现象的研究和科学实验的基础上，从不同角度先后独立地发现了能量守恒与转化定律，其中的主要贡献者是德国医生迈尔（J R Meyer，1814 年 ~ 1878 年）、英国物理学家焦耳（James Prescott Joule，1818 年 ~ 1889 年）和德国物理学家赫尔姆霍兹（Helmholtz，1821 年 ~ 1894 年）。

迈尔是第一个发表能量守恒假说，并计算出热功当量的科学家。迈尔曾当过随船医生，他在随船航行中，发现温带与热带地区病人静脉血液的颜色有明显差异，进而意识到食物中的化学能可以像机械能一样生热，它们之间可能以一定量的关系转化。通过分析和研究，1842 年，迈尔在《化学和药学年刊》上发表了论文《论无机界的力》，文中他以"无不生有，有不变无"等哲学观念为依据，论述了力（即能量）的守恒问题，提出"力是不灭的、可转换的、不可称量的存在物"。但是由于这篇文章不是发表在专业的物理学期刊上，因而没有引起德国科学家们的注意。后来，迈尔从气体的定压比热容和定容比热容之比为1.421，推算出热功当量为365千克·米/千卡，最先给出了热和机械功转化的定量关系。

焦耳是第一个对能量守恒问题进行精确实验研究，并提供了确凿实验证据的科学家。焦耳是一位实验物理学家，他通过大量的实验和测量工作发现并探讨了各种运动形式之间的能量守恒与转化的关系。1840年，他经过多次测量通电的导体，发现电能可以转化为热能，并得出著名的焦耳定律，即电导体所产生的热量与电流强度的平方、导体的电阻和通过的时间成正比。1843年，他发表了论文《论水电解时产生的热》与《论电磁的热效应和热的机械值》。他指出，自然界的能是不能毁灭的，哪里消耗了机械能，总能得到相当的热，热只是能的一种形式。此后焦耳不断改进测量方法，提高测量精度，最后得到热功当量值为423.9千克·米/千卡。现在这个常数的值是418.4千克·米/千卡，后人为纪念他，在国际单位制中把能量（或功）的单位命名为"焦耳"，即1千卡等于4.184焦耳。焦耳以精确的数据为能量守恒定律奠定了坚实的实验基础。然而，焦耳的工作也一度不受重视，当时各种学术刊物和皇家学会大都拒绝发表他的文章，他大多以宣读的方式公布自己的研究成果，直到1847年他的思想才逐渐被科学界接受。

赫尔姆霍兹是第一个全面系统阐明能量守恒定律，并用严密的物理和数学语言来描述这一定律的科学家。赫尔姆霍兹从永动机不可能出发，思考自然界不同的力（即能量）之间的相互关系。1847年，他发表了论文《力的守恒》，用物理学的模式，结合严格的数学证明，在力学、热学、电磁学等大量已知的实验事实基础上，从多方面论证了力的守恒的普遍性。1854年，他在《自然力的相互作用》一文中进一步指出他的力的守恒原理，即自然作为一个整体，是力的储存库，它不能以任何方法增加或减少，所以自然界中力的数量正像物质的数量一样永存和不变。由此，赫尔姆霍兹明确地表达了他的能量转化和守恒思想，并促进了人们对自然界统一性的更深入的理解。

但是迈尔、焦耳和赫尔姆霍兹等人关于这一原理的表述都不完善，后来恩格斯正确理解和评价了这一自然界普遍规律，他指出，运动的不灭性不能仅仅从数量上去把握，还应从质的转换上去理解。于是恩格斯对能量守恒和转化问题作了深刻而透彻的分析后，将这一原理称之为"能量守恒与转化定律"。

能量守恒与转化定律是自然界发展最普遍的规律之一，它表明物质运动的任何一种形式，如机械的、光的、电的、化学的和生物的等都是互相联系的，并且可以在一定条件下相互转化，而作为物质运动量度的能量，在转化前后保持不变。它实质上就揭示了各种不同的运动形式之间具有统一性，这是物理发展史上的第二次理论大综合。能量守恒定律在 1860 年后得到了普遍承认，成为全部自然科学的基石。恩格斯把它与细胞学说、生物进化论一起称为 19 世纪自然科学的三大发现。

（二）热力学定律的建立

热力学定律就是描述物质的热学规律的定律。19 世纪中叶，随着能量守恒和转化定律的建立，以及在提高蒸汽机效率问题的研究中积累了大量的对热现象的观测和实验发现，人们逐渐掌握了能量转换时必须遵循的宏观规律，相继建立起热力学的基本定律。其中最主要的提出者是德国物理学家克劳修斯（Rudolf Julius Emanuel Clausius，1822 年～1888 年）和英国物理学家开尔文（Lord Kelvin，1824 年～1907 年），他们在法国工程师卡诺（Sadi Carnot，1796 年～1832 年）、焦耳等人工作的基础上提出了热力学第一和第二定律，由此建立了热力学理论体系的大厦。

在把能量守恒与转化定律应用于热现象的研究中，克劳修斯和开尔文各自探讨了热功转化的规律性问题，1850 年至 1851 年，他们先后提出了热力学第一定律。热力学第一定律的一般表述为，系统从外界吸收的热量，一部分用于系统对外做功，另一部分用来增加系统的内能。对于系统状态微小变化的过程，热力学第一定律的数学表达式为：$dQ = dW + dU$。其中，U 是克劳修斯引入的一个物质状态函数，后来开尔文称它为内能。它表明系统在任一过程中吸收的热量 dQ，等于系统对外所做功 dW 和系统内能的增加 dU 之和。这一定律全面阐述了热量、功和能之间的关系，这是普遍的能量守恒与转化定律在一切涉及热现象的宏观过程中的具体表现。这一定律也表明，人们幻想制造的一种不需要外界提供能量却能不断地对外做功的机器，即第一类永动机是不可能成功制造的。

根据热力学第一定律，人们发现工作在高温热源与低温热源间的热机，当它向低温热源放出的热量为 0，内能变化 dU 也为 0 时，它向外所做的功 dW 等于它从高温热源吸收的热量 dQ，此热机的效率可达到 100%。而在 1824 年，卡诺就提出了一个工作在两个热源之间的理想热机——卡诺热机，找到了在两个给定热源温度的条件下，热机效率的理论极限值，即卡诺热机的效率为 $(1 - T_{低}/T_{高})$，因而热机效率达不到 100%。针对这一矛盾，在卡诺研究的基础上，克劳修斯和开尔文又相继提出了热力学第二定律。克劳修斯将其表述为，热不能自发地从温度低的物体传递到温度高的物体。开尔文将其表述为，不可能从单一热源吸取热量，使之完全变为有用的功，而不产生其他影响。热力学第二定律表明，人们梦想制造的只从单一热源吸收热量，使之完全变为有用的功而不引起其他变化的热机，即第二类永动机也是不可能成功制造的。热力学第二定律还指出，自然界实际进行的与热现象有关的过程都是不可逆的，都是有方向性的。为了更方便地判别过程进行的方向，1865 年，克劳修斯又引入了一个新的状态函数——熵（S），利用熵的概念，热力学第二定律又可被表述为熵增原理，即一切可能发生的实际过程都使系统的熵值增大。其数学表达式为：$dS \geq dQ/T$。至此，热力学第二定律被完整地建立起来。

热力学第一和第二定律组成了热力学的理论基础，标志着热力学这一学科的形成。热力学定律的建立，也给科学界提出了诸如熵、可逆性、不可逆性、平衡态等一些新的概念，极大地促进了科学的发展，也加深了人们对自然的认识程度。

二、经典电磁学的建立

经典电磁学是研究宏观电和磁的相互作用现象，及其规律和应用的学科。19 世纪，电流磁效应和变化的磁场电效应的发现，使人们把电和磁联系起来，电磁学也从原来互相独立的电学和磁学走上一个完整学科的发展道路。英国物理学家麦克斯韦（James Clerk Maxwell，1831 年～1879 年）关于电磁场运动及其相互转化规律的基本方程，奠定了电磁学的整个理论体系，标志着经典电磁学的建立。

丹麦物理学家奥斯特（Hans Christian Oersted，1777 年～1851 年）笃信自然力的统一，力图寻求各种自然现象之间的相互联系，在这种思想的指引下，他一直研究电和磁的相互转化。1820 年，他发现电流可以使小磁针偏转，即电能产生磁效应。电能生磁的实验发现，揭示了电和磁之间有密切关系，开启了电磁学理论的大门。

随后，法国物理学家安培（André - Marie Ampère，1775 年～1836 年）在奥斯特实验的基础上，研究了电流和电流激发的磁场方向之间的关系，提出了右手螺旋法则。他又创造性地研究电流产生的磁效应对另一电流的作用，发现了电流的相互作用规律，即两个平行载流导线同向电流相吸，异向电流相斥，表明通电螺线管和磁棒在物理性质方面是相似的，从而形成了磁的本质就是电流的观点。在此基础上，安培提出了物质磁性起源的"分子电流假说"，认为构成磁体的分子内部存在一种环形电流——分子电流，这些分子电流有秩序地排列起来，宏观上就呈现出磁性。安培又把牛顿力学引入电学，第一个把研究动电的理论称为"电动力学"，从而成为电动力学的创始人。为了纪念他在电磁学上的杰出贡献，电流的单位"安培"以他的姓氏命名。

电生磁的发现使人们受到了启发，开始思考磁能否生电的问题。1831年，英国物理学家法拉第（Michael Faraday，1791年~1867年）在实验中，把磁铁插入和抽出线圈时，观察到电流计的指针会发生偏转，从而发现变化的磁场会产生电效应，即电磁感应现象。电磁感应的发现，进一步揭示了自然界电和磁之间的联系，促进了电磁理论的发展，也为电能的开发和利用提供了崭新的前景。此后，法拉第为了对电磁现象做出正确的解释，又在大量实验的基础上创建了"场"和"力线"的概念。法拉第反对以牛顿为首的"超距作用"的观点，即认为电力的传递既不需要媒质也不需要时间；他提倡"近距作用"的观点，即电磁力均需要媒介传播，他设想带电体、磁体周围空间存在一种称为"场"的特殊物质，作为媒介起到传递电、磁力的作用。法拉第极具想象力，他把这种抽象的"场"用"力线"来形象地描述，引入了电力线、磁力线的概念，并用磁粉显示了磁棒周围的磁力线形状。法拉第关于"场"和"力线"的概念为麦克斯韦电磁场理论的建立奠定了坚实的基础，也对电磁学以及整个物理学的发展都产生了深远的影响。

麦克斯韦对整个电磁现象作了系统、全面的研究，通过三篇关于电磁场理论的论文，将电磁理论用完善的数学形式表述出来，建立起经典电磁学理论的大厦。1855年，他发表了第一篇论文《论法拉第的力线》，用数学的语言解释了法拉第的思想。1862年，他的第二篇论文《论物理力线》，进一步发展了法拉第的思想，独到地提出了"涡旋电场""位移电流"两个新观点，在电磁理论研究上取得了关键性的突破。他认为变化的磁场激发电场，变化电场激发磁场，如此交替激发下去，交变的电场和磁场就会以波的形式向空间散布开去，由此预言了电磁波的存在。1864年他的第三篇论文《电磁场的动力学理论》，根据电磁学实验和普遍原理，给出了电磁场的基本方程组——麦克斯韦方程组，它是对电磁场基本规律所作的总结性、统一性的简明而完美的描述。由方程组得到了电磁场的波动方程，并推导出来电磁波在真空中的传播速度等于光速，揭示了光的电磁本质。麦克斯韦1873年出版的划时代的巨著《电学和磁学通论》，全面总结了前人对电磁现象的研究成果，建立了完整的电磁理论体系，标志着经典电磁学理论大厦的最终完成。1888年，德国物理学家赫兹（Heinrich Rudolf Hertz，1857年~1894年）用实验证明了光是一种电磁波，这使得麦克斯韦的电磁理论终于被普遍接受。

麦克斯韦电磁理论的建立，是19世纪物理学发展史上又一个重要的里程碑，它把电学、磁学和光学统一了起来，实现了物理发展史上的第三次理论大综合。它也促进了电磁理论应用的研究，为电工学和电子技术等的应用提供了基础，从而给产业技术和人类社会都带来了巨大的革命性的变革。

三、波动光学的建立

波动光学是从光是一种波动出发，研究光在媒质中传播时的各种规律以及光与物质相互作用的光学分支。光的波动说于17世纪由惠更斯等人创立，但在以后100多年的时间中，以牛顿为代表的光的微粒说一直占统治地位，波动说则不为多数人所接受，直到进入19世纪后，由于英国物理学家托马斯·杨（Thomas Young，1773年~1829年）和法国物理学家菲涅耳（Augustin–Jean Fresnel，1788年~1827年）等科学家的工作，光的波动理论才得到迅速发展，到19世纪末由麦克斯韦和赫兹找到了光和电磁波之间的联系，从而建立起完整的波动光学理论，也为光的电磁理论的产生奠定了基础。

托马斯·杨首先对光的波动说作出了有力的证实。1801年，他设计并进行了光的双缝实验，发现了光的干涉现象，即一束光通过两个相距很近的狭缝后，投射到的屏幕上出现明暗交替的条纹。这种现象用光的微粒说是无法解释的，托马斯·杨提出了光波的干涉原理，用光的波动说进行了成功的解释，即若干个光波在空间相遇时相互叠加，在某些区域始终加强，在另一些区域则始终削弱，则形成稳定的强弱分布的现象。就这样，光的干涉现象使得光波的存在得到了证实。

光的偏振现象的发现引发了人们对光的波形的探讨。人们最初没有追究光的波形是像水的表面波那样，是与整个波列的前进方向成直角振动的横波；还是像声波那样，是振动方向与波列进行的方向相同的纵波。包括惠更斯在内的光的波动说的所有早期拥护者，几乎都无形中把光波与声波相比较而将其视为纵波。1808年，法国工程师马吕斯（Etienne Louis Malus，1775年~1812年）在实验中发现反射时光的偏振现象，即自然光经反射、折射或吸收后，可能只保留某一方向的光振动，这种光就是偏振光，并在进一步研究中确定了偏振光强度变化的规律，即马吕斯定律。因为纵波是不可能发生这样的偏振现象的，这一发现一度使波动说处于被推翻的危险中。1817 年，托马斯·杨最先放弃了光波是纵波的传统理论，提出光波是横波的理论，从而对光的偏振现象作出了较为成功的解释。1819 年，菲涅耳和法国物理学家阿拉戈（1786 年～1853 年）一起以精确的实验证实了两束相互垂直的偏振光不能产生干涉现象，进一步肯定了光的横波性质。此外，菲涅耳还将杨氏的干涉原理和惠更斯的原理结合起来，以数学理论来阐述波动理论，建立了惠更斯—菲涅耳原理，不仅成功地证明了光是沿直线传播的，而且用这个原理计算了各种类型的孔和直边的衍射图样，令人信服地解释了衍射现象。至此，用光的波动理论解释光的直线传播、干涉、衍射和偏振等现象时均获得了巨大成功，从而牢固地确立了波动理论的地位。

最终，使光的波动说取得决定性胜利的是测定光在水和空气中的速度的实验。微粒说在说明折射现象时，认为光在水中的速度要大于空气中的速度，而波动说的解释正好相反。19 世纪中叶，不同的科学家各自用自己的实验均测出了光在水中的速度比在空气中要小的结果。由此，波动说就得到了决定性的实验证据，使得牛顿的微粒说受到了强有力的冲击，而使波动说上升到了统治地位。19 世纪末，赫兹证实了光是电磁波。至此，以光的电磁理论为基础的波动光学被完整地建立起来。

波动光学的建立不仅使人们认识到光的本性的波动性的一面，也使人们认识到光是一种电磁波，从而创立了光的电磁理论，它还为相对论的诞生提供了实验证据。

第三节　化学的飞跃发展

19 世纪的化学进入了飞跃发展的时代，一方面，在对物质的组成、元素的本性以及元素间的相互关系及规律的认识基础上，形成了统一的理论体系；另一方面，随着对化学运动形态认识的深化，化学开始了分化发展，出现了无机化学、有机化学、分析化学和物理化学四个分支学科，并开始了分门别类的研究。

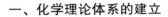

一、化学理论体系的建立

19 世纪，原子分子学说和原子价学说的建立以及元素周期律的发现，不但使人们对元素的本性及元素原子间的化合能力和结合方式有了全面的认识，而且把自然界的元素联结成为一个有机联系的整体，使得化学在正确阐明复杂多样的物质的变化的过程中具有了一个统一的理论体系。

（一）原子分子学说

原子学说最先由古希腊哲学家提出，其发展一度受到阻碍，直到 17 世纪，原子学说才得到恢复。但由于没有相应的实验研究，当时的原子论都还停留在自然哲学的抽象推论阶段。到 19 世纪初，由于实验化学的发展以及系统定量方法的广泛使用，为了解释各种化学变化和得到的化学定量定律之间的内在联系，英国化学家道尔顿（John Dalton，1766 年～1844 年）在对大气研究的基础上，建立了真正科学的原子论。

18 世纪末 19 世纪初，一系列化学定量定律的建立，成为化学理论产生和发展的必要前提，为道尔顿创立科学原子论奠定了牢固的实验基础。这些关于物质组成和变化的化学定量定律主要有：质量守恒定律、当量定律、定比定律和倍比定律。1789 年，法国化学家拉瓦锡（1743 年～1794 年）用精确定量的实验证明了质量守恒定律，该定律反映了化学反应前后物质的总质量不变的定量关系。1797 年，德国化学家里希特（Jeremias Benjamin Richter，1762 年～1807 年）发现了当量定律，认识到中和反应时酸碱之间存在"固定的质量比"，后人称之为"当量"。1802 年德国化学家费歇尔（Ernst Gottfried Fischer，1754 年～1831 年）进一步发展了里希特的当量定律，得出了一个更为普遍的当量关系，即任何纯净的化学物质相互化合时，都按照相当的量成比例地进行。当量定律反映了化学反应中反应物间的一种定量关系。1799 年，法国化学家普鲁斯特（J. L. Proust，1754 年～1826 年）发现定比定律，即来源不同的同一物质中元素的组成是不变的，该定律反映了物质的组成成分之间有一种固定的定量关系。1803 年，道尔顿发现了倍比定律，指出当两种元素可以生成两种或两种以上的化合物时，如果其中一元素的重量恒定，那么另一元素在各化合物中的相对重量有简单的倍数比。倍比定律反映了化合物的组成元素之间存在着一种定量关系。这些化学基本定律的发现，均表明物质的变化存在着严格的定量关系，要求化学家能够给予理论上的说明。

为了解释这些定律，道尔顿在对气体研究的基础上，根据实验观察，于1803年建立了科学的原子论。道尔顿原子论的主要内容是：①原子是组成化学元素的微小的、不可再分割的物质粒子。在所有化学变化中，原子均保持其本来的性质。②同一元素的所有原子，其质量以及其他性质完全相同，不同元素的原子则各不相同，原子的质量是每一种元素的原子最基本的特征。③不同元素的原子按简单整数比结合成化合物。道尔顿在科学实验的基础上提出的原子论，揭示了质量守恒定律、当量定律、定比定律和倍比定律的本质与内在联系，使当时的化学现象和定律获得了合理的解释，成为说明化学现象的统一理论。它通过原子量的概念把量的观点引进了化学，使人们对原子的认识从定性进入定量的阶段，也使化学研究走向精确化、定量化和系统化。道尔顿作为近代原子学说的奠基者，最终把原子学说由模糊的哲学假说变成了明确的、经得起科学实验检验的科学理论。但是，道尔顿的原子论仍有其局限：一是他认为原子是不可分的；二是他认为化合物是复杂原子，在解释所谓"复杂原子"时遇到了许多困难，这个问题直到分子学说创立以后才得到解决。

1811年，意大利物理学家阿伏伽德罗（Amedeo Avogadro，1776年~1856年）在道尔顿原子论的基础上，提出了分子的概念。他认为：原子是参加化学反应的最小质点，分子则是游离态下单质或化合物能独立存在的最小质点；分子由原子组成，单质分子是由相同元素的原子组成，化合物分子是由不同的元素原子组成的。他指出，等温等压下，相同体积的不同气体中含有相同数目的分子，而不是原子。这样就结束了道尔顿和法国化学家盖·吕萨克（Joseph Louis Gay–Lussac，1778年~1850年）之间关于等温等压下相同体积的不同气体是否具有相同数目原子的问题上的争执，将由盖·吕萨克提出的等温等压下参加同一反应的各种气体的体积互成简单整数比，即所谓"气体化合定律"同原子论统一了起来。道尔顿原子论与阿伏伽德罗分子假说两者就构成了一个协调的系统，原子分子学说确立起来，使人们对物质结构的认识形成了统一的理论，奠定了近代化学的基础。

（二）原子价学说

原子价，也叫化合价，是一个原子或原子团与其他原子或原子团化合形成化合物时表现出来的性质，即所能构成的化学键的数目。原子分子学说确立之后，

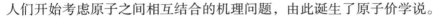

人们开始考虑原子之间相互结合的机理问题，由此诞生了原子价学说。

1852年，英国化学家弗兰克兰（Edward Frankland，1825年～1899年）最早提出了与化合价相似的概念。他在研究金属与烷烃反应时，发现每种金属原子只能和一定数目的有机基团相结合，他指出，不管所结合的原子特性如何，吸引元素的化合力总是为相同数目的结合原子所满足，而这种倾向和规律是普遍存在的。这里所谓的"化合力"就是接近化合价的概念，这是原子价学说的诞生迈出的重要的一步。

1857年，德国化学家凯库勒（Friedrich August Kekule，1829年～1896年）和英国化学家库帕（Archibald Scott Couper，1831年～1892年）发展了弗兰克兰的见解。他们用"原子数"或含义更明确的"亲合力单位"来表示元素的化合力，并指出不同元素的原子互相化合时总是遵循亲合力单位数等同的原则。这是原子价概念形成过程中最重要的突破。不久，凯库勒和库帕又分别提出了碳原子的四价和碳原子间可以连成链状的碳链学说。凯库勒还于1865年确立了苯分子的环状结构。碳四价、碳链学说和苯环结构不仅推动了原子价学说的发展，也奠定了有机化学结构理论的基础。

1864年，德国人迈尔建议将"原子数"和"原子亲合力单位"用"原子价"代替。至此，原子价学说便正式建立了。原子价学说的建立对原子量的确定、元素的分类、周期律的发现都起着重要的作用。

（三）元素周期律

原子分子学说和原子价学说的建立，促进了原子量的正确测定，使得人们对化学元素的概念的认识更加清晰，同时也从化学实验中发现了更多的新元素。到1869年，化学家已经发现了63种元素，并积累了大量的关于这些元素的物理和化学性质的实验资料，为寻找元素间的内在联系创造了必要的条件。19世纪60年代，俄国化学家门捷列夫（Mendeleev，1834年～1907年）在前人的基础上，最终发现了反映元素间相互联系的客观规律——元素周期律。

1869年，从原子量和原子价这两个反映元素的量和质的本质特性出发，门捷列夫通过对当时已知的63种化学元素的分析，敏锐地发现了这些元素的性质与原子量的关系，提出了元素周期律，即元素性质与原子量之间存在着周期性变化的规律，并给出了第一张元素周期表。他指出，按照原子量的大小排列起来的元素，在性质上呈现明显的周期性；原子量的大小决定元素的性质；应当预见许多未知元素的发现；可以通过元素的性质修正某些元素的原子量。1871 年，门捷列夫对他的周期表做了修订，把表格由竖排改为横列，划分了主族和副族，使之基本上具有了现代元素周期表的形式，此外，他还纠正了一些元素的原子量，并在周期表中留出空格，预言了更多的新元素。门捷列夫预言的类铝、类硼和类硅三个元素，在此后的 15 年内都相继被发现。元素周期律，以它对那些当时尚未发现的新元素的准确预言和对一些元素原子量的修正而取得成功，由此得到了举世公认。

元素周期律揭示了元素之间的内在联系，促进了无机化学的发展，也对物质结构理论的发展提供了客观依据，使化学成为一门系统的科学，从而为现代化学的发展奠定了基础。但由于受当时科学技术和实验条件的限制，门捷列夫没能揭示出元素周期律的本质。直到 19 世纪末，电子的发现才揭开了原子复杂结构的序幕，促进了人们对元素周期律的进一步发展和完善。

二、有机化学的发展

有机化学是研究有机化合物的化学分支。"有机化学"的概念于 1806 年首次由瑞典化学家贝采里乌斯（Jons Jakob Berzelius，1779 年~1848 年）提出，当时是作为矿物质的化学——无机化学的对立物而命名的。19 世纪化学理论体系的建立，极大地促进了有机化学的发展，使有机化学从早期以研究有机化合物的提纯、分析和合成为主，转向研究有机化合物的结构理论，奠定了有机化学发展的基础，促进了真正的有机合成时代的到来。

19 世纪上半叶，化学家们的主要成就就是分离制备了许多有机化合物，如从鸦片中提取了吗啡等，并建立了一些分析方法，如碳氢分析法等，对有机化合物的组成进行定量分析，以求得化合物的实验式。此外，从德国化学家维勒（Friedrich Wöhler，1800 年~1882 年）开始，研究从无机物人工合成有机物。由于早期已知的有机化合物都是从生物体内分离出来的，所以当时普遍流行一种生命力学说，认为在生物体内由于存在所谓的生命力，才能产生有机化合物，而在实验室里是不能由无机化合物合成的。1828 年，维勒首次使用无机物合成了有机物尿素。尿素的人工合成，给予有机物只能来源于有生命的动植物的生命力学说以致命打击。随后，人们又以无机物为原料合成了多种有机酸、油脂类、糖类等有机物质。有机化合物的不断合成，彻底地打破了无机物与有机物之间的绝对界限，也促进了有机结构理论的发展。

19 世纪下半叶，随着化学理论体系尤其是原子价学说的建立，化学家建立和发展了有机结构理论。1861 年，俄国化学家布特列洛夫（Aleksandr Butlerov，1828 年～1886 年）提出化学结构的观点，指出，分子中各原子以一定化学力按照一定次序结合就称为分子结构，可由有机化合物的分子结构研究其化学性质，也可由化学性质来研究分子结构。1874 年，荷兰化学家范特霍夫（Jacobus Henricus van't Hoff，1852 年～1911 年）和法国化学家勒贝尔（LeBel，Joseph Achille，1847 年～1930 年）分别提出碳四面体构型学说，建立了分子的立体概念。1885 年，德国化学家贝耶尔（Adolf von Baeyer，1835 年～1917 年）根据碳原子正四面体的模型建立了张力学说。至此，经典的有机结构理论基本上建立起来了，使有机合成的发展有了可靠的基础，人们可以按照化学结构来定向合成各种有机物，促成了化学合成工业部门的出现。

三、物理化学的发展

物理化学是在物理和化学两大学科基础上发展起来的。1752 年，俄国化学家罗蒙诺索夫（Mikhail Lomonosov，1711 年～1765 年）最早提出"物理化学"的概念，即物理化学是一门根据物理学的各种原理和实验去说明化学实验时混合体（化合物）内发生的一切的科学。19 世纪，化学热力学、化学动力学、电化学等物理化学分支都获得了一定的发展。1877 年，德国化学家奥斯特瓦尔德（Friedrich Wilhelm Ostwald，1853 年～1932 年）和荷兰化学家范托夫（Jacobus Henricus van't Hoff，1852 年～1911 年）创刊《物理化学杂志》，标志着物理化学作为一门学科的正式形成。

19 世纪的化学热力学以热力学第一、第二定律为基础，主要研究理想体系的平衡问题。1876 年，美国物理学家和化学家吉布斯（Josiah Willard Gibbs，1839 年～1903 年）提出了描述物相变化和多相物系平衡条件的重要规律——相律，奠定了化学热力学的重要基础。1889 年德国物理学家和化学家能斯特（Walther Hermann Nernst，1864 年～1941 年）将热力学原理应用到了电池上，导出了参与电极反应的物质浓度与电极电势的关系，即著名的能斯特公式，这是联系化学能和原电池电极电位关系的方程式，不仅对化学热力学做出了贡献，而且促进了电化学的发展。

19 世纪的化学动力学是在反应速度、反应级数和活化分子等概念的基础上，主要研究反应速度的问题。19 世纪中叶，挪威数学家古德贝格（Cato Maximilan

Guldberg，1836 年 ~ 1902 年）和化学家瓦格（Peter Waage，1833 年 ~ 1900 年）受动态平衡的观念的影响，提出了质量作用定律，即化学反应速率与反应物的有效质量成正比，其中的有效质量实际是指浓度。这一理论的重要之处在于：他们认识到反应物的浓度构成了决定正反应和逆反应能否趋于平衡的"有效质量"，弄清了浓度的重要作用和动态平衡概念的巨大意义。质量作用定律的建立是物理化学发展的一座里程碑，它是反应速率理论和化学平衡理论的核心，它与热力学结合研究化学平衡形成了化学热力学，研究反应速率的影响因素以及反应历程则形成了化学动力学。

电化学是研究电和化学反应相互关系的科学。1791 年意大利医生伽伐尼（Luigi Galvani，1737 年 ~ 1798 年）发表了金属能使蛙腿肌肉抽缩的"动物电"现象，这可以说是电化学的起源。1800 年意大利物理学家伏打（Alessandro Giuseppe Antonio Anastasio Volta，1745 年 ~ 1827 年）在伽伐尼工作的基础上发明了用不同的金属片夹湿纸组成的"电堆"，即"伏打电堆"，这是第一个能产生电流的化学电池。伏打电堆（电池）的发明，提供了能产生恒定电流的电源，这是化学电源的雏形。化学电源使得电化学的研究成为可能。1834 年法拉第电解定律的发现为电化学奠定了定量基础。1887 年瑞典化学家阿伦尼乌斯（Svante August Arrhenius，1859 年 ~ 1927 年）提出了电解质的电离学说，认为电解质溶于水，其分子能离解成导电的离子，这是电解质导电的根本原因，同时溶液愈稀，电解质电离度越大。电离学说是物理化学上的重大贡献，也是化学发展史上的重要里程碑。1903 年阿伦尼乌斯因建立电离学说获诺贝尔化学奖。

19 世纪的物理化学尽管在化学热力学、化学动力学和电化学方面有了一定的发展，但总体来说，还是处于刚刚起步的阶段，进入 20 世纪以后，物理化学才进入蓬勃发展的阶段。

第四节　天文学的发展

19 世纪的天文学，依靠观测技术和自然科学理论及方法的广泛运用，不仅取得了许多的新成就，使天文学的研究范围不断扩大，而且也促进了理论分析的研究，有力地推动了天体测量学、天体力学和天体物理学这三大分支学科的发展。

一、天体测量学的进步

作为天文学中最古老也是最基础的一个分支，天体测量学主要是研究和测定天体的位置和运动。随着19世纪望远镜制造技术的提高和各种辅助观测手段的使用，天体测量的观测精度也越来越高，天文学家不但获得了关于恒星、行星和彗星等天体的许多重要知识，而且在发现太阳本身具有运动之后，又发现了双星的轨道运动、恒星视差等。

英国天文学家赫歇尔（1738年～1822年）自18世纪下半叶开创了恒星天文学领域以来，在19世纪，通过自制的大型反射望远镜对恒星的观测，又取得了大量的研究成果。他发现了大量的星团、星云和双星，他汇编的星云和星团表中的天体达到2500个，并先后刊布包含848对新发现的双星和聚星表。此外，他还发现了太阳的空间运动和双星的轨道运动。他在1873年发现太阳有向武仙座方向的空间运动，被称为太阳的本动。1805年，他又根据对恒星的最新观察结果，测定出太阳的向点仍位于武仙座附近，与现代的公认值十分接近。这是对他发现太阳的空间运动的进一步的证实，也是对太阳系认识的重大突破。1802年至1804年，赫歇尔发现好几对双星存在一个子星绕另一个子星的轨道运动。这表明它们被某种引力束缚在一起，而不是之前人们认为是星体偶然接近造成的相邻现象。赫歇尔的一生中共发现了八百对双星。那时，牛顿引力定律的有效性只能在太阳系的范围内接受检验。而赫歇尔双星轨道运动的发现，使后人在研究双星的过程中，有了证实引力定律在无比遥远的恒星运动中正确性的机会，因此为万有引力在宇宙中的普适性提供了一个重要的支持。1827年，法国天文学家萨瓦里（Félix Savary，1797年～1841年）证实双星在围绕其引力中心的椭圆轨道上运动，完全符合牛顿理论的要求，证明了万有引力定律同样适用于太阳系以外的恒星系统。因赫歇尔在恒星观测领域业绩卓著，被后人尊称为"恒星天文学之父"。

19世纪30年代，恒星视差的存在终于被观测证实，这是天体测量取得的又一个进步。自哥白尼提出日心说以来，许多科学家都在试图测定他从日心说出发所预言的恒星视差，但无不以失败告终，以至于他们对哥白尼的学说的正确性持怀疑态度，其中就包括第谷。一直到1837年，俄国天文学家斯特鲁维（Friedrich Georg Wilhelm Struve，1793年～1864年）观测到了织女星的周年视差；1838年，德国的贝塞尔（Friedrich Wilhelm Bessel，1784年～1846年）观测到了天鹅座 61 号星的周年视差,从而解决了天文学界辩论了数百年的议题。恒星视差的发现是地球在空间运动的最明显的证据,但这一发现的重要性不仅在于彻底证明了哥白尼学说的正确性,而且在于它也测定了恒星与地球的距离,从而提供了一种新的把握宇宙尺度的手段。

19 世纪的天体测量学在取得极大进步的同时,也向天体力学和天体物理学提供了众多精确而有用的数据和信息,从而促进了这两门学科的深入研究。

二、天体力学的成熟

19 世纪,天体力学主要是运用在牛顿力学理论基础上由拉普拉斯和拉格朗日建立起来的经典分析方法,来研究大行星和月球。19 世纪中叶,海王星的发现是这段时期的代表性成果,标志着天体力学的成熟。

1781 年天王星被赫歇尔发现以后,天文学家们根据天体力学的原理对这颗新行星的运行轨道进行了研究。可是,观测一段时间后发现,天王星是一颗"不守规矩"的行星,它不像别的大行星那样遵循着科学家推算出来的轨道绕太阳运行,它在绕太阳运行的时候,经常偏离应该走的路线。后来,天文学家根据牛顿力学理论,找到了天王星运行轨道"不规则性"的答案。他们认识到:天王星的反常行为是受到一颗未被发现的行星摄动作用的结果。从已知的行星去计算它施加的摄动已经是天体力学的经典问题,但是反过来从摄动效果去求解摄动行星的位置和大小,却还是难题。英国剑桥大学数学系的学生亚当斯(John Couch Adams,1819 年~1892 年)首先克服了这个难题,他运用牛顿的万有引力定律,于 1845 年推算出了这颗未知行星的位置。但这位年轻学生的研究成果没有得到人们的重视。1846 年,法国天文学家勒维耶(Urbain Jean Joseph Le Verrier,1811 年~1877 年)也给出了这颗未知行星的位置,其结果与亚当斯推算出的十分接近。很快,柏林天文台的天文学家伽勒(Galle Johann Galle,1812 年~1910 年)根据勒威耶预言的位置,于 1846 年 9 月 23 日首先观测到了这颗新的行星,这就是海王星。

海王星是一颗完全依靠理论和计算的力量而被发现的天体,它的发现在天文学界引起轰动,它被称为是"笔尖上发现的行星"。这是牛顿力学的巨大成就,也是自然科学理论预见性的重要验证。

三、天体物理学的兴起

天体物理学是利用物理学的技术、方法和理论来研究天体的形态、结构、物理性质、化学组成和演化规律的学科。19世纪中叶，分光术、照相术和测光术三种物理方法被广泛应用于天体的探测研究以后，天体物理学开始成为天文学的一个独立的分支学科。

天体分光术是指借助棱镜、光栅等分光手段将光线分解成连续光谱的方法，通过分析光谱来研究恒星的特征，它的产生与对太阳的研究密切相关。早在1666年牛顿就进行了三棱镜分光实验，发现太阳光是由七色彩带组成的。1802年，英国物理学家沃拉斯顿（William Hyde Wollaston，1766年~1828年）在三棱镜前加了一个狭缝来观察太阳，结果发现太阳光的七色彩带上有许多暗线。1814年，德国光学家夫琅和费（Joseph von Fraunhofer，1787年~1826年）用自制的分光镜观测太阳的光谱，发现太阳光谱中有数百条暗线，但他无法解释这些暗线是怎样产生的。这些暗线后来被命名为夫琅和费线。直到19世纪60年代，德国物理学家基尔霍夫（Gustav Robert Kirchhoff，1824年~1887年）和化学家本生（Robert Wilhelm Bunsen，1811年~1899年）科学地理解了光谱的本质。他们提出了两条著名的定律，也称基尔霍夫定律：一是每一种元素都有它自己的光谱；二是每一种元素都可以吸收它自己能够发射的谱线。他们指出，太阳内部的高温气体元素发出的是连续光谱，但太阳外层气体元素温度较低，它可以把太阳连续光谱中相应的谱线吸收掉，产生暗色的吸收线，即吸收的波长正好与该元素发出的亮线波长相同。这就是说，太阳光谱中显露出的暗线就是吸收线，是因为某些波长的光被太阳较冷的大气层中出现的化学元素所吸收而形成的。分析这些吸收线，把它们和各种元素发出的特有谱线比较认证，就可以知道太阳上有哪些元素。利用这种光谱分析法，人们不仅发现了在太阳里存在着多种已知的元素，还发现了几种当时还不为人所知的元素。天体分光术的应用，表明可以利用物理学的技术方法来研究天体的内在性质，有力地推动了天文学的研究。

照相术就是指能将客观图像忠实地记录下来的技术手段，是19世纪30年代由法国人发明的，很快就被应用到天文学的领域中。1840年，美国天文学家德雷珀（Henry Draper，1837年~1882年）用折射望远镜第一次拍到了月亮的照片。1845年，法国物理学家费佐（Armand‐Hippolyte‐Louis Fizeau，1819年~1896年）和傅科（Jean Bernard Léon Foucault，1819年~1868年）首次拍到了有清晰太阳黑子的太阳的照片。以后，随着照相术的改进，人们拍到了更多的天体的照片。天体分光术和照相术的配合，为恒星光谱的分析研究提供了有力的工具。通过天文望远镜和分光镜将恒星光分解成连续光谱，再把这种光谱拍照下来进行分析研究即可发现，原来每颗恒星光谱的谱线数目、分布和强度等情况均不一样。这些特征包含着恒星的许多物理化学信息。这一研究方法开创了研究恒星物理化学的新纪元，从此诞生了天体物理学。

测光就是测量天体到达地球的光度，是为了衡量天体的明暗程度，常以星等表示，帮助在复杂的星图、星表中辨认恒星。早在古希腊时期，人们对恒星视亮度进行目视估计，按感觉将肉眼可见的恒星分为 6 个星等。这种方法带有很强的主观随意性，非常不准确。为减少用肉眼估计恒星亮度时出现的误差，19 世纪 30 年代，赫歇尔在南非好望角天文台率先用自制的量星计测定了一些南天恒星的星等，但他的量星计精度还较低。1856 年，英国天文学家普森（Norman Robert Pogson，1829 年 ~ 1891 年）在赫歇尔等人的恒星测量及研究的基础上提出了光度与星等间的基本关系式，即普森公式，建立了星等与光度之间的定量关系，为测光工作打下了基础。1859 年，德国天文学家泽尔纳（Zellner，1834 年 ~ 1882 年）研制出了第一架科学的目视光度计，这是一种偏振光度计，并于 1861 年刊布了第一个光度星表，测定了 3226 颗亮星的星等值。测光术的发明，使得恒星视光度的测定成为可能。

分光术、测光术和照相术在天文学中的运用，以及发射望远镜技术的提高，都为研究天体的物理性质、化学组成等提供了条件，促进了天体物理学的兴起。天体物理学使人类对天体运动的认识产生了又一次飞跃，从此人们不仅能研究天体相互间的力学运动，而且能进一步研究其物理和化学的运动。

第五节　地质学的发展

19 世纪，围绕地壳运动变化的方式而展开的"灾变论"和"渐变论"之争，以及地质学的一些新研究，有力地推动了地质学的发展。

一、灾变渐变之争

18 世纪关于岩石成因的"水火之争"发展了地质学的概念、思想和方法，对地质学的确立具有重大意义。但地层中除去岩石本身的特征之外，还含有许多生物的信息。只有把生物演化系列和地层系列统一考虑，才能揭开地球演化的历史。于是，在 19 世纪上半叶，结合由化石提供的生物信息，围绕地壳运动变化的方式又展开了"灾变论"和"渐变论"之争。其代表人物分别是法国古生物学家、比较解剖学家居维叶（Georges Cuvier，1769 年～1832 年）和英国地质学家赖尔（Sir Charles Lyell，1797 年～1875 年）。

居维叶认识到研究化石对于探索地球演化史及生物发展史的重要意义，他在系统地研究大量化石及有关地质资料的基础上，确立了生物地层学的研究方法，并提出了"灾变论"的观点。他认为，在地球的演变过程中，曾发生过各种突发的灾难，比如洪水泛滥、火山爆发、气候急剧变化等，这些灾难事件可能导致海洋干涸成陆地、陆地凸起成山脉、地层的破裂以及倒转等。每经过一次巨大的灾变，就会使地壳发生变化，也会使几乎所有的生物灭绝。这些灭绝的生物就沉积在相应的地层，并变成化石而被保存下来，这样由化石所提供的生物信息就可以决定化石所在地层的相对年龄。随后，新的物种又重新出现。如此循环的往复，就构成了地壳的当前状态以及在各个地层不同的生物化石出现的情况。作为一名基督教徒，居维叶认为地球最近一次灾变事件就是圣经中所述的摩西大洪水。尽管居维叶的灾变论受宗教的影响有其局限性，而且在最初的生命源头也没有作出科学的解释；但是这是根据他多年对古生物化石、岩层性质及地质构造的考察，在长期科学实践的基础上对前人灾变思想的继承和改造，因此具有一定的科学性，为地质学和生物学的发展都曾起到巨大的推动作用。

与灾变论相对立的是渐变论。赖尔在 1830 年发表的《地质学原理》一书中驳斥了居维叶的灾变论，阐述了地球渐进变化的思想。他坚持用现在已知的自然法则来解释自然现象，认为，地球的演变是一个渐进的过程，他把 18 世纪提出的水成和火成两种作用都引入地质的演化过程中，指出是由最普遍的地质因素（如风雨、河流、海洋、火山、地震等）在长期作用中，促进了地壳结构的改变。这样就把发展变化的思想引入地质学，使地质学的发展真正走上了科学的道路。但是他着重强调地质渐变的过程，而忽视突变的可能，因此他的观点也具有一定的片面性。

赖尔的渐变论使得地质渐变的思想逐渐深入人心，绝大多数人都承认地质上的渐变过程，但现在科学也找到了说明地球历史上存在大量物种灭绝的灾难性突发事件的实例以及相关证据，因此，灾变论与渐变论之争至今仍在继续。而在不

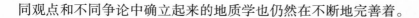

同观点和不同争论中确立起来的地质学也仍然在不断地完善着。

二、地质学的新发展

随着工业化的发展，许多国家都开展了区域地质调查工作，使地质学从区域地质进入全球构造研究时期，并推动了地质学各分支学科的迅速建立和发展。

19世纪中下叶，通过对地质构造的研究，美国的地质学家霍尔（James Hall，1811年~1898年）和丹纳（James Dwight Dana，1813年~1895年）以及奥地利地质学家徐士（E. Suess，1831年~1914年）相继提出地槽、地台的概念，成为划分大地构造的标准。地质学家们在此基础上，把地壳划分为两个基本构造单元，即活动性大的是地槽，稳定性大的是地台，这就是通常所说的"地槽—地台"说。由此提出各种大地构造理论，这些理论从不同的角度总结了地壳的基本特征和规律，促进了全球构造地质学的发展。

此外，由于数学、物理、化学、生物等基础科学与地质学的结合，以及新技术方法的采用，导致了一系列地质学分支学科的出现。例如，地质学分解为研究地壳物质成分的矿物学、岩石学、地球化学、同位素地质学等，研究各种地质作用的动力地质学，研究地壳变动的构造地质学、火山学、地震学等，研究地壳特征的地貌学、冰川地质学、海洋地质学等，研究地球历史的地史学，研究地层层序的地层学，研究地层中古生物化石的古生物学等。这些分支学科的出现，极大地促进了地质学的研究与发展。

第六节　生物学的发展

19世纪，生物学所取得的主要成就是细胞学说、达尔文的生物进化论和孟德尔的遗传学说。细胞学说和达尔文的生物进化论，与能量守恒与转化定律一起被恩格斯誉为19世纪自然科学的三大发现，而孟德尔的遗传学说，作为超越时代的发现，是现代遗传学的基础，对生物学的发展产生了巨大影响。

一、细胞学说

自1665年英国物理学家胡克（Robert Hooke，1635年~1702年）通过显微镜观察软木发现了一些小室，称之为"细胞"（其实质是死了的植物细胞的细胞壁）以来，开始了人们对生物微观结构的研究。但直到19世纪初，人们才对细胞的内部结构有了一定的认识。英国植物学家布朗（Robert Brown，1773年~1858年）于1831年在植物细胞内观察到并命名了细胞核，而且还指出它是细胞内重要的组成部分。捷克生理学家普金叶（J. E. Purkinje，1787年~1869年）又于1835年观察到动物的细胞核，接着，他又和其他生物学家相继发现了细胞中存在着有生命的质块，现称之为细胞质。这些对细胞结构的研究，为细胞学说的产生创造了条件。

1838年，在对细胞研究的基础上，德国植物学家施莱登（Matthias Jakob Schleiden，1804年~1881年）提出细胞是构成植物体基本生命单位的观点。1839年，德国动物学家施旺（Theodor Schwann，1810年~1882年）把施莱登的观点扩展到动物界，提出了适用整个生物界的"细胞学说"。细胞学说认为：细胞是一切有机体（动、植物体）构造和发育的基本单位，有机体的发育就是细胞的分化和形成的过程。至此，细胞学说建立起来。尽管施莱登和施旺的细胞学说还存在很多不足，并被后来的研究者不断修正和发展，但细胞学说的建立，无疑打开了生命之谜的大门，在科学发展史上占有重要的地位。细胞学说打破了动物和植物之间的绝对界限，揭示出一切有机体在结构和发育上的统一性；它还指出细胞是最小的生命单位，从而促进了生命科学的发展。此外，细胞学说揭示了生物体发育生长的规律，为生物进化论的形成也奠定了基石。

细胞学说建立之后，使得细胞学在19世纪下半叶获得了很大的发展。原生质理论的提出，染色体、线粒体等重要细胞器的发现，以及细胞受精和分裂等相关研究都使人们对细胞的组成、结构和功能有了更深入的认识；而1858年细胞病理学的创立，不仅为现代医学奠定了基础，也促成了细胞学和其他学科的结合，从而使细胞学逐渐成为生理学、医学、遗传学等多种学科的基础。

二、生物进化论

生命的起源一直是人们感兴趣的话题，但直到生物进化思想的出现，才使得这一问题得以摆脱神学的束缚，走上科学探求的道路。而生物由低级向高级进化的理论，从18世纪开始出现一直到19世纪中叶被科学地建立，也经历了长期的认识和发展的过程。

18世纪中叶，法国的生物学家布丰（Georges Louis Leclerc comte de Buffon，1707年~1788年）首先提出了关于地球起源和生命进化过程的思想，从而成为以科学的精神讨论生物进化的第一人。1755 年康德提出的星云假说，其蕴含的演化发展的科学思想也对生物学的发展产生了巨大的影响。19 世纪初，法国生物学家拉马克（Jean – Baptiste de Lamarck，1744 年～1829 年）提出了"用进废退"和"获得性遗传"的观点，建立了第一个比较系统的生物进化论学说。除此之外，赖尔的地质渐变论思想、细胞学说的建立，以及比较解剖学、胚胎学和古生物学的发展，所有这些关于生命科学和演化的理论都促进了科学的生物进化论的产生。

1858 年，英国生物学家达尔文（Charles Robert Darwin，1809 年～1882 年）在前人研究的基础上，出版了划时代的巨著《物种起源》，用丰富的材料系统地阐述了他的生物进化论学说，其中的核心思想是自然选择学说。达尔文进化论的主要内容有：①变异与遗传。生物存在普遍的变异现象，同种生物的不同个体间总是存在各种变异，生物由于环境变化而发生适应性变异的这种获得性状是可以遗传的。②生存竞争。由于繁殖过剩、生存空间和食物的有限，生物界与自然界之间普遍存在着生存竞争。③自然选择。变异和生存竞争导致自然选择，而遗传和自然选择作用能导致生物的适应性改变。在生存竞争中，自然界对所有的变异进行选择，让适者生存，不适者被淘汰，这种作用就叫作自然选择，这种选择作用加上遗传作用经过长期积累就会形成更具有适应性的新物种。总之，达尔文认为生物的进化是从共同祖先开始，在自然选择作用下经历由低级到高级、由简单到复杂的连续发展过程。

达尔文的进化论是在大量翔实的论据基础上作出的对进化论研究成果全面、系统的科学总结，从而彻底驳斥了神创论，是进化论发展史上划时代的里程碑，对人们的思想和自然科学的发展都产生了深远的影响。但达尔文学说也有一些不足之处，如他支持拉马克的获得性遗传的理论，而并没有任何科学根据；他强调物种形成的渐变方式，而全盘否定突变的可能，也是不全面的。

三、孟德尔的遗传学说

遗传与变异是生物界普遍发生的生命现象，生物的亲代与子代之间以及子代的个体之间性状存在相似性的现象叫作遗传，亲子之间以及子代个体之间总存在着或多或少的差异现象就叫作变异。达尔文的进化论也揭示了生物存在遗传和变异的现象，但他更多地强调了变异的作用，对遗传的机理没有进行科学的分析。首先对这一问题作出科学的突破性进展的是奥地利生物学家孟德尔（Gregor Johann Mendel，1822 年 ~ 1884 年)。

　　孟德尔从 1854 年开始，用了 9 年的时间，通过植物杂交实验来研究生物遗传现象。研究过程中的第一步就是选择适宜的实验材料，他认为所选植物应具有稳定、明显易于区分的性状，生长周期短，容易栽培，以便于观察和分析；是严格自花授粉植物，易得到纯种，以确保实验结果的可靠。由此，他选定了豌豆作为实验材料，为实验的成功奠定了基础。接着，他革新了前人同时研究许多性状的杂交方法，制定了把少数明显的性状作为研究对象的科学实验方法。他先对豌豆进行"纯系"培育，从中选出性状稳定而又有明显差别的豌豆品种，再确定了成对的易于识别的可区分性状，如高茎和矮茎、圆粒和皱粒等，然后通过杂交实验对不同代的豌豆的这些性状和数目进行仔细的观察和计数。最后，他又运用数学方法对实验结果进行统计分析并得出了定量的结果。在此基础上，他提出了遗传因子的假说，即他假定生物体内存在一种遗传物质，称为"遗传因子"；在细胞中遗传因子都是成对出现的，一个来自雄性亲本，一个来自雌性亲本；每一对遗传因子决定一种遗传性状。这样孟德尔就对他的实验结果进行了圆满的解释，从而得到了他的两条遗传基本定律。

　　1. 分离定律：是指在杂交后代出现的一对性状分别得到表现的现象。即具有一对相对性状的亲本杂交后代中成对的遗传因子发生分离从而性状发生分离的现象。而且分离的两种性状中的显性和隐性的个体比例是 3∶1。

　　2. 独立分配定律：是指在杂交后代出现的性状分离和自由组合的现象。即具有两对或两对以上相对性状的亲本进行杂交，所获得的杂种在形成性细胞时，成对的遗传因子发生分离，不同对的遗传因子发生自由组合，杂种能形成多少种性细胞，就有多少种的组合类型。例如，两对相对性状的亲本杂交后代中会出现四种组合性状，其比例为 9∶3∶3∶1，其中两对不同性状均呈显性为 9，两对性状中一对呈显性另一对呈隐性者分别为 3，两对性状都呈隐性者为 1。

　　孟德尔的这两条遗传基本定律的发现，为现代遗传学的诞生和发展奠定了坚实的基础，他也因此被后人称为现代遗传学之父。1865 年，孟德尔在布诺尔自然科学研究会上宣读了他揭示遗传学基本定律的论文《植物杂交实验》，但没有引起与会者以及科学界的接受和理解。他的划时代的发现竟然被埋没 35 年之久，直到 1900 年才重新被发现。

复习与思考题：

1. 为什么会产生非欧几何？

2. 为什么能量守恒与转化定律是比牛顿定律更基本的物理定律？

3. 19 世纪人们对生命的科学理解有哪些？

4. 简述麦克斯韦对电磁学的贡献。

5. 如何认识化学元素周期律的意义？

6. 19 世纪生物学的主要成就有哪些？

第九章　物理学革命及现代科学的产生

　　19 世纪末 20 世纪初，由于经典物理学无法解释的新实验事实的发现而造成了整个物理学的严重危机，为解决新事实同旧理论体系之间的矛盾，而爆发了一场物理学革命，这场革命先后延续了 30 多年，改变了人类对物质、运动、空间、时间等的基本认识，促成了相对论和量子力学的诞生，从而带动了现代自然科学和技术的发展，为人类文明开辟了新纪元。

第一节　物理学革命的序幕

　　19 世纪末，经典物理学以三大理论为支柱已经建立起完整的理论体系，在应用上也取得了巨大的成果。但这时人们却发现了两个实验与理论的不一致，被开尔文称为物理学上空的"两朵乌云"。实际上，伴随着三大实验发现，物理学上空已经是乌云密布。大量的新的现象与经典物理学之间的矛盾日益突出，物理学革命的序幕由此揭开。

一、两朵乌云

　　19 世纪末，以太漂移实验中得到了以太漂移的"零结果"，黑体辐射实验中

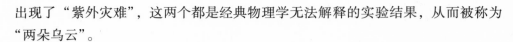

出现了"紫外灾难",这两个都是经典物理学无法解释的实验结果,从而被称为"两朵乌云"。

(一)以太漂移实验

"以太"一词源于古希腊,意为青天或上层大气。后来,人们把以太的概念引入物理学中来,它作为一种假想的物质观念,其内涵随物理学的发展而演变。

19世纪,物理学家发现光是一种电磁波,而生活中的波大多需要传播媒质,如声波的传递需要借助于空气,水波的传播借助于水等,受经典理论的影响,他们便假想宇宙中到处都充满着以太这种物质,它是绝对静止的参考系,尽管它是看不着、摸不到的,但正是这种物质在光的传播中起到了媒质的作用。于是,人们开始了寻找以太的努力。其中,以迈克尔逊 – 莫雷的以太漂移实验最为有名。

1887年,美国物理学家迈克尔逊(Albert Abrahan Michelson,1852年~1931年)和化学家莫雷(Edward Williams Morley,1838年~1923年)用迈克尔逊自制的光的干涉仪,进行了探测以太漂移的实验。他们的实验原理是:如果地球相对于绝对静止的以太运动,根据经典力学理论,在地球上不同方向发射的光对于地球将有不同的速度,将这些光叠加起来,就会产生干涉条纹,改变光的方向,干涉条纹也将移动。考虑到地球的公转和自转,他们在不同的季节、一天的不同时间分别进行实验,但所有的实验结果都一样,始终检测不到干涉条纹的移动,也就是说,各个方向上的光的速度都是一样的、不变的,即得到的是以太漂移的"零结果"。这个结果说明,地球和以太之间不存在相对运动,或者说"以太"本身就是不存在的。

迈克尔逊和莫雷的以太漂移实验在当时被认为是一个失败的实验,迈克尔逊后来在"精密光学仪器和用这些仪器进行光谱学的基本量度"方面的研究于1907年获得诺贝尔物理学奖时,也并没有提到这个实验。但是,迈克尔逊 – 莫雷实验动摇了以太学说,确认了真空中的光速是个不变的衡量,从而为爱因斯坦创立狭义相对论铺平了道路。

(二)黑体辐射实验

19世纪末,由于钢铁、化工等工业的发展,急需高温测量、光度计、辐射计等方面的新技术和新设备,因此,吸引了一大批物理学家从事热辐射研究。

黑体就是物理学家构造的一种理想模型,以此作为热辐射研究的标准物体。所谓黑体,是能全部吸收外来电磁辐射能而不发生反射和透射的物体。表面开一小孔的空腔，如炼钢炉就可看作近似黑体。黑体辐射，是指黑体在加热时能以电磁波的形式向外辐射能量的现象。黑体辐射实验就是研究当达到热平衡时，黑体会把能量全部以热辐射的形式发送出去，其量值可以通过实验测定出来，用辐射能量与波长的分布曲线就可以表示黑体的辐射规律，从而揭示热辐射现象的本质和规律的实验。

物理学家通过黑体辐射实验，得到了实验结果，即黑体辐射能量与波长的分布曲线。实验结果反映出分布曲线是一条有极大值的曲线。接下来，科学家要用经典物理学的理论来解释实验结果，但是，却遇到了困难。因为用经典的理论是无法得到有极大值的曲线的，只能得到单调的曲线，其中最著名的就是瑞利－金斯公式。1900年，英国物理学家瑞利（John William Strutt，1842年~1919年）根据经典电动力学和统计物理学理论导出一个经典分布公式。后来，英国天文学家金斯（James Hopwood Jeans，1877年~1946年）对它作了修正，即瑞利－金斯公式。这个公式与实验结果比较，发现在长波区与实验相符，在短波区却与实验结果相矛盾，显示出在短波区，辐射能量会逐渐增强并趋于无穷大，即在紫外端发散。也就是说，如果黑体辐射规律真的如瑞利－金斯公式那样，人的眼睛在看向炼钢炉或空腔内的热物质时，紫外线就会使眼睛变瞎，这一结果被称为"紫外灾难"，也被认为是经典物理学的灾难。

瑞利－金斯公式是依据经典物理学的理论推导出来的，但对黑体辐射实验的解释却失败了，这意味着经典物理学自身是有缺陷的。后来，普朗克正是为了正确解释黑体辐射实验，从而提出了能量子假说，解决了"紫外灾难"的问题。

二、三大实验发现

19世纪后半叶，气体放电现象引起了人们的兴趣。在研究的过程中，人们意外地发现，当放电管内的空气几乎被抽光达到真空状态时，放电管内的金属电极在通电时阴极会发出绿色辉光。后来，物理学家指出这种绿色辉光是由阴极的某种射线引起的，故命名为"阴极射线"。围绕着阴极射线的本质，科学家展开了一系列的实验研究，最终导致了19世纪末物理学的三大实验发现，这就是X射线、放射性和电子的发现。

（一）X射线的发现

X射线是1895年由德国物理学家伦琴（Wilhelm Conrad Rontgen，1845年~

1923 年）发现的。X 射线的发现是研究阴极射线的一项重大成果。1895 年 11 月
8 日晚，伦琴在实验室里做研究阴极射线性质的实验。为了避免外界紫外线和可
见光的影响，他把实验室的窗户用黑布遮好，为防止实验用的真空放电管内可见
光漏出管外，又用黑纸将放电管包起来。实验中他意外地发现 1 米外的荧光屏上
发出闪光，将荧光屏移至 2 米远继续做实验，屏上仍有荧光出现。这不可能是阴
极射线所引起的，因为阴极射线的穿透能力很弱，不能穿过放电管的玻璃外壳，
而且在空气中只能通过几厘米很短的距离；也不会是放电管内的光引起，因为已
用黑纸将放电管包住。伦琴意识到这是一种不同于阴极射线的新射线。为了确证
并尽可能地了解这一新射线的特性，伦琴用了 7 个星期深入研究这一现象。他用
书、木板、布料等不同材料挡在放电管和荧光屏之间，荧光屏上仍能发出不同强
度的闪光。他还把手伸到放电管与荧光屏之间，在荧光屏上看到了手的臂骼。经
过反复实验，他认识到了新射线的一些性质：具有极强的穿透力，能使荧光物质
发光、使照相底片感光，在磁场中不发生偏转，具有透视功能等。从而，他确信
这是一种尚未为人所知的新射线，便取名为 X 射线。当年的 12 月 28 日，伦琴公
布了他的发现。

　　X 射线的发现很快在全世界引起轰动。因为科学家不仅能在实验室立即开展
对它的研究，而且它也立即得到了广泛的实际应用。X 射线能穿透人体显示骨骼
和内脏的结构，能够穿透普通光线不能穿透的某些材料从而看到内部的状况，因
此很快被应用于医学和工业探伤等领域。科学家们关于 X 射线的本质也研究争
论了很多年，直到 1912 年，德国物理学家劳厄（Max Theodor Felix Von Laue，
1879 年～1960 年）发现 X 射线在晶体中的衍射从而判定 X 射线是一种波长很短
的电磁波。不久，英国物理学家莫塞莱（Henry Gwyn Jeffreys Moseley，1887 年～
1915 年）证实 X 射线是由原子中内层电子跃迁所发出的辐射。

　　X 射线的发现过程在物理学史上是一个由于偶然的发现导致重大成果的典型
例证。在伦琴之前，很多从事阴极射线研究的科学家都曾遇见过它，但均因疏忽
而与之擦肩而过。1880 年，德国物理学家戈尔茨坦（E. Coldstein，1850 年～
1930 年）在实验中注意到阴极射线管壁上会发出一种特殊的辐射，使管内荧屏
发光，但他以为这是以太波动，故未对此追根寻源。1887 年，英国物理学家克
鲁克斯（Sir William Crookes，1832 年～1919 年）发现放在阴极射线管旁边的底
片变黑了，他以为是底片质量问题，只是把底片退货给厂家。1890 年，美国物
理学家古茨彼德（A. W. Goodspeed，1860 年～1943 年）和金宁斯（W. N. Jen-

nings，？ 年 ~ ？ 年）在阴极射线管附近偶然发现了一张奇特的线圈的照片，但他们并未在意，只是随手把它放到一边，直到伦琴公布了他的发现后，他们才想起这件事，又把那张底片找了出来，重新加以研究，才发现这是用 X 射线拍得的第一张照片，它比伦琴拍出的照片早了 5 年。1894 年，英国物理学家汤姆逊（Joseph John Thomson，1856 年 ~ 1940 年）在测量阴极射线的速度时，也作了观察到 X 射线的记录，他当时没有时间研究这一问题，只是在论文中一笔带过。以上这些科学家都有机会发现 X 射线，但都没有成功。而伦琴之所以能从偶然的发现中得到必然的结果，是与他求实的科学态度、严谨的科研作风、敏锐的观察能力和卓越的科学远见分不开的，这使他能够迅速意识到前人无动于衷的新现象的重大价值，从而运用实验家的技巧进行深入研究，最终通过理论分析将一个偶然现象变成真正的科学发现。伦琴由于 X 射线的发现于 1901 年成为世界上第一个诺贝尔物理学奖获得者。

（二）放射性的发现

放射性的现象是 1896 年由法国物理学家贝克勒尔（Antoine Henri Becquerel，1852 年 ~ 1908 年）最早发现的。放射性的发现源于对 X 射线的研究。X 射线发现以后，人们开始考虑这种射线产生的原因。法国科学家彭加勒（Jules Henri Poincaré，1854 年 ~ 1912 年）提出，X 射线是从真空管阴极对面发荧光的玻璃管壁上产生的，因此能强烈地发出荧光的物质有可能会发射出 X 射线。贝克勒尔是研究荧光的专家，他受到彭加勒的启发，开始研究是否所有的荧光物质都能发射 X 射线。他试验了许多荧光物质，但都没有发射出能穿透厚纸使底片感光的射线。最后，当他选择了铀盐这种荧光材料时，实验才出现了预期效果。1896年 2 月，贝克勒尔把铀盐晶体放在黑纸包好的感光底片上，放在太阳底下晒。他的设想是，太阳光照射晶体产生荧光，如果荧光中伴随有 X 射线，那么它就能穿透黑纸使底片感光。果然，底片冲洗出来后，上面有了阴影，这证明有射线穿透了黑纸，贝克勒尔初步断定这种铀盐晶体发出的荧光中伴有 X 射线。当他想重复实验，进一步探索实验规律的时候，接着数日阴天，无法在太阳底下做实验。贝克勒尔只好把包好的底片放进抽屉，上面还是压着那块铀盐晶体。由于接连几天没有太阳，他想再检查一下，就把抽屉里的底片拿去冲洗，想象也许晶体里残存的荧光能使底片出现微弱的阴影。结果大出所料，底片上有很多的阴影。显然，这阴影与太阳、荧光都没有关系，而与晶体本身有关。这样，他就发现了铀元素自身能发出射线，这是一种与 X 射线不同的、穿透力很强的另一种辐射，他把这种射线称为铀射线。

原子能自发地放出射线，这个现象也引起了许多科学家的兴趣。1898 年，法国物理学家皮埃尔·居里（Pierre Curie，1859 年～1906 年）和他的夫人玛丽·居里（Marie Sklodowska Curie，1867 年～1934 年）在研究铀射线的过程中，找出了测量放射线强度的方法，又很快地发现了两种放射性更强的元素钋和镭。居里夫人还把这种现象命名为放射性。贝克勒尔和居里夫妇于 1903 年因放射性的研究而共享诺贝尔物理学奖。

后来的研究表明，放射性是元素的原子核发生衰变自发地放出射线的现象，天然放射性的射线由 α、β 和 γ 射线组成。放射性的发现奠定了核物理学的基础，为现代物理学的发展以及为人类认识物质的微观世界开辟了广阔的道路。

（三）电子的发现

电子是 1897 年由汤姆逊发现的。电子的发现也是源于对阴极射线的研究。关于阴极射线本质的问题，一直众说纷纭。各国的物理学家纷纷开展了一系列实验研究，在研究过程中，逐渐形成了两种观点，英国科学家认为阴极射线是带负电的微粒，德国物理学家则认为是一种电磁波。最终，由汤姆逊结束了这场争论。1897 年，汤姆逊通过实验得出了结论，阴极射线不会是电磁波，而是带负电的物质粒子。但这种粒子到底是什么，还需要做更精细的实验。汤姆逊想要对这种粒子的荷质比进行测量，为此，他巧妙地把磁场和电场结合在一起。因为单独的电场或磁场都能使带电体偏转，汤姆逊就对粒子同时施加一个电场和磁场，并调节到电场和磁场所造成的粒子的偏转互相抵消，让粒子仍作直线运动。这样，从电场和磁场的强度比值就能算出粒子运动速度。然后再根据粒子在电场作用下引起的偏转，就可算出粒子的荷质比 e/m。他发现这个值大约为氢离子的 2000 倍，从而确认了这种粒子的质量只有氢原子质量的一个很小的分数值，相当于氢离子质量的 1/2000。电子比原子小很多，可见电子是原子的组成部分。做进一步研究后，他证明了这种粒子存在的普遍性，并把这种粒子取名为电子，就这样电子被发现了。汤姆逊因此获得 1906 年诺贝尔物理学奖。电子的发现，使得原子不可分的传统观点被彻底打破了，激励并引导人们对原子结构进行探索，从而促进了原子物理学的建立和不断向前发展。

19 世纪末，物理学上的三大实验发现连同以太漂移的"零结果"和"紫外灾难"一起，对经典物理学的基本概念和基本定律，以及一些传统观念都造成了猛烈的冲击，从而诱发了一场物理学革命。

第二节　现代科学的产生

20 世纪初，现代物理学的两大基础理论，相对论和量子力学的建立，使物理学从低速步入高速运动现象，从宏观走向微观领域，从而进入现代科学的发展阶段。

一、相对论的建立

相对论是关于时空和引力的基本理论，由美籍德国物理学家爱因斯坦（Albert Einstein，1879 年~1955 年）创立，依据研究对象的不同分为狭义相对论和广义相对论。狭义相对论讨论的是匀速直线运动的参照系，即惯性参照系之间高速运动时的时空理论。广义相对论则把研究的问题推广到具有加速度的参照系，即非惯性系中，并在等效原理的假设下，广泛应用于引力场中。

（一）狭义相对论的建立

19 世纪末的以太漂移实验的"零结果"否定了地球相对以太的运动，同时还表明，光的速度是不变的，这是与经典力学相违背的。经典力学的支柱就是伽利略变换，即满足力学中的相对性原理要求的坐标变换。力学的相对性原理，是指力学定律在一切惯性参考系中其形式保持不变。伽利略变换体现了牛顿的绝对时空观。牛顿的绝对时空观认为时间、时间间隔、空间间隔（长度）、同时性都是绝对的，时间和空间是各自独立的，而且是与物质及其运动无关的存在，这种存在不受周围任何事物的影响。按照伽利略变换，对以不同速度做相对运动的两个惯性系来说，光速要有不同的值。这不仅和"零结果"相矛盾，而且与麦克斯韦的电磁场理论也发生了冲突。因为根据电磁场方程，光速也是一个常数。这也表明经典力学中普适的相对性原理，在电磁学理论中是不成立的。

为了解释以太漂移的"零结果"，爱尔兰物理学家菲兹杰拉德（G. F. Fitzgerald，1851 年~1901 年）于 1889 年提出了收缩假说，即一根在绝对空间和以太中运动的尺，会沿运动方向有一个收缩。荷兰物理学家洛仑兹（Hendrik Antoon

Lorentz，1853 年~1928 年）又作了进一步的发展，并于 1902 年引入了一个收缩因子，从而修改了伽利略变换中的时间坐标变换关系，导出了新的坐标变换（与狭义相对论中的相应公式完全一样），后来法国数学家和物理学家彭加勒把这个变换称为洛仑兹变换。通过这种变换，不仅能够圆满地解释以太漂移实验，而且使麦克斯韦方程在一切惯性系中也具有了相同的形式。但是洛仑兹坚信牛顿的绝对时空观念，也没有断然否定以太的存在，因此他无法解释这个新变换中的时间坐标的物理含义。对此，彭加勒作了进一步的发展，他认为相对论原理是普遍成立的。他指出物体的惯性随速度而增加，光速是一个极限速度，他还预言要有新的力学产生。应该说彭加勒已经接近了相对论，但是他没有正确地认识同时性问题，因而没有迈出关键的一步。

爱因斯坦在前人的这些基础之上，认识到解决问题的关键是放弃牛顿的绝对时空观，他于 1905 年 9 月发表了论文《论动体的电动力学》，提出了他著名的狭义相对论理论。该理论有两个基本原理：一是相对性原理，指物理规律在一切惯性参照系中都可表示为相同的形式，即都是一样的；二是光速不变原理，指光速相对任何惯性参照系保持不变，即不论光的观察者运动与否，光速在真空中都是一样的。从这两个原理出发，就可以推导出洛仑兹变换。洛仑兹变换就体现了爱因斯坦狭义相对论的时空观，即时间、时间间隔、空间间隔（长度）、同时性都是相对的，时间和空间是紧密相联的，并且与物质运动密不可分。此外，还得出一系列重要结论，主要有：①尺缩钟慢效应，即运动的尺子要缩短，运动着的时钟要变慢；②物体的质量随运动速度的增大而增大；③物质的质量和能量满足下列关系式：$E = mc^2$。

狭义相对论揭示了时间、空间与物质运动之间的关系，显示了在速度接近光速的高速运动过程中产生的时间和空间效应，它把宏观低速和高速运动统一了起来，实现了物理发展史上的第四次理论大综合。质能关系式又为原子核物理学的发展和应用开辟了新天地，从而促使了狭义相对论在物理学的各个领域的广泛应用。

（二）广义相对论的建立

狭义相对论获得了全世界的关注，但也有它的局限性，首先，它只能适用于惯性系。其次，不能考虑引力的影响。针对这两个方面，爱因斯坦继续进行探索。终于在狭义相对论诞生 10 年之后的 1915 年底，爱因斯坦发表了论文提出了他的广义相对论。1916 年初，爱因斯坦又发表了论文《广义相对论的基础》，最后完成了广义相对论的创立。

广义相对论也是建立在两个基本原理基础上的：一是广义相对性原理，指物理规律在任何参照系都可表示为相同的形式，即自然界的规律与我们所选择的参照系无关；二是等效原理，指一个存在着均匀引力场的惯性系和不存在引力场的加速运动的非惯性系是等效的，即一个运动在含有引力场的惯性系中和在有加速度的非惯性系中是完全相同的。从这两个基本原理出发，以黎曼几何等数学理论为工具，推导出来新的引力场定律和引力场方程。广义相对论实际上是一个关于时间、空间和引力的理论。广义相对论认为，整个宇宙就是一个引力场，引力场就是服从黎曼几何的弯曲的空间，空间弯曲的程度取决于物质本身在空间的分布，物质分布越密集的地方，引力场的强度就越大，时空弯曲得也就越厉害。因此，时间和空间的性质与物质本身的分布紧密相关，物质告诉时空怎样弯曲，时空告诉物质怎样运动，时间、空间和物质构成了一个有机整体。这是广义相对论对时空理论所作的进一步变革。广义相对论也明确提出了三个主要推论：①光线在引力场中发生弯曲；②水星近日点的进动；③引力场中光谱线向红端移动。这些推论都已被实验确证，尤其是英国的日食远征考察队于 1919 年证实了广义相对论对光经太阳引力场发生偏折的预言，从此，爱因斯坦和广义相对论在整个科学界引起轰动。

广义相对论揭示了时间、空间除了与物质运动有关以外，还与物质本身存在联系。狭义相对论认为时间、空间是一个整体（四维时空），能量、动量是一个整体（四维动量），但没有指出时间、空间与能量、动量之间存在关系。而广义相对论则指出能量、动量的存在（也就是物质的存在），会使四维时空发生弯曲，弯曲的时空又会反过来影响物质的运动。相对论对时空观的变革加深了人们对时间、空间性质的认识，开阔了人们的思维；同时，它扩展了物理学的研究空间和应用领域，从日常范围扩展到宏观宇宙空间，推进了现代物理学革命，为现代物理学的发展奠定了基石。

二、量子力学的创立

量子力学是研究物质世界微观粒子的运动规律的物理学分支，它与相对论一起构成了现代物理学的理论基础。量子力学在旧量子论的基础上发展起来，最后通过两种形式完成了量子力学理论的建立。

（一）旧量子论的诞生

旧量子论是一些比现代量子力学还早期的量子理论，这些理论主要是对于经典理论所做的最初始的量子修正。旧量子论包括德国物理学家普朗克（Max Karl Ernst Ludwig Planck，1858 年~1947 年）的量子假说、爱因斯坦的光量子理论和丹麦物理学家玻尔（Niels Henrik David Bohr，1885 年~1962 年）的原子理论。

1900 年 12 月 14 日，普朗克发表了量子假说，这一天被看成是作为量子力学之最初发端的量子论的诞生之日。量子概念的诞生是源于对黑体辐射的研究。为了克服黑体辐射的实验结果与经典理论之间的矛盾，普朗克根据实验数据用数学方法得到了后来以他的名字命名的普朗克公式，这个公式和实验结果是完全一致的。为了给这个公式赋予一定的物理意义，普朗克提出量子假说，假定物体吸收或发射辐射时能量不是连续的，而是以间断的形式一份一份的，每一份能量称为"量子"，量子的大小同辐射频率成正比（$E = h\nu$），比例常数 h 被后人称为普朗克常数。他根据这个量子假说，从理论上就可以推导出普朗克公式，从而正确地给出了黑体辐射能量分布，完美地解释了黑体辐射实验的实测结果。为此，普朗克获得 1918 年诺贝尔物理学奖。普朗克第一次把能量不连续的概念带入人们的思想，给人们提供了关于认识自然界的新思路，在量子力学创立的革命中迈出了关键性的第一步。普朗克的量子论虽然符合实验结果，但在相当长的时间内不为人们所理解和重视，普朗克本人也对量子的假定产生过怀疑。最先认识到量子假说的重要意义，并对普朗克的思想作了扩展的是爱因斯坦。

1905 年，爱因斯坦在量子假说的基础上提出了光量子假说，成功地解释了经典物理学无法解释的光电效应，对量子论的发展起到了巨大的推动作用。光电效应是 19 世纪末物理学家发现的一个重要而神奇的物理现象，指当高于某特定频率的光线照射在金属表面时，金属中便有电子逸出，即光生电的现象。经典物理学理论无法解释这种现象。为了对光电效应作出正确的解释，爱因斯坦利用量子概念分析光辐射的传播和吸收，提出了光量子假说，假设光的能量不但在发射和吸收时，而且在传播过程中都是不连续的、量子化的，这样光就可以被看成是一份一份的以光速 c 运动着的"光量子"（后被称为光子），即光具有粒子性，每个光量子的能量 $E = h\nu$，而电磁场就是由光量子组成的。根据光量子假说，爱因斯坦给出了光电效应方程，从而圆满解释了光电效应。为此，爱因斯坦获得了1921 年的诺贝尔物理学奖。光量子理论的提出在人类认识自然界的历史上第一次揭示了光的波动性和粒子性的统一，即光的波粒二象性，使得历经 300 多年的光的波动说与微粒说之争最终落下了帷幕。由此，量子论的观念开始被广为传播，为后来量子力学的建立开辟了道路。

1913 年，玻尔创造性地把量子概念和新西兰物理学家卢瑟福（Ernest Rutherford，1871 年～1937 年）的核式原子结构模型相结合，提出了原子的量子化轨道结构模型，即玻尔理论。玻尔提出这个理论，主要是为了解决卢瑟福的核式模型遇到的困难。1911 年，卢瑟福根据 α 粒子散射实验现象确定原子中有核存在，提出了原子的核式结构模型。卢瑟福的核式模型是指在原子中心有一个带正电荷的核，原子质量几乎全部集中在半径非常小的核上，核外电子沿着不同轨道绕核高速运转，犹如行星绕太阳运转。卢瑟福的模型有一定的合理部分，对揭示原子的结构起了积极的作用，但是电子绕核运转存在着无法克服的矛盾，它无法解释原子的稳定性和原子的线性光谱等现象。因为依据经典电磁理论，电子绕核旋转将不断辐射能量并减速，最后电子将落到核上导致原子的毁灭，即原子是不稳定的；此外，在此过程中会相应发射一个连续的辐射谱，这显然也不符合客观事实。针对这些问题，玻尔提出量子化轨道模型，其基本观点是：①原子中的电子在一些特定的具有确定半径圆周轨道上运动，在这些稳定态轨道上电子不辐射能量，即电子在分立的轨道上运动时原子具有确定的能量，这种状态就叫"定态"；②在不同轨道上运动的电子具有不同的能量，且能量是量子化的，距原子核最近的内层轨道上的能量最小，离原子核越远，能量越大；③只有当电子从一个轨道跃迁到另一个轨道，即原子只有从一个定态到另一个定态时，才能吸收或辐射能量，电子跃迁时吸收或辐射的能量取决于电子在此两轨道的能量之差：$\Delta E = h\nu$。如果吸收或辐射的能量以光的形式表现并被记录下来，就形成了光谱。这样，玻尔理论就合理地说明了原子结构的稳定性以及线性光谱线产生的原因，并促进了光谱学的发展。玻尔由于对原子结构理论的贡献而获得了 1922 年的诺贝尔物理学奖。

玻尔的原子理论将物质的分立结构与能量的分立结构结合起来，促进了量子理论的发展。尽管玻尔理论并没有完全脱离经典的框架，它是经典理论和量子理论的混合，这种建立在经典理论基础上的模型在微观领域中就不完善了，但是它无疑是旧量子论中最亮丽辉煌的贡献，为量子理论的研究指明了正确的方向，为后来量子力学的发展开辟了道路。

（二）量子力学的建立

量子力学通过两种形式得以建立：一种是奥地利物理学家薛定谔（Erwin Schrödinger，1887 年~1961 年）在德布罗意物质波的基础上建立的波动力学，另一种是德国物理学家海森伯（Werner Karl Heisenberg，1901 年~1976 年）等人建立的矩阵方程，这两种方程是形式不同但完全等价的同一个理论，后来被统称为量子力学。

1924 年，法国物理学家德布罗意（Louis Victor de Broglie，1892 年~1987 年）把光具有波粒二象性的思想推广到了一切微观粒子，通过对光和微观粒子进行类比，提出了微观粒子也具有波粒二象性的假说。这一假说不久就为一系列的实验所证实。德布罗意因提出了物质波理论荣获 1929 年的诺贝尔物理学奖。德布罗意的物质波理论是波和粒子概念的一次伟大综合，他通过类比的方法建立的这一理论对波动力学的建立也起到了关键性的作用。

1925 年，海森伯最先提出，后来与德国物理学家玻恩（Max Born，1882 年~1970 年）和约丹（Pascual Jordan，1902 年~1980 年）等人共同建立了矩阵力学。海森伯创建矩阵力学的思想出发点是针对玻尔的原子模型中不同观点的扬弃，他继承了在实验中经常接触到的光谱线的频率、强度、能级等概念，抛弃了不可以直接观察的诸如电子轨道运动等传统概念，由此建立起了这种新的力学理论。海森伯由于创立量子力学而获得了 1932 年的诺贝尔物理学奖。随后，英国的狄拉克（Paul Dirac，1902 年~1984 年）又对新力学作了进一步的改进，他的表述形式更简便，比海森伯的形式更普遍适用。

1926 年，薛定谔给出了根据德布罗意物质波理论建立起来的描述微观粒子运动规律的波动方程，从而建立了波动力学。薛定谔创建波动力学也是受到德布罗意的启发（主要是运用类比的方法）来建立的。早就有人对力学和光学进行过类比，薛定谔想到，既然力学和光学相似，光学中有几何光学和波动光学，而物质皆有波动性，那么除了经典力学，还应当有波动力学。而经典力学与波动力学的关系就类似于几何光学与波动光学的关系。正是在这样的类比方法的指引下，薛定谔从对微观粒子的波动性与微粒性作出统一描述的波函数出发，先求出自由粒子所满足的运动方程，然后再把它推广到微观粒子受到场作用的情形，就得到了薛定谔波动方程。1933 年，薛定谔由于创立了原子理论的新形式而与狄拉克分享了诺贝尔物理学奖。

矩阵力学和波动力学先后被提出，虽形式不同，但同样有效。1926 年，薛定谔证明两种力学在数学上是完全等价的，都是关于微观运动的理论。此后，两种力学统称为量子力学。由于波动力学使用的是微分方程，这种数学工具更为物理学家所熟悉，这就使它更广泛地被接受，也成为量子力学的主要形式。量子力学和狭义相对论相结合就产生了相对论量子力学。1928 年，狄拉克将其发展为电子的相对论性运动方程即狄拉克方程，预言了正电子的存在。20 世纪 30 年代以后形成了描述各种粒子场的量子化理论——量子场论，构成了量子力学发展的另一个大领域。

量子力学的建立使人们对客观规律的认识从宏观世界深入微观世界，并把宏观和微观物体的运动统一起来，实现了物理发展史上的第五次理论大综合。它作为现代物理学的基础之一，对现代科学技术的发展以及人类社会的进步都做出了重要的贡献。

复习与思考题：

1. 为什么会产生量子力学？
2. 狭义相对论的主要内容有什么？
3. 自然科学史上有过哪些理论的大综合？
4. 三大实验发现是什么？
5. 简述物理学危机的含义。
6. 什么是物理学革命？

第十章 20世纪的自然科学

本章教学目的和基本要求：

　　了解现代数学、物理学和化学的发展概况，对一些具有特殊意义的突破有一定的认识，重点是数理逻辑、原子核物理学、元素周期表的重新认识、三大合成材料；了解现代天文学、地学和生物学的发展，对理论和经验上的重大突破有所认识，重点是射电望探测、微波背景辐射、现代恒星演化理论、大陆漂移说、海底扩张说、板块构造理论、DNA双螺旋结构模型、基因工程；难点是粒子间的基本作用力、宇宙大爆炸模型和孟德尔遗传定律。

第一节 活跃的数学

　　20世纪的数学，其研究范围迅速扩大，研究内容不断深入，研究对象更加抽象，出现许多新的分支，与其他科学技术的关系也更加密切，呈现出一派活跃的景象。这里仅以模糊数学和运筹学两个分支为例，感受一下20世纪数学发展的趋势。

一、模糊现象与模糊数学

　　在日常生活中，经常遇到许多模糊现象，不能简单地用"是"或"否"来给以肯定清晰的描述，要使用一些模糊的概念来形容。比如"老人"就是个模糊概念，世界卫生组织定义60周岁以上的人群为老年人，按照这个规定，60岁的人肯定算老人，59 岁的人就不算老人而算是中年人了，两者只相差 1 岁，称呼就如此不同，似乎不合乎情理。再比如"矮个子"也是个模糊概念，一般认为男生身高不高于 170cm 的就是矮个子，那么 170cm 高的算是矮个子，171cm 高的就不算矮个子，这种描述显然也是不公平的。对上面的这些模糊现象能否用定量的描述和处理来使其概念更清晰呢？这正是模糊数学要处理的问题。

模糊数学是 1965 年以后发展起来的，是研究和处理模糊性现象的一个数学分支。因为在这一年，美国控制论专家扎德（L. A. Zadeh，1921 年 ~ ）发表了论文《模糊集合》，标志着这门新学科的诞生。模糊数学以"模糊集合"论为基础，用"隶属函数"的概念来描述现象差异中的中间过渡，即采用介于 0 和 1 之间的实数来表示隶属程度，从而突破了经典集合论中属于或不属于的绝对关系。比如上面有关"老人"的例子，60 岁的肯定属于老人，它的从属程度是 1；40 岁的人肯定不算老人，它的从属程度为 0；按照"隶属函数"的概念，59 岁属于"老"的程度为 0.95。"矮个子"的例子中，170cm 高的从属程度是 1，即肯定是矮个子；180cm 高的肯定不是矮个子，它的从属程度为 0；那么 171cm 属于"矮"的程度为 0.9。这样，人们就可以对这些模糊现象进行定量清晰的描述了。

模糊数学产生的时间虽然不长，但它的发展十分迅速，应用也十分广泛。它涉及自然科学、人文科学和管理科学等许多方面，在图像识别、人工智能、自动控制、信息处理等领域中，都得到了广泛应用。诚然，模糊数学的体系还未形成，理论还未成熟，这些都有待日后进一步完善。

二、田忌赛马与运筹学

作为运筹学思想萌芽的朴素的优化思想在古代就已经产生了。例如，历史上有名的"田忌赛马"，讲的是齐国将军田忌经常与齐国众公子赛马，设重金赌注。他们的马都分为上、中、下三等，比赛的时候，都是上等马对上等马，中等马对中等马，下等马对下等马。由于他们的各个等级的马都差不多，所以比赛有赢有输。后来，有一场比赛，田忌与齐王和各位公子用千金来赌注，田忌听从了军事家孙膑的建议，用自己的下等马对对方的上等马，用上等马对对方的中等马，用中等马对对方的下等马，田忌以一场败而两场胜的结果，最终赢得齐王的千金赌注。这说明在已有的不能改变的条件下，经过筹划、安排，选择一个最好的方案，就会取得最好的效果。

运筹学作为一门应用数学的分支，用纯数学的方法来解决最优安排问题是在20世纪40年代才开始兴起的。运筹学主要用来研究经济和军事等活动中能用数量来表达的有关策划、管理方面的问题。它可以根据问题的要求，利用数学工具通过分析、运算，得出各种各样的结果，最后提出综合性的合理安排，以达到最好的效果。运筹学目前已形成了许多分支，其中最重要的分支有规划论、排队论和对策论等。规划论要解决的是在给定的有限资源条件下，按某一个衡量指标，可以是产值最大或成本最低，目的都是取得最佳经济效益，来寻求安排的最优方案。排队论要解决的是各种各样的排队现象，用概率论、微积分等数学方法通过分析排队队长、等待时间等的概率分布，来协调服务机构和服务对象之间的矛盾，从而在满足服务对象的条件下，使得服务机构成本最低。对策论也叫博弈论，"田忌赛马"的例子就是典型的对策论问题，它要解决的是在各种手段受到限制的情况下，双方在竞争性的活动中如何确定取胜的最优策略。

运筹学可以提供解决各类问题的优化方法，故有着广阔的应用领域，目前已被广泛应用于工商企业、军事部门、民政事业等各个方面，而随着科技和生产的发展，运筹学也将发挥越来越重要的作用。

第二节　微观物理学的发展

19世纪末的三大发现，打开了微观世界的大门，使人们认识到原子还有内部结构，促进了微观物理学的诞生。量子力学和相对论的建立，使人们认识到在微观领域里关于粒子运动的牛顿力学已不再适用，为微观物理学的发展奠定了理论基石。随着人们的注意力开始向原子内部的原子核和基本粒子转移，原子核物理学和粒子物理学也开始发展起来。

一、原子核物理学

原子核物理学是研究原子核的结构和变化规律，获得射线束并将其用于探测、分析的技术，以及研究同核能、核技术应用有关的物理问题的学科。1896年，贝克勒尔发现铀的放射性，这是对原子核变化的首次观测，原子核物理学就此初露端倪。

最初的几年，人们主要是研究这些天然的放射性元素放出的射线以及它们的性质。1898 年，卢瑟福发现了两种射线，一种穿透能力弱，他称之为 α 射线，另一种有较强的穿透能力，称之为 β 射线。1900 年，法国化学家维拉德（Paul Villard，1860 年~1934 年）又发现了具有更强穿透本领的第三种射线 γ 射线。1903 年卢瑟福又首先提出放射性元素的自发转变现象，证实放射性涉及从一个元素到另一个元素的嬗变，并进一步证实 α 射线是带正电的氦核，β 射线是带负电的电子流，γ 射线是光子流。他由于对元素蜕变以及放射化学的研究荣获 1908 年的诺贝尔化学奖。由于组成 α 射线的 α 粒子带有巨大的能量，为探索原子结构提供了前所未有的武器，就成为卢瑟福用来打开原子大门的有力工具。1911 年，卢瑟福用 α 粒子轰击原子发现了原子核，由此开始了对原子核的认识和研究。

　　质子和中子的发现，是原子核初期研究中的两项重大进展，它们为原子核模型的建立提供了依据。1919 年，卢瑟福用 α 射线轰击氮原子核，结果转变成为氧原子核并释放出一个质子，这不仅是质子的首次发现，而且是人们第一次用人工的方法把一种元素转变为另一种元素，首次实现人工核反应。此后用粒子引起核反应的方法逐渐成为研究原子核的主要手段。至此，人们知道了原子核里面有带正电的质子，它和核外带负电的电子电荷量相等，正好完美解释了原子电中性的表现。但进一步的研究表明这样组成的原子又显示出新的矛盾。原子核中的质子数并不等于原子的质量数，它只是质量数的一半甚至更少。为解决这个矛盾，物理学家们纷纷提出了不同的假设。其中，最具有开创性的是卢瑟福提出了原子核内可能存在质量与质子几乎相同的中性粒子的预言。1932 年，卢瑟福的学生查德威克（James Chadwick，1891 年~1974 年）发现了中子，从而证实了恩师的预言。查德威克也因此获得了 1935 年的诺贝尔物理学奖。中子的发现，不仅使人们对原子核的组成有了一个正确的认识，而且为人工变革原子核提供了有效手段，促进了原子核能应用的开发。随后，人们提出了原子核由质子和中子组成的模型。原子核物理学就此诞生。

　　人工放射性元素的发现，是对原子核开展研究工作的新起点。1934 年，法国的约里奥－居里（Joliot－Curie，1900 年~1958 年）夫妇发现了人工放射性，即自然界不存在而通过人工产生的放射性。人工放射性的发现，开启了人造放射性同位素的应用，从此，科学家不再只是依靠自然界的天然放射性物质来研究问题，这也大大推动了原子核物理学的研究速度。约里奥·居里夫妇也因此获得 1935 年的诺贝尔化学奖。

重核裂变的发现和原子核裂变反应堆的建立，开创了原子核能开发利用的新世纪。在这一阶段的研究工作中，中子起到了至关重要的作用。由于中子不带电荷，不受静电作用的影响，可以比较自由地接近以至进入原子核，容易引起核的变化，因此，它刚一被发现就立即被人们想到用来代替 α 粒子来轰击重元素的原子核。1938 年，德国化学家哈恩（Otto Hahn，1879 年~1968 年）和物理学家施特拉斯曼（Fritz Strassman，1902 年~）在用中子轰击铀的实验中发现了铀核的裂变。而根据爱因斯坦的质能公式，即 $E = mc^2$，可以估算出裂变过程中会释放出巨大的能量。因此，重核裂变的发现揭示了人们利用这种巨大核能的可能性。哈恩因发现重核裂变现象而获得 1944 年的诺贝尔化学奖。1942 年，意大利裔美国物理学家费米（Enrico Fermi，1901 年~1954 年）建立了第一个原子核裂变反应堆，开创了可控核能释放的历史。

自 20 世纪 40 年代以来，从发展核武器到有效利用核能源，原子核物理学进入飞跃发展的时期，同时它也深刻地改变了我们的生活。目前，人类正探索着热核聚变反应，这将为人类开辟更加广阔的能源来源。

二、粒子物理学

粒子物理学是研究比原子核更深层次的微观世界中基本粒子的结构、性质及其相互转化和相互作用规律的物理学分支。

粒子物理学的发展源于 1897 年电子的发现，随着质子、中子的发现，人们对原子的研究开始转向和这些基本粒子有关的内容，到 20 世纪 30 年代，由于实验技术和实验方法的不断改进，特别是高能粒子加速器能量的迅速提高，一大批基本粒子被发现，粒子物理学逐渐发展成为一门独立的分支学科。

迄今人们认识到基本粒子之间存在四种基本相互作用力，即万有引力相互作用、电磁相互作用、弱相互作用和强相互作用。万有引力存在于所有粒子之间，属于长程力，作用范围很大，主要在宏观世界起作用，因为根据牛顿的万有引力公式可知，由于基本粒子的质量极小，所以它们之间的万有引力可以忽略不计，在微观世界中只有在极小的距离才起作用。电磁力从本质上来说是运动电荷间产生的，它也属于长程力，但它在宏观和微观世界同样起作用。弱相互作用是产生于放射性衰变过程和其他一些基本粒子衰变等过程之中的，强相互作用则能使质子、中子这样的一些粒子集合起来，弱力和强力都属于短程力，都是微观粒子间的相互作用。这四种相互作用的强度也是不一样的，相差很大，由强到弱依次为：强相互作用、电磁相互作用、弱相互作用、万有引力相互作用。现在我们常遇到的力，如重力、摩擦力、弹性力、库仑力、分子力、原子力、核力等，都可归结为这四种基本相互作用。

到目前为止，已发现的基本粒子有几百个，这些发现了的基本粒子，加上理论上预言其存在的引力子，按相互作用的性质，可分成引力子、光子、轻子和强子四类。引力子在物理学中是一个传递引力的假想粒子（目前仍未得到实验证实、未知是否真正存在）。光子是传递电磁相互作用的基本粒子，其静止质量为零。轻子是指那些不参与强相互作用的粒子，它们主要参与弱相互作用，但如果带电它们也产生电磁作用，包括电子、μ 子、τ 粒子和中微子。强子是指所有受到强相互作用影响的粒子，包括重子和介子；其中重子又包括核子（中子和质子）和超子（是指其质量均超过核子的粒子），介子包括 π 介子、κ 介子和 η 介子，由于介子类的基本粒子的静质量介于轻子和重子之间，故取名为介子。

关于基本粒子的内部结构问题，目前粒子物理学中已被普遍接受的是夸克模型。1964 年，美国物理学家盖尔曼（Murray Gell-Mann，1929 年~）和茨威格（George Zweig，1937 年~）分别独立地提出强子是由更基本的单元夸克（茨威格最初叫构成粒子为艾斯）所组成的夸克模型。"夸克"这一名字是盖尔曼所取，来自他少年时读过的一本小说的词句，夸克在该书中具有多种含义，其中之一是一种海鸟的叫声，盖尔曼一方面是想给这一基本单元以奇特的发音，另一方面可能他并不企求能被物理学家承认，因而就用了这个幽默的词。夸克模型指出，夸克是一种基本粒子，也是构成物质的基本单元；夸克互相结合，形成一种复合粒子，就是强子；强子中最稳定的就是质子和中子，它们是构成原子核的单元；由于一种叫"夸克封闭"的现象，夸克不能直接被观测到，或是被分离出来，只能在强子里面找到夸克。就是因为这个原因，人们对夸克的所知大都来自对强子的观测。自 20 世纪 70 年代，随着高能物理实验的进行，人们确信了夸克的存在。现在人们认识到夸克有六味（夸克的种类称为"味"）三色（指一种叫"色荷"的性质，色荷分为三种：蓝、绿、红）。1995 年，美国费米实验室宣布已从实验上证实了最后一种顶夸克的存在。至此，六种夸克的存在已全部被实验证实。现今人们已确信夸克和轻子层次是目前人们达到的一个基本物质结构层次，夸克模型已成为粒子物理学最基础的模型。盖尔曼由于对基本粒子及其相互作用分类的贡献，获得 1969 年的诺贝尔物理学奖；但当时夸克模型仍未被普遍接受，故在他的获奖原因中并没有被列出，因此茨威格没有被授予诺贝尔奖。

把四种基本相互作用统一起来的大统一理论，已成为当代物理学界普遍关心的重大课题之一，在粒子物理学中还存在其他许多重大问题，物理学家们正在积极探索，随着粒子加速器、探测手段等科学技术的不断发展，必将带动粒子物理学的快速前进。

第三节　现代化学的发展

20世纪以来，在现代科学技术发展的推动下，化学在认识物质的组成、结构、性质和合成等方面都有了长足的进展，而且在理论方面也取得了许多重要成果。

一、无机化学的发展

无机化学是研究无机化合物的化学，是化学学科中发展最早的一个分支学科。20世纪科学的发展，使无机物的研究由宏观深入微观，从而将元素及其化合物的性质和反应同结构联系起来，形成现代无机化学。现代无机化学就是应用现代物理技术及物质微观结构的观点来研究和阐述化学元素及其所有无机化合物的组成、性能、结构和反应的科学。无机化学的发展趋向主要是在对元素周期律重新认识的基础上，对新型化合物的合成和应用，以及新研究领域的开辟和建立。

元素周期律对化学的发展起着重大的推动作用。20世纪，在三大实验发现的基础上，随着对放射性和原子结构的深入研究，人们对元素周期律逐渐有了深入的认识。1913年，英国物理学家莫斯莱（Henry Gwyn Jeffreys Moseley，1887年~1915年）在研究元素的X射线光谱后，发现元素的主要特性是由其原子序数决定，而不是由原子量决定。原子序数就是化学元素相应原子核电荷数，周期律应该按原子序数排列，而不是按门捷列夫所说的原子量，这样就解决了化学元素周期律中原子量的倒置问题。而真正揭示了元素周期律本质的是对原子结构的深入研究。1925年，表述微观粒子波粒二象性的量子力学建立后，在玻尔的量子化轨道模型基础上，1935年，科学家们进一步提出了原子结构的"电子云"模型，认为电子在原子中处于不同的能级状态，粗略说是分层分布的；每个电子层中的电子作高速度运转，它没有固定的轨道，就好像一团带有负电荷的雾笼罩在原子核的周围，故称之为"电子云"；电子出现机会较多的地方电子云密度较大，反之则电子云密度较小。按照这个模型，随原子序数的递增，原子的最外电子层结构呈周期性变化，元素的化学性质主要取决于原子的最外电子层结构。总之，莫斯莱的发现以及原子结构的确立，使人们明确认识到化学元素性质的周期性，是由于原子的电子层结构的周期性造成的，元素周期律深刻地反映了元素之间的这种内在联系。化学元素周期律自诞生到现在，一直发挥着重要的作用，不但指导了人们发现和合成新的元素，还指导了对元素及其化合物性质的系统研究，从而成为现代物质结构理论发展的基础。

20世纪出现了许多新型化合物，为无机化学的研究开辟了新的领域。例如，簇状化合物，是指普通配位数为4的四面体络合物和配位数为6的八面体络合物，由于形状有点像笼状，故被称为笼状化合物。笼状化合物中，金属是笼子的组成部分，通过配体互相连接，形成笼子结构。这一类化合物的研究非常重要，因为金属在笼中产生的协同作用，要比单独存在时强，许多工业的金属催化剂就是这样。还有在70年代有了迅速发展的穴状化合物，这是一类巨多环的络合物。巨多环作为配体有特别高的选择性，与金属形成的络合物特别稳定，它们可用作制备碱金属离子选择性电极的原材料。

此外，无机化学的研究范围也迅速扩大，出现了许多新的边缘学科，如生物无机化学和有机金属化学等。生物无机化学是化学和生物交界的边缘学科。近年来的研究发现，在很多生物过程中金属起着核心的作用。那么金属离子如何结合而产生分子结构以及如何发生各种生物作用，都是需要研究的问题。因此，生物无机化学将是今后研究的一个最活跃的领域。有机金属化学是有机和无机交界的新领域。前面说到的簇状化合物和笼状化合物都是有机金属化合物。它们的新型结构和新的成键方式为无机化学的基础理论研究提供了重要的资料。而这些化合物也是有机制备的试剂和中间产物、化工生产中的选择性和活化力高的催化剂以及医疗、解毒、杀菌等高效的药剂。因此，金属有机化学必然有更大的发展。

随着新化合物的合成、新的研究领域的出现，以及新的生产实际的需要，无机化学的研究也将继续向前发展。

二、分析化学的发展

分析化学是关于研究物质的组成、含量、结构和形态等化学信息的分析方法及理论的一门化学分支，它包括化学分析、仪器分析两部分。分析化学在化学的发展中起着非常重要的作用，因为在整个化学中都要有定性和定量的分析工作。但分析化学最初只是作为一门技艺而存在，直到 19 世纪末 20 世纪初，人们把一些相关的理论与分析内容相结合，才使得分析化学真正成为一门科学。

20 世纪以来，分析化学获得了蓬勃的发展。在 20 世纪 40 年代以前，物理化学的发展为分析化学提供了理论基础，人们利用溶液平衡理论、动力学理论及配合理论等，深入研究了指示剂作用原理、缓冲原理以及诱导反应等内容，大大促进了以经典化学分析为主的分析化学的发展。

20 世纪 40 年代以来，随着原子能工业的发展以及半导体技术的兴起，能够提供灵敏、准确而快速分析方法的仪器分析发展迅速，成为分析化学的发展方向。仪器分析按照测定的方法原理不同，分为光谱分析、电化学分析、色谱分析以及其他仪器分析法。光谱分析是以光谱学为理论基础，由于各种结构的物质都具有自己的特征光谱，利用这些特征光谱就可以研究物质结构或测定化学成分，不少化学元素就是通过光谱分析发现的，现已广泛地用于地质、冶金、农业、医药、生物化学、环境保护等许多方面。电化学分析是建立在物质在溶液中的电化学性质基础上的一类仪器分析方法，许多电化学分析法既可定性又可定量，既能分析有机物又能分析无机物，并且许多方法便于自动化，故在生产的各个领域都有着广泛的应用。色谱法也叫层析法或层离法，是一种分离和分析方法，是利用不同物质在不同相态的选择性分配，以流动相对固定相中的混合物进行洗脱，混合物中不同的物质会以不同的速度沿固定相移动，最终达到分离的效果，色谱法按照两相的状态可分为气相色谱和液相色谱两种，现已经成为最重要的分离分析科学，也已广泛地应用于石油化工、有机合成、环境保护等许多领域。

20 世纪 70 年代以来，以计算机应用为主要标志的信息时代的到来，为分析化学提出了更高的要求，促使分析化学与数学、物理学、生物学以及计算机科学等紧密地结合，形成一门多学科性的综合性科学，从而不断地向前发展。

三、有机化学的发展

20 世纪，在其他学科的带动下，有机化学进入了迅猛的发展时期，一方面建立了现代化学键理论，另一方面，有机化学不仅从自然界获取有机化合物，而且还可以合成出自然界不存在的有机化合物，极大地促进了有机合成工业的发展。

关于化合物中的原子之间结合的机理问题，人们在 19 世纪提出了原子价学说，这是对价键理论的早期认识。进入20世纪，在电子的发现和原子结构模型的基础上，现代化学键理论逐步建立起来。1916年，德国化学家柯塞尔（Walther Kossel，1888年~1956年）和美国化学家路易斯（Gilbert Newton Lewis，1875年~1946年）分别提出了离子键和共价键理论，前者认为离子型化合物中的化学键是靠正负离子的静电引力而形成的离子键，后者认为由两个原子共用电子对可形成共价键，主要以共价键结合形成的化合物叫作共价化合物。尽管这两个理论解释了一些化合物原子之间的结合问题，但由于它们都是一种静态的理论，所以还不能说明化学键的本质问题。1927年，德国物理学家海特勒（Walter Heinrich Heitler，1904年~1981年）和伦敦首先将量子力学引入化学，解释了氢分子中共价键的实质问题，即共价键不是静止于两核间的电子对，而是动态的"电子云"，从而阐明了化学键的微观本质，为化学键的价键理论提供了理论基础，并开创了量子化学这门学科。1931年，美国化学家鲍林（Linus Pauling，1901年~1994年）等人加以发展，引入杂化轨道概念，综合成价键理论，成功地应用于双原子分子和多原子分子结构的解释。价键理论的核心思想是原子间相互接近轨道重叠，原子间共用自旋相反的电子对使能量降低而成键。价键理论虽然能较好地说明共价键的形成和分子空间构型，但也有一定的局限性。1932年，美国科学家莫立根等人先后提出了分子轨道理论，弥补了价键理论的不足。价键理论着重于原子轨道的重组杂化成键，而分子轨道理论则注重于分子轨道的认知，即认为分子中的电子围绕整个分子运动，把分子看成一个整体。1965年，美国化学家伍德沃德（Robert Burns Woodward，1917年~1979年）和霍夫曼（Roald Hoffmann，1937年~）在合成维生素 B_{12} 时，提出了分子轨道对称守恒原理，该理论用对称性简单直观地解释了许多有机化学过程，对分子轨道理论作了进一步的发展。目前，分子轨道理论在有机化学的现代共价键理论中占有非常重要的地位。

现代化学键理论的建立，对有机合成工业起着极大的推动作用。有机合成方面主要研究从较简单的化合物或元素经化学反应合成有机化合物。有机合成大致分为两方面：①基本有机合成，包括从煤炭、石油和天然气等原材料合成重要化学工业原料，如合成纤维、塑料和合成橡胶的原料等；②精细有机合成，包括从较简单的原料合成较复杂分子的化合物，如化学试剂、医药、农药、染料、香料和洗涤剂等。20世纪70年代以后，有机合成的新领域迅速发展，如一些有一定立体构象的天然复杂分子的合成，一些新的理论和方法的进展等，这些都将继续推动着有机化学的发展。

四、物理化学的发展

20 世纪，随着科学的迅速发展和各门学科之间的相互渗透，物理化学在不断发展的同时，也不断地派生出许多新的分支学科，涵盖化学热力学、化学动力学、量子化学和结构化学等众多分支。

化学热力学主要研究物质系统在各种条件下的物理和化学变化中所伴随着的能量变化，从而对化学反应的方向、反应进行的程度以及平衡条件等问题作出准确的判断。化学热力学是建立在三个基本定律基础上发展起来的。19 世纪建立了热力学的第一和第二定律。热力学第三定律是 1906 年由德国物理化学家能斯特（Walther Hermann Nernst，1864 年~1941 年）提出的，他指出绝对温度的零点是不可能达到的。这个定律为化学平衡提供了根本性的原理。不过，热力学的这三个定律只是适用于平衡和可逆的过程，而自然界中的现象往往是不可逆和非平衡状态的。1967 年，比利时物理化学家普利高津（Ilya Prigogine，1917 年~2003 年）研究远离平衡的不可逆过程，提出了著名的耗散结构理论，从而使热力学理论取得了重大的进展，普利高津因此获得了 1977 年诺贝尔化学奖。

化学动力学是研究化学反应过程的速率和反应机理的分支学科，它的研究对象是物质性质随时间变化的非平衡动态体系。20 世纪，化学动力学也获得了突破。1927 年，苏联化学家谢苗诺夫（Nikokay Semenov，1896 年~1986 年）通过研究，丰富和发展了链式反应理论，奠定了分支链式反应的理论基础和实验基础，并发现了爆炸反应的极限，这对化学反应过程和化学反应动力学的研究有重大的意义。由于在化学反应动力学方面所做出的贡献，谢苗诺夫与英国物理化学家欣谢尔伍德（Cyril N. Hinshelwood，1897 年~1967 年）分享了 1956 年诺贝尔化学奖。20 世纪后期，随着自由基链式反应动力学研究的普遍开展，给化学动力学带来两个发展趋向：一是对元反应动力学的广泛研究；二是迫切要求建立检测活性中间物的方法，这个要求和电子学、激光技术的发展促进了快速反应动力学的发展。

量子化学是应用量子力学的基本原理和方法来研究化学问题的一门分支学科。1927 年海特勒和伦敦用量子力学基本原理讨论氢分子结构问题，从而逐渐形成了量子化学这一分支。人们在把量子力学的原理应用于分子间相互作用的研究过程中，促成了现代化学键理论的建立和发展，这是量子化学发展的最初阶段的研究工作。20世纪60年代以后，人们进入量子化学计算方法的研究，根据量子化学计算可以进行分子的合理设计，如药物设计、材料设计、物性预测等。计算量子化学的发展，使定量的计算扩大到原子数较多的分子，并加速了量子化学向其他学科的渗透。

结构化学是在原子、分子水平上研究物质分子构型与组成的相互关系，以及结构和各种运动的相互影响的分支学科。20世纪，实验物理方法的发展和应用为结构化学提供了各种测定微观结构的实验方法，量子力学理论的建立和应用又为描述分子中电子和原子核运动状态提供了理论基础，随着现代物理学的迅速发展，人们开始深入探索化学物质的微观结构与其宏观性能之间的相互关系，大大推动了结构化学的发展。

随着科学技术的进步，物理化学的研究对象将不断扩展，研究内容将不断扩充，研究手段将不断进步，它不仅在化学领域，而且在生命、材料、能源和环境等重大科学领域中越来越发挥着不可替代的作用。

第四节　现代天文学的发展

20世纪以来，各种观测手段的提高和现代科学技术的发展，不但使天文学的地面探测能力得到了显著增强，兴起了射电天文学，天文学由此获得了许多重大的发现，而且还开创了空间探测技术，使得空间天文学也得以兴起，天文学进入了全波时代。此外，伴随着物理学科的迅速发展，人们对恒星以及宇宙的起源和演化都有了新的认识。

一、射电天文学的兴起

射电天文学是以无线电接收技术为观测手段，通过无线电频率研究天体的天文学分支。在地面上观测天体，必须通过大气"窗口"，因而只能在几个电磁波段内进行，也就是说，天体发射的电磁波不是全部都能穿过大气层到达地面被人们观测到的，能够到达地面的只有可见光和射电波段两个"窗口"。前者包括全部可见光和一小部分紫外及红外线，后者是 $1mm \sim 60m$ 的无线电波。

20世纪30年代，人们才发现了射电"窗口"，但真正的射电天文学的研究是在20世纪40年代才真正开始发展的。最初是在1942年，英国的雷达发现了太阳上发出的强烈的无线电噪音，这使人们意识到可以应用雷达技术进行天文观测，由此射电天文学开始兴起。随着射电望远镜技术的使用和发展，射电天文学取得了 20 世纪 60 年代天文学的"四大发现"，即类星体、脉冲星、微波背景辐射和星际分子的发现。

类星体是天文学家于 1963 年发现的一类特殊的天体，在光学照片上的形态类似恒星，但两者的本质却截然不同，故称为类星体。人们发现类星体相距遥远、体积很小、但能量很大，而且还有很大的红移量，表示它正以飞快的速度在向地球远离。天文学家目前已经发现了二十多万颗类星体，大约都在距离地球 100 亿光年以外，这可能是目前所发现的最遥远的天体，正是由于它们发射的巨大能量而被观测到。类星体的这些性质与现代物理学之间产生了矛盾，不但引起了天文学家的兴趣，也引起了物理学家的质疑，从而对天文学和物理学都产生了深远的影响。

脉冲星是 1967 年天文学家发现的一种新型的天体。由于它会周期性地发射短促的射电脉冲信号，故命名为脉冲星。天文学家已经证实，脉冲星就是正在快速自转的中子星，正是由于它的快速自转而发出射电脉冲。脉冲星具有一些极端的物理条件，如超高温、超高压、超密度、超强磁场和超强辐射等，因此对脉冲星的研究能够帮助我们更好地了解宇宙。

微波背景辐射是指来自宇宙空间背景下的各向同性的微波辐射。1964 年，美国科学家用高灵敏度的号角式接收天线系统来进行实验时，发现总有消除不掉的背景噪声，这个噪声相当于温度在 3.5K 的物质发出的射电辐射。后来，他们又订正为 3K，称为 3K 微波背景辐射。这种辐射具有黑体辐射谱并且是各向同性的，这说明这不仅是极大的时空范围内的事件，而且在各个不同方向上，在各个相距非常遥远的天区之间，应当存在过相互的联系，简单地说，这是一种宇宙背景辐射。而 3K 的辐射温度与宇宙大爆炸理论的预言大体相符，因此这被看作是对大爆炸宇宙理论的强有力的支持。

星际分子指存在于星际空间的无机分子和有机分子。自 1963 年美国用射电望远镜发现了星际羟基以来，天文学家应用射电天文方法已经发现了数百种星际分子。在已发现的星际分子中，大部分是星际有机分子，如甲醛、甲醇、甲酸等，还有一些是地球上没有的，甚至在实验室中也很难稳定存在的分子。目前，关于星际分子的形成过程及其化学演化还不十分清楚，因此，对星际分子特别是星际有机分子的研究，有助于对宇宙，乃至对生命起源有更深入的认识。

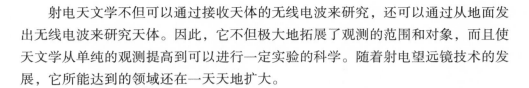

射电天文学不但可以通过接收天体的无线电波来研究，还可以通过从地面发出无线电波来研究天体。因此，它不但极大地拓展了观测的范围和对象，而且使天文学从单纯的观测提高到可以进行一定实验的科学。随着射电望远镜技术的发展，它所能达到的领域还在一天天地扩大。

二、空间天文学的兴起

空间天文学是借助火箭、气球、人造卫星和宇宙飞船等空间飞行器，在高层大气和大气外层空间区域进行天文观测和研究的一门学科，它是空间科学和天文学的边缘学科。

空间天文研究于20世纪40年代发射探空火箭和发送气球开始兴起，随着世界上第一颗人造地球卫星成功发射，美国于1960年发射了第一颗天文卫星"太阳辐射监测卫星1号"，对太阳进行紫外线和X射线观测。此后，世界各国又相继发射了许多天文卫星和用于天文研究的各种星际飞船。20世纪60年代以来，空间天文学在太阳系探索和红外、紫外、X射线、γ射线天文方面的研究，都取得了十分重大的成就。

空间天文学突破了地球大气这个屏障，使得天文观测的"窗口"从可见光和无线电扩展到了来自外层空间的整个电磁波谱，大大丰富和扩展了人类对宇宙和各类天文现象的认识，是天文学发展的又一次飞跃。而空间科学技术的迅速发展，必将给空间天文研究开辟更加广阔的前景。

三、现代恒星演化理论

恒星是由炽热气体组成的、能自己发光的球状或类球状天体。恒星演化理论，是天文学中关于恒星在其生命期内演化的理论。20世纪以来，随着天体物理学的发展，以及天文观测取得的许多新的发现，天文学家经过研究，较全面地理解了恒星的结构和诞生、成长直至死亡的过程，从而形成了现代恒星演化理论。

现代恒星演化理论认为，恒星的演化大体可分为以下四个阶段：①恒星幼年阶段；恒星是由星云产生的，在星际空间普遍存在着主要由气体和尘埃构成的极其稀薄的星云，星云经过自吸引会向内收缩从而形成星胚，星胚不断收缩，温度不断升高，当温度升高到使星体发出可见的红光时，一颗新恒星就诞生了。②主序星阶段；幼年的恒星不断收缩，温度继续升高，当温度升高到氢核聚变反应的发生时，恒星就进入中年的主序星阶段。主星序阶段是恒星一生中最长的一个阶段，但质量不同的恒星在主序星阶段停留的时间是不同的，质量越大，停留的时间越短。③红巨星阶段；当恒星消耗完核心中的氢后内部会形成氦核，氦核聚变反应停止，氦核发生引力收缩，收缩释放的引力能一部分使恒星内部的温度全面升高，直到达到一定温度发生氦核聚变反应，另一部分则转移到恒星外部，使外部膨胀，体积急剧增大，恒星逐渐变成了颜色红、体积和光度都很大的红巨星，从而进入老年的红巨星阶段。④恒星衰退阶段；当恒星的一切核聚变燃料都耗尽了，引力就失去平衡，恒星将猛烈坍缩，最后不同质量的恒星以不同的方式终结，成为白矮星、中子星或者黑洞等。

尽管现代恒星演化理论仍有部分是推测的假说，但这是人们通过理论和观测结果的不断比较和验证，对恒星的认识所取得的重要进展，有力地推动了天文学的发展，也深化了人们对宇宙的认识。

四、现代宇宙学的兴起

宇宙学是从整体上研究宇宙的结构和演化的学科。宇宙是怎样起源与演化的？宇宙的结构如何？宇宙的结局又是怎样的？这些都是宇宙学面临的课题。

现代宇宙学开始于爱因斯坦的广义相对论，它为人们对宇宙的认识提供了理论基础。1924年，美国天文学家哈勃（Edwin P. Hubble，1889年~1953年）发现，远方星系的谱线均有红移，而且距离越远的星系，红移越大，它退行的速度也越大，并且星系退行速度与离地球的距离成正比，这说明星系看起来都在远离我们而去，即宇宙是膨胀的。哈勃定律为人们对宇宙的认识提供了观测的基础。此外，20世纪以来，随着天文观测资料的增多，以及现代物理学的发展，人们对宇宙有了更深入的认识，并且提出了许多关于宇宙结构和演化的理论。

在众多的宇宙演化理论之中，最被人们赞同的是1948年美国天体物理学家伽莫夫（George Gamow，1904年~1968年）提出的大爆炸理论，在这个理论基础上，人们建立了现代宇宙学的大爆炸宇宙模型。大爆炸宇宙论认为：宇宙是由一个致密炽热的奇点大约于150亿年前一次大爆炸后膨胀形成的，大爆炸使得宇宙急剧膨胀，温度和密度也急剧下降，并使得原子核、原子乃至各种天体得以相继出现。伽莫夫还预言，今天的宇宙应有大爆炸残留下来的背景辐射。后来科学家根据这个理论进一步推测出，这个背景辐射相当于绝对温度几度的黑体辐射。

而20世纪60年代发现的3K微波背景辐射正好验证了伽莫夫的预言和科学家的推测。此外，星系谱线的普遍红移说明宇宙还在继续膨胀，而根据大爆炸理论推测的各类天体的年龄以及氦丰度也和实际观测相符合，这些都为大爆炸理论提供了有力的证据。

当然，大爆炸宇宙论也存在一些困难，例如，宇宙奇点的问题无法用现代的理论加以说明，天体的形成问题也很难解决，这些都有待科学家在物理学和宇宙学发展的基础上进一步的研究和探讨。

第五节　大地构造理论

19世纪以来，人们对海洋进行了科学的考察和研究，使得海洋地质学获得了显著的发展，也使得人们对大陆和海洋有了新的认识。在此基础上，20世纪，科学家对大地的构造即地壳运动经历了从大陆漂移说、海底扩张说到板块构造理论的认识过程。

一、大陆漂移说

大陆漂移说是解释地壳运动和海陆分布、演变的学说。大陆彼此之间以及大陆相对于大洋盆地间的大规模水平运动，称为大陆漂移。自大西洋被测绘成图以来，大西洋东西两岸轮廓的相似性不断使人们产生大陆漂移的想法。而最为系统地提出大陆漂移观点的是德国气象学家魏格纳（Alfred Lothar Wegener，1880年~1930年）。

1912年，魏格纳首次提出了大陆漂移说。1915年，他出版了划时代的著作《海陆的起源》，对大陆漂移说进行了全面的阐述和论证。该学说认为，在古生代，全球只有一块巨大的陆地，名为泛大陆，周围是一片广阔统一的海洋，名为泛大洋；中生代以来，由于天体的引力和地球自转产生的离心力的作用，泛大陆开始分裂、漂移，逐渐形成了今天的大陆，并把泛大洋分割成几个大洋和许多小海。这一学说的出现，动摇了大陆固定论的传统观念，震动了当时的地质学界。

魏格纳的大陆漂移说主要依据的是化石和古气候的资料，但是由于不能更好地解释漂移的机制问题，结果受到固定论者的反对，到了20世纪30年代，这一学说便逐渐消沉下去。20世纪50年代以来，随着古地磁以及对海洋底部探测的深入研究，大陆漂移说获得了有力的支持，并为板块构造理论的发展奠定了基础。

二、海底扩张说

海底扩张说是关于海底地壳生长和运动扩张的一种学说，是对大陆漂移说的进一步发展。它是由美国地质学家赫斯（Harry Hess，1906 年～1969 年）于1960 年提出的。

海底扩张说认为，大洋中央的海岭（又叫大洋中脊）是新的大洋地壳的诞生地，地壳以下的地幔中有热对流现象，对流过程中热物质沿海岭中间的裂缝上升，凝固后形成新的大洋地壳；以后继续上升的岩浆又把原先形成的大洋地壳推向两边，使海底不断更新和扩张；当扩张着的大洋地壳遇到大陆地壳时，便俯冲钻入大陆地壳之下的地幔中，并形成海沟，大陆地壳前缘被挤压抬升形成山脉或岛弧。

海底扩张说不但有其产生的科学事实根据，而且较好地解释了一系列海底地质地球物理现象，所以很快被人们接受。而海底扩张说恰好可以解释魏格纳无法解释的漂移机制问题，即大陆漂移的动力就是地幔对流，从而使得大陆漂移说重新受到人们的重视，并进一步推动了板块构造理论的建立。

三、板块构造理论

板块构造理论是在大陆漂移说和海底扩张说的基础上，由多位地质学家把全球地壳既包括海底的又包括陆地的运动统一加以考虑，在 1967 年～1968 年间提出的一种新的全球构造学说。

板块构造理论认为，地球表面是由岩石圈组成的，整个岩石圈不是完整的一块，而是由若干巨大的板块构成的；岩石圈下面是位于地幔内的软流圈，由于地幔对流使得软流圈产生循环运动，导致板块发生大规模相对运动，板块的边缘便成为地壳活动强烈的地带；板块互相撞挤而形成山脉，互相错动而形成水平断层，互相交汇俯冲而形成海沟和岛弧，互相分离而形成洋脊或海岭和裂谷。1968年法国地质学家勒皮雄（Xavier Le Pichon，1937 年～）根据当时的资料，首先将全球岩石圈划分成六大板块，即太平洋板块、欧亚板块、印度洋板块、非洲板块、美洲板块和南极洲板块。后来，随着研究工作的进展，又有人进一步在大板块中划分出了许多小板块。

20世纪60年代末，充分有力的海洋和地质方面的证据使得板块构造理论获得大多数科学家的普遍接受。板块构造理论不但打破了过去的海陆固定论的观念，而且它以板块的相对运动解释了地壳的运动发展规律，使人们对地球表面形态特征的认识从大陆漂移说到海底扩张说又提高到了一个新的阶段，已成为现代地质学的基础理论之一。不过，这个理论仍无法解释一些问题，比如板块内部及大陆地质历史演化过程等问题，这些都有待人们在科学研究的基础上作出进一步的修正和补充。

第六节 现代生物学的发展

20世纪，随着物理、化学等学科的快速发展，生物学的研究在理论、技术和方法上都获得了有力的支持，从而取得了一系列重大的进展，而生物学的突出成就表现在现代遗传学和分子生物学两个学科中。

一、现代遗传学的发展

遗传学是研究生物的遗传与变异，基因的结构、功能及其变异、传递和表达规律的学科。进入20世纪，随着孟德尔定律的重新发现，现代遗传学得以诞生，由此揭开了发展的序幕。

（一）孟德尔定律的重新发现

1900年，生物学发展史上最重要的事件莫过于孟德尔遗传规律的重新发现。在这一年，三位不同国家的植物学家，荷兰的德弗里斯（Hugo Marie de Vrier，1848年~1935年）、德国的科伦斯（Karl Franz Joseph Erich Correns，1864年~1933年）和奥地利的切马克（E. Seysenegg Tschermak，1871年~1962年）彼此独立地重新发现了孟德尔的遗传规律，从而吸引了整个生物学界的注意。

20世纪最初的10年中，人们除了验证孟德尔遗传规律的普遍意义外，还确立了一些遗传学的基本概念。在这一时期，遗传学家使用不同的生物材料验证孟德尔的遗传规律，基本都证明了孟德尔的理论的正确性。1906年英国生物学家贝特森（William Bateson，1861年~1926年）首次提出了"遗传学"一词，以称呼这门研究生物遗传问题的新学科。1909年丹麦生物学家约翰逊提议称孟德尔假定的"遗传因子"为"基因"。1910年孟德尔遗传规律被改称为孟德尔定律。

（二）摩尔根遗传染色体理论的建立

孟德尔的工作被重新发现以后，科学家联想到细胞学上的染色体和孟德尔的基因之间由于性质上的相似性而可能具有某种联系，从而开始研究染色体与基因之间的关系。在这方面做出突出贡献的是美国的遗传学家摩尔根（Thomas Hunt Morgan，1866年~1945年）。

摩尔根选择了果蝇进行遗传实验。他的选材和孟德尔选择的豌豆一样，都具有经济、实用和高效的优点，因为果蝇体积小、繁殖快、突变体多而只有4对染色体，这样不仅易于观察和对比，而且短期内就可得到结果。通过实验研究，摩尔根发现了伴性遗传现象，即果蝇的某些性状伴随决定性别的染色体而遗传的现象，他把这种现象和孟德尔定律相结合，于1910年发表了关于果蝇性连锁遗传的论文，第一次将一个基因定位于特定染色体上，并提出了"基因连锁"的概念。基因连锁是指不同染色体上的基因虽然可以自由结合，但在同一染色体上的若干个基因却不能自由组合，只能连锁在一起遗传的现象。后来的研究又表明，这种连锁现象大多数是不完全的，即位于同一个染色体上的基因之间可以发生片段互换。摩尔根由此揭示了遗传学的第三大定律——连锁与互换定律，从而确立了遗传的染色体理论。

此后，摩尔根及其助手又发表了《孟德尔遗传机理》、《遗传的物质基础》和《基因论》，系统阐述了染色体理论和基因理论，证明了染色体是基因的载体，基因是染色体上的遗传单位。摩尔根的研究是对孟德尔理论的进一步发展，科学界从此普遍接受了孟德尔的遗传学原理。

（三）分子遗传学的产生

基因理论建立以后，人们开始探究基因的化学本质。直到20世纪40年代，科学家逐渐认识到染色体上的核酸是基因的载体，并通过研究确定了遗传基因就在脱氧核糖核酸（DNA）上，即DNA就是携带遗传信息的物质。这使得遗传学开始从细胞水平向分子水平发展，伴随着物理学和化学向生物学的渗透，分子遗传学得以产生。而它的产生又迅速地把分子水平的研究从遗传学扩展到了生物学领域，从而导致了分子生物学的建立。

二、分子生物学的建立

分子生物学是从分子水平研究生物大分子的结构与功能从而阐明生命现象本质的科学。1953 年 DNA 分子双螺旋结构模型的建立，使得生物学步入了分子科学的新时代。随后的几十年中，在现代化学和物理学理论、技术和方法的应用推动下，分子生物学获得了蓬勃的发展。

DNA 作为遗传物质被确立以后，科学家纷纷对这一物质结构进行研究。研究得到的划时代的成果就是建立了 DNA 分子的双螺旋结构模型，这一模型的建立要归功于美国生物学家沃森（James Watson，1928 年～）和英国物理学家克里克（Francis Harry Compton Crick，1916 年～2004 年）。

沃森和克里克从 1951 年开始合作，共同致力于对 DNA 分子结构的研究。在研究中，他们注意综合分析各方面的科学信息，主要有三个：

1. 当时人们普遍已知的 DNA 的化学构成。它是由六种小分子组成的，包括脱氧核糖、磷酸和四种碱基（A、G、T、C），由这些小分子组成了四种核苷酸，这四种核苷酸组成了 DNA。

2. X 射线晶体学对 DNA 纤维的 X 射线衍射分析。1951 年底英国物理学家威尔金斯（Maurice Hugh Frederick Wilkins，1916 年～2004 年）和弗兰克林（Rosalind Elsie Franklin，1920 年～1958 年）拍得了一张 X 射线衍射图，图中的衍射强度呈十字交叉的分布。

3. 生物化学对 DNA 分子组成的研究。美国生物化学家查戈夫（Erwin Chargaff，1905 年～2002 年）发现 DNA 中的四种碱基的含量并不是传统认为的等量的，其中腺嘌呤（A）和胸腺嘧啶（T）的含量总是相等，鸟嘌呤（G）和胞嘧啶（C）的含量也相等。

在吸收和借鉴别人研究成果的基础上，再结合分子建模方法等方面的研究知识，沃森和克里克提出了 DNA 分子的双螺旋结构模型，于 1953 年在英国的《自然》杂志发表了他们的研究成果《脱氧核糖核酸的结构》。为此，沃森、克里克和威尔金斯三人共同分享了 1962 年的诺贝尔生理及医学奖。

紧接着，沃森和克里克又阐述了 DNA 分子结构的遗传含义，对遗传物质的自我复制、遗传信息的携带以及基因突变等都进行了说明。而这些设想都被后来的实验验证。DNA 双螺旋模型的发现，是 20 世纪最为重大的科学发现之一，它解决了基因自我复制的分子基础问题，揭示了生命的奥秘，从而开启了分子生物学的新时代。

DNA 分子的双螺旋结构模型建立以来，分子生物学陆续取得了一系列的重要成果，逐步揭开了基因之谜。1958 年克里克提出了"中心法则"，描述了遗传信息从基因到蛋白质传递的过程：DNA→RNA→蛋白质。1961 年科学家提出了操纵子的概念，解释了基因表达的调控作用。20 世纪 60 年代，遗传密码的破译则揭示了蛋白质合成的秘密。至此，基因的奥秘开始解开了。

20 世纪 70 年代，随着遗传密码的破译，生物技术科学诞生了一门新的学科，即基因工程。科学家发现了限制性内切酶在分子遗传中的作用，为基因工程奠定了基础。1973 年，DNA 体外重组的成功实现，使人类开始进入按需要设计并改造物种，创造自然界原先不存在的新物种的基因工程时代，并由此而兴起了以基因工程为主体的生物工程新学科。分子遗传学和生物工程已成为当今生物科学中最活跃、最前沿的新领域。

复习与思考题：

1. 模糊数学有怎样的用途？

2. 原子内部的粒子及其作用有哪些？

3. 传统三大合成材料是什么？

4. 宇宙大爆炸理论的观测依据有哪些？

5. 大地构造理论的三部曲是什么？

6. 遗传学和进化论有怎样的关系？

第十一章　科学技术革命

本章教学目的和基本要求：

了解科学技术应用到现实所发挥出来的巨大作用，把握科学、技术和实践的关系，重点是英国工业革命的背景、纺织机械的革新、运输机的发明；第二次技术革命的背景、发电机、耐用灯泡、电话的发明，无线电通信的建立、甘油炸弹的研制和人工合成染料的诞生，两次技术革命的对比；第三次技术革命的含义和特点，难点是内燃机工作原理、蒸汽机的技术改良和信息技术的特点。

从 18 世纪中叶开始，科学的技术化和社会化成为这个历史时期的突出特征。近代自然科学理论的发展转变为技术科学，同时，技术的发展与革新，也为自然科学的理论研究提出了新课题。

所谓科学技术革命（简称科技革命），是指科学技术在人类社会历史的发展过程中发生巨大的根本性的变革，它推动社会生产力发展，促进经济增长，导致生产关系发生相应的变革，导致生产力结构和动态的全面变化，是科学革命与技术革命在更高的基础上融合成一个统一的整体的过程。

科学活动不仅是一种认识活动，同时也是一种社会活动，科技革命与社会发展具有内在的必须联系。从总体上看，科技革命变革人的劳动方式、生活方式、思维方式，从而推动社会飞速发展。

人类历史上发生过三次科学技术革命，分别是：18 世纪 60 年代以英国瓦特的蒸汽机为主导的第一次技术革命；19 世纪 70 年代以电力为主导的第二次技术革命；20 世纪五六十年代以信息为主导的第三次技术革命。

一、第一次科学技术革命

第一次科学技术革命是指 18 世纪从英国发起的技术革命。这是技术发展史上的一次巨大革命，它开创了以机器代替手工劳动的时代。这不仅是一次技术改革，更是一场深刻的社会变革。

18 世纪 60 年代，在英国的资本主义生产中，大机器生产开始取代工厂手工业，生产力得到突飞猛进的发展，历史上把这一过程称为"工业革命"。

（一）纺织业的机械化

1733 年，钟表匠约翰·凯伊（John Kay）将用手工左右手传递的飞梭，固定在一个小滑车上，并把小滑车放在一个水平划槽中，发明了"飞梭"，大大提高了织布的速度，布幅也不再受到限制，纺纱供不应求，造成了"纱荒"。

1764 年，木匠哈格里夫斯（J. Hargreawes）发明了"珍妮纺织机"——多轴纺纱机，在棉纺织业引发了发明机器、进行技术革新的连锁反应，揭开了工业革命的序幕。1768 年，理发匠阿克莱特（R. Arkwright）发明了以水力为动力、全木结构的纺纱机，即水力纺纱机，这种水力纺纱机有 4 对卷轴，以水力作动力，纺出的纱坚韧结实，但比较粗。1785 年，由英国工人克隆普顿（S. Crompton）发明了骡机，这种骡机集中了水力纺纱机和珍妮纺纱机的优点，它可以推动 300～400 个纱锭，纺出细致而又牢固的纱线。从此，在棉纺织业中出现了先进机器，大部分是木制的机械，动力以水车为主。不久，在采煤、冶金等许多工业部门，也都陆续有了机器生产。

（二）蒸汽机的发明与改进

随着机器生产越来越多，原有的动力如畜力、水力和风力等已经无法满足需要。

1698 年，英国工程师托马斯·塞维利（T. Savery）根据巴本的模型，发明制造出一台应用于矿井抽水的"矿工之友"蒸汽机，这是人类继自然力——人、畜、水、火、风之后，首次把蒸汽作为一种人为制造动力，但这种机器还极不完善，没有气缸活塞，动作缓慢，且气缸有爆炸的危险，离"划时代"还有一步之遥。

1712 年，第一部实用的蒸气引擎由英国铁工纽科门（Thomas Newcomen）发明，并安装于斯塔福德郡（Staffordshire），用于抽出矿坑内部的积水。

瓦特（J. Watt）在修理纽科门蒸汽机模型时，注意到了其热效率很低，蒸汽热量消耗在重新加热上，后于 1765 年发明了设有与汽缸壁分开的凝汽器的蒸汽机，并于 1769 年取得了英国的专利。初期的瓦特蒸汽机仍用平衡杠杆和拉杆机构来驱动提水泵，为了从凝汽器中抽出凝结的水和空气，瓦特装设了抽气泵。

1785 年，瓦特制成的改良型蒸汽机的投入使用，提供了更加便利的动力，得到了迅速推广，大大推动了机器的普及和发展。人类社会由此进入了"蒸汽时代"。

（三）焦炭炼铁的出现

早在 17 世纪最初的 10 年，英国的木材资源供应已经非常短缺，燃料的匮乏成为阻碍炼铁业发展的关键问题，解决问题的唯一途径就是找到一种合适的燃料替代木炭炼铁。

18 世纪初的亚伯拉罕·达比（Abraham Darby，1676 年～1717 年）改进了高炉的内径使之适应焦炭炼铁，并为高炉安装了一套新的鼓风设施。改进后的高炉于 1709 年成功用焦炭炼出生铁。

焦炭炼铁的成功只是英国炼铁业革命的起点，它使炼铁业开始摆脱对木材的依赖，廉价的铸铁和熟铁使新型的动力机械得以大规模生产和应用，并使铁构件在工程建筑领域代替木材而得到广泛的应用。不仅如此，价廉质优的熟铁使铁路建设的大发展成为可能。焦炭炼铁的发明引发以钢铁业及相关行业的巨大发展，人类也由此被带入了"钢铁时代"，英国的工业革命因此得以全面展开。

（四）交通工具的发明

机器生产的发展，促进了交通运输事业的革新，为了快捷便利地运送货物、原料，人们想方设法地改造交通工具。

1807 年，美国人富尔顿制成的以蒸汽为动力的汽船试航成功。1814 年，英国人史蒂芬孙发明了"蒸汽机车"。1825 年，史蒂芬孙亲自驾驶着一列托有 34 节小车厢的火车试车成功。从此，人类的交通运输业进入了一个以蒸汽为动力的时代。

1840 年前后，英国的大机器生产基本上取代了传统的工厂手工业，工业革命基本完成。英国成为世界上第一个工业国家。18 世纪末，工业革命逐渐从英国向西欧大陆和北美传播，后来又扩展到世界其他地区。

18 世纪从英国发起的技术革命从生产领域产生变革，需要提供动力支持，蒸汽机的改良推动了机器的普及以及大工厂制的建立，从而推动了交通运输领域的革新，这场技术发展史上的巨大革命，开创了以机器代替手工劳动的时代。这不仅是一次技术改革，更是一场深刻的社会变革，推动了经济领域、政治领域、思想领域、世界市场等诸多方面的变革。

二、第二次科学技术革命

第二次科学技术革命是指 19 世纪中期，欧洲国家和美国、日本的资产阶级革命或改革的完成。这以电能的突破、应用以及内燃机的出现为标志，促进了经济的发展。19 世纪 70 年代，开始的第二次科学技术革命是在第一次科学技术革命的基础上，又出现了石油、电气、化工、交通等新兴工业部门。第二次科学技术革命以渐进的方式进行，主要发生在机器工业内部。

（一）电机的发明

1832 年，法国人皮克希（H. Pixii）制成了永磁式手摇发电机，是世界首创。之后的三十多年间，始终未能研制出可供实用的发电机。

1867 年，德国发明家西门子（E. W. Von Siemens）想对发电机做出重大改进。他认为，在发电机上不用磁铁（即永久磁铁）而用电磁铁，可使磁力增强，产生强大的电流，后实际制成了自激式发电机。1863 年，意大利物理学家比萨大学教授帕奇诺蒂（A. Pacinotti）偶然发现发电机与发动机具有可逆性，并制成并电、发动两用机。1870 年比利时工程师格拉姆（Z. Th. Gramme）发明了环状电枢，1873 年德国西门子公司的阿尔特涅克（H. von Hefner – Altaneck）又发明了鼓状电枢，使直流发电技术已达相当完善的地步，开始进入实用阶段。

从此，电器开始用于代替机器，成为补充和取代以蒸汽机为动力的新能源。随后，电灯、电车、电影放映机相继问世，人类进入了"电气时代"。

（二）通信工具的发明

早在 1854 年，电话原理就已由法国人鲍萨尔设想出来了。6 年之后，德国人赖伊斯又重复了这个设想，原理是：将两块薄金属片用电线相连，一方发出声音时，金属片振动，变成电，传给对方。但这仅仅是一种设想，问题是送话器和受话器的构造，怎样才能把声音这种机械能转换成电能，并进行传送。最初，贝尔用电磁开关来形成一开一闭的脉冲信号，但是这对于声波这样高的频率，这个方法显然是行不通的。最后的成功源于一个偶然的发现，1875 年 6 月 2 日，在一次试验中，他把金属片连接在电磁开关上，没想到在这种状态下，声音奇妙地变成了电流。他分析原理后发现，原来是由于金属片因声音而振动，在其相连的电磁开关线圈中产生了电流。贝尔于 1876 年 2 月 14 日在美国专利局申请了电话的专利权。

虽然早在 19 世纪初，就有人开始研制电报，但实用电磁电报的发明，主要归功于英国科学家约翰库克、惠斯通和美国科学家莫尔斯。1836 年，约翰库克制成电磁电报机，并于次年申请了首个电报专利。惠斯通则是约翰库克的合作者。莫尔斯原本是美国的一流画家，出于兴趣，他在 1835 年研制出电磁电报机的样机，后又根据电流通、断掉时出现电火花和没有电火花两种信号，于 1838 年发明了由点、划组成的"莫尔斯电码"。

（三）交通工具的发明、改进

19 世纪七八十年代，以煤气和汽油为燃料的内燃机相继诞生，九十年代柴油机创制成功。内燃机的发明解决了交通工具的发动机问题。

1883 年 10 月 1 日，科尔·本茨（Karl Benz）与另外两名商人在德国曼海姆共同成立了一家合伙公司——莱茵燃气发动机厂（奔驰公司）。1884 年，他们获得了生产汽油机的许可证。当时的汽油机可不是装在车上用的，因为当时并没有汽车。当时的汽油机是卖给工厂或者矿业，为生产提供动力。然而，科尔·本茨并不是一个只想管理好工厂、安于现状的人。他想到要用汽油机为带轮子的座椅提供动力而取代马车。要创造出世界上本没有的东西，可没有那么简单，科尔·本茨为此花费了几年的心血，终于在 1886 年 1 月 29 日获得了以汽油机为动力的三轮车的专利。多数人认为这就是世界上第一辆汽车。

内燃汽车、远洋轮船、飞机等也得到了迅速发展。内燃机的发明，推动了石油开采业的发展和石油化工工业的生产。

（四）炼钢技术的进步

人们早就能用鼓风炉直接生产大量的含碳很高的生铁。1784 年亨利·科特（Henry Cort）发明了反射炉，将生铁中的碳在炉中几乎全部烧尽，这样就可以大量生产熟铁。产业革命发生后，对铁的需要量与日俱增，炼铁业逐渐成为大型企业。机器的精密化和高速度使得一种新的材料占据了重要的地位，这就是钢。生铁太硬太脆，熟铁又太软，都不宜用来制造高速运转的部件。只有钢材具有符合需要的强度和韧性。

1856 年，英国的贝塞麦（H. Bessemer）为研制钢质炮身而进行炼铁试验时，发现向铁水中强力鼓风不但不会降温反而会使铁水沸腾，由此可以炼得钢或可锻铁。由于他使用的转炉炉衬用的是硅酸材料，俗称"酸性转炉"。这种底吹酸性转炉炼钢法是近代炼钢法的开端，为人类生产了大量廉价钢。

由于贝塞麦转炉用的是酸性炉衬，因此仅可以用于含硫、磷低的铁，而西北欧铁矿石含磷较高，铁中有害元素去除困难。1875 年，伦敦法院书记托马斯（S. G. Thomas）利用业余时间发明了采用碱性炉衬并在炼制中加入石灰石的办法，解决了钢水脱磷的问题，而且由于矿渣中含有磷，粉碎后可作农业肥料使用，这一方法也称托马斯碱性转炉炼钢法。

与此同时，移居英国的 F. 西门子（F. Siemens）为生产玻璃发明了畜热法，后与其兄 W. 西门子（W. Siemens）合作研究成功平炉炼钢法，这种平炉与贝塞麦转炉不同，转炉利用向铁水中鼓风，以维持铁水中发生化学变化的热量，不需要热源，而平炉则需要热源。1861 年，他们采用煤气发生炉供热，用煤气取代了固体燃料。1864 年，采用了法国炼钢技师马丁（P. Martin）提出的向铁水中投入铁屑以稀释含碳量的做法。平炉炼钢的原料即可以是矿石也可以是废铁，而且可以用低品位的煤炭制成的煤气为燃料，1900 年后得到推广。这种方法后称西门子——马丁平炉炼钢法。

1867 年，德国的 E. W. 西门子发明的电炉炼钢法，可以炼制出含微量特定元素的特种钢。

这三大炼钢法的完成，使钢可以大批量生产，1889 年美国钢产量位于世界首位，其次是德国。19 世纪中叶以后，由于钢的大量生产，不但满足传统机械生产的需要，而且钢结构桥梁开始出现。同时，钢结构与水泥、混凝土的结合，使高层建筑于 19 世纪末在美国出现。

现在，钢的种类很多：

按品质分类：

1. 普通钢（$P \leq 0.045\%$，$S \leq 0.050\%$）。

2. 优质钢（P、S 均 $\leq 0.035\%$）。

3. 高级优质钢（$P \leq 0.035\%$，$S \leq 0.030\%$）。

按化学成分分类：

1. 碳素钢：低碳钢（$C \leq 0.25\%$）；中碳钢（$0.25 \leq C \leq 0.60\%$）；高碳钢

（C≥0.60%）。

2. 合金钢：低合金钢（合金元素总含量≤5%）；中合金钢（合金元素总含量>5%~10%）；高合金钢（合金元素总含量>10%）。

按成形方法分类：

1. 锻钢；

2. 铸钢；

3. 热轧钢；

4. 冷拉钢。

按金相组织分类：

1. 退火状态的：亚共析钢（铁素体+珠光体）；共析钢（珠光体）；过共析钢（珠光体+渗碳体）；莱氏体钢（珠光体+渗碳体）。

2. 正火状态的：珠光体钢；贝氏体钢；马氏体钢；奥氏体钢。

3. 无相变或部分发生相变的。

按用途分类：

1. 建筑及工程用钢：普通碳素结构钢；低合金结构钢；钢筋钢。

2. 结构钢：机械制造用钢：调质结构钢，表面硬化结构钢：包括渗碳钢、氨钢、表面淬火用钢，易切结构钢，冷塑性成形用钢：包括冷冲压用钢、冷镦用钢；弹簧钢；轴承钢。

3. 工具钢：碳素工具钢；合金工具钢；高速工具钢。

4. 特殊性能钢：不锈耐酸钢；耐热钢包括抗氧化钢、热强钢、气阀钢；电热合金钢；耐磨钢；低温用钢；电工用钢。

5. 专业用钢——如桥梁用钢、船舶用钢、锅炉用钢、压力容器用钢、农机用钢等。

综合分类：

1. 普通钢：碳素结构钢：Q195，Q215（A、B），Q235（A、B、C、D），Q255（A、B），Q275；低合金结构钢；特定用途的普通结构钢

2. 优质钢(包括高级优质钢)：结构钢：优质碳素结构钢，合金结构钢，弹簧钢，易切钢，轴承钢，特定用途优质结构钢；工具钢：碳素工具钢，合金工具钢，高速工具钢；特殊性能钢：不锈耐酸钢，耐热钢，电热合金钢，电工用钢，高锰耐磨钢。

按冶炼方法分类：

1. 按炉种分：平炉钢：酸性平炉钢，碱性平炉钢；转炉钢：酸性转炉钢，

碱性转炉钢；或底吹转炉钢，侧吹转炉钢，顶吹转炉钢；电炉钢：电弧炉钢，电渣炉钢，感应炉钢，真空自耗炉钢，电子束炉钢。

2. 按脱氧程度和浇注制度分：沸腾钢；半镇静钢；镇静钢；特殊镇静钢。

（五）化学工业的新进展

1. 橡胶工业。天然橡胶的工业研究和应用始于 19 世纪初。1819 年苏格兰化学家马金托希发现橡胶能被煤焦油溶解，此后人们开始把橡胶用煤焦油、松节油等溶解，以制造防水布。从此，世界上第一个橡胶工厂于 1823 年在英国哥拉斯格（Glasgow）建立。为使橡胶便于加工，1826 年汉考克（Hancock）发明了用机械使天然橡胶获得塑性的方法，奠定了现代橡胶加工方法的基础。1839 年美国人古德意（Charles Goodyear）发明了橡胶的硫化法，解决了生胶变粘发脆问题，使橡胶具有较高的弹性和韧性，至此橡胶才真正进入了工业实用阶段。因此，天然橡胶才成为重要的工业原料，橡胶的需要量亦随之急剧上升。

在第二次产业革命过程中，1888 年英国医生邓录普（Dunlop）发明了充气轮胎。随着橡胶用途的开发，英国政府考虑到巴西野生橡胶树生产的橡胶终究不能满足工业的需要，决定在远东建立人工栽培橡胶树的基地。1876 年英国人魏克汉（H. A. Wickham）把橡胶树的种子和幼苗从巴西运回伦敦皇家植物园邱园（Kew Garden）繁殖，然后将培育的橡胶苗运往锡兰（即现在的斯里兰卡）、马来西亚、印度尼西亚等地种植均获成功，至此完成了将野生的橡胶树变成人工栽培种植的工作。1900 年掌握了天然橡胶的分子结构后，合成橡胶正式开始。1914 年～1918 年第一次世界大战期间德国生产了甲基橡胶约 2500 吨，开始了合成橡胶的新纪元。

2. 制碱工业。在第一次技术革命中，由于纺织业漂白染色的需要，罗巴克铅室法制硫酸（1746 年）、吕布兰法制碱（1791 年）的发明，无机化学工业已经在英国基本形成。

19 世纪随着钢铁工业的发展，利用炼焦的副产品氨来制碱被研究成功。1861 年，E. 索尔维在煤气厂从事稀氨水的浓缩工作时，在用盐水吸收氨和二氧化碳的试验中得到了碳酸氢钠。同年，他获得了用食盐、氨和二氧化碳制取碳酸钠的工业生产方法的专利。此生产方法被称为索尔维法，又称氨碱法。1863 年，E. 索尔维与兄弟 A. 索尔维筹集资金，组建至今依然存在的索尔维公司，并在比利时库耶建立纯碱厂，1865 年 1 月投产，1872 年产量达到日产 10 吨。1873 年索

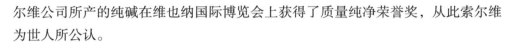

尔维公司所产的纯碱在维也纳国际博览会上获得了质量纯净荣誉奖，从此索尔维为世人所公认。

（六）石油工业的发展

1859 年美国的德雷克（E. L. Drake）在宾夕法尼亚州发现了油田并打出第一口油井，洛克菲勒（J. D. Rockfeller）于 1862 年投资 4000 美元开办了炼油厂，1870 年发展成注册资金 100 万美元的洛克菲勒石油公司。19 世纪后半叶，可以说是石油的灯油时期，石油主要是为了制取灯油以提供照明用；随着交通工具的改进，石油成为重要的能源，1879 年组成石油托拉斯，成为美国最早的托拉斯企业，石油工业距今有 150 多年的历史。

第二次工业革命同第一次工业革命相比，具有以下三个特点：

1. 在第一次工业革命时期，许多技术发明都来源于工匠的实践经验，科学和技术尚未真正结合；而在第二次工业革命期间，自然科学的新发展，开始同工业生产紧密地结合起来，科学在推动生产力发展方面发挥了更为重要的作用，它与技术的结合使第二次工业革命取得了巨大的成果。

2. 第一次工业革命首先发生在英国，重要的新机器和新生产方法主要是在英国发明的，其他国家工业革命的发展进程相对缓慢；而第二次工业革命几乎同时发生在几个先进的资本主义国家，新的技术和发明超过一国的范围，其规模更加广泛，发展也比较迅速。

3. 由于第二次工业革命开始时，有些主要资本主义国家，如日本尚未完成第一次工业革命，对它们来说，两次工业革命是交叉进行的，它们既可以吸收第一次工业革命，又可以直接利用第二次工业革命的新技术，这些国家的经济发展速度也比较快。

19 世纪 70 年代，在第二次工业革命的推动下，资本主义经济开始发生重大变化，资本主义生产社会化的趋势加强，推动企业间竞争的加剧，促进生产和资本的集中，少数采用新技术的企业挤垮大量技术落后的企业。生产和资本的集中到一定程度便产生了垄断。在竞争中壮大起来的少数规模较大的企业之间，就产量、产品价格和市场范围达成了协议，形成垄断组织，垄断最初产生在流通领域，如卡特尔、辛迪加等垄断组织，后来又深入生产领域，产生托拉斯等垄断组织。大量的社会财富也日益集中在少数大资本家手里，到 19 世纪晚期，主要资本主义国家都出现了垄断组织。19 世纪 70 年代，垄断组织的出现是生产力发展的结果，它产生后也在一定程度上促进了生产。

在第二次工业革命中出现的新兴工业，如电力工业、化学工业、石油工业和汽车工业等，都要求实行大规模的集中生产，垄断组织在这些部门中便应运而生了。垄断组织的出现，使企业的规模进一步扩大，劳动生产率进一步提高。托拉斯等高级形式的垄断组织，更有利于改善企业经营管理，降低成本，提高劳动生产率。垄断组织的出现，实际上是资本主义生产关系的局部调整，此后，资本主义经济发展的速度加快。同时，控制垄断组织的大资本家为了攫取更多的利润，越来越多地干预国家的经济、政治生活，资本主义国家逐渐成为垄断组织利益的代表者。垄断组织还跨出国界，形成国际垄断集团，要求从经济上瓜分世界，促使各资本主义国家加紧了对外侵略扩张的步伐。

19 世纪末 20 世纪初，各主要资本主义国家美、德、英、法、日、俄等相继进入帝国主义阶段。

三、第三次科学技术革命

20 世纪五六十年代兴起的新的科学技术革命，目前正以材料科学技术、能源科学技术、信息科学技术、生物工程、环境工程、激光、航天技术、海洋开发等一系列新技术和新兴工业为先导，迅速地向前发展。而当代科学技术又以空前的规模和速度应用于生产，使社会物质生产的各个领域面貌日异。当代科学技术的革命是一个不以人们的意志为转移的世界性潮流，它既是人类文明发展的伟大成果，又是人类文明发展进入新阶段的重要标志。

所谓"第三次技术革命"，主要是指 20 世纪 70 年代以来以信息和新能源技术创新引领并孕育的新一轮工业革命，不仅包括"制造业数字化革命"，而且包括"能源互联网革命"，还将包括生物电子、新材料和纳米等技术革命。类似前两次技术革命，随着新技术创新在多产业显现并加速扩散应用，第三次技术革命正在重新塑造着人们的生产生活方式，将给人类社会带来比前两次技术革命更为广泛深远的影响。

现代新技术革命发端于 20 世纪 40 年代。以三大发现和相对论、量子力学为中心内容的物理学革命，极大地推进了理论自然科学的发展，许多新的学科，如原子核物理学、无线电电子学、凝聚态物理学、高分子化学、分子生物学等相继问世。由于现代科学已经走在了技术的前面，而且科学发现转化为技术发明的周期越来越短，所以上述新学科诞生后不久即有相应的新技术问世。从 20 世纪 40

年代至 70 年代初，原子能技术、电子技术、空间技术、激光技术、新材料技术、生物技术等一系列新技术的产生，无不是现代科学的进步迅速地转化为强大的技术力量的例证。1942 年建成第一座核反应堆，1945 年爆炸了第一颗原子弹，1955 年建成第一个民用核电站。从此开始了人类利用原子能的时代。1946 年第一台电子计算机研制成功，1948 年发明了晶体管，1971 年出现大规模集成电路。电子元器件的更新带动着各种电器特别是电子计算机的迅速换代，并导致了 20 世纪 70 年代以后的信息革命。1957 年第一颗人造卫星上天，1969 年首次人类登月成功，1971 年发射第一个空间站。从此人类活动越出了地球的限制，进入了宇宙空间。1960 年第一台红宝石激光器诞生，70 年代初激光通信即开始迅速发展。人类由此在工业、医疗、测量、通信等众多领域获得了神奇的新工具和新手段。1940 年研制出合成橡胶、涤纶，1955 年出现了性能优良的压电陶瓷。各种新材料提供了优质的"产业粮食"。1973 年第一次实现了对遗传物质 DNA 的剪接和重组，为实现人工定向地组建有特定遗传性状的生物体这一目标奠定了基础。在短短几十年里，出现了如此之多划时代的伟大发明和创造，与之相关的和由其带动的其他发明更是数不胜数，形成了新技术革命的燎原之势。

20 世纪 70 年代，新技术革命进入了以信息技术为主导的新的发展阶段。信息技术是微电子技术、电子计算机技术、遥感技术和光纤技术等组成的高技术群。信息技术在通信、计算机化和自动控制方面发挥了巨大的作用，它在人类社会的应用领域已超过 5000 种，它的发展正在并将进一步彻底改变社会生产和生活的面貌。不仅如此，信息技术还有力地推动了当代其他高新技术的进展，空间技术、生物技术、新材料技术、新能源技术，以及传统产业技术的革新等，无不是以信息技术为基础，或是借助于信息技术成果和手段，或是为了信息技术的需要才获得新的发展的，而这些新技术的发展同时也推动了信息技术的进步。因此，以信息技术为主导的现代技术革命，又被称为信息革命。

（一）现代科学技术产生和发展的社会背景

科学技术研究过程中不断出现的不同理论以及实验结果与已有理论之间的新矛盾、新问题，是现代科学技术产生和发展的内在原因。而社会的物质生产和各种社会需求则是促成现代科学技术产生，并推动其发展的外部原因。

19 世纪末，特别是 20 世纪初的强大工业化生产，为现代科学技术的产生和发展奠定了雄厚的物质基础。这首先表现在由于工业化的发展，出现了大批用途广泛、计量精确的仪器和设备，为科学技术研究提供了优良的实验条件。如质谱仪、同位素测定仪、原子光谱仪等，都是鉴别物质成分、分析其结构的有力武器。电子示波器、电子显微镜成为现代科学实验运用最普遍的仪器；超高压、超低温、超真空装置，都是现代科学技术研究不可缺少的手段。其次，为适应工业化大生产的需要，一些国家先后成立了大规模的科学技术研究机构，集中大批人才从事科学研究和技术开发工作。如西门子公司创办的德国物理工程学研究所，美国的贝尔研究所等，都是世界上著名的科研和开发机构。现代绝大多数新兴技术，都是在这类科技机构中诞生的。

社会需求是促进现代科学技术的产生和发展的强大动力。社会需求是多方面的，它包括政治、经济、军事、文化教育、医疗卫生、社会生活等各个方面，其中对现代科学技术影响最大的是经济和军事方面的需求。20 世纪初期，如何在机械技术、电力技术充分应用的基础上，进一步挖掘新的科技资源，以获取更大的经济利益？这一想法一直驱使人们去进行探索和研究。与此同时，一些国家国内和国际市场的激烈竞争导致了两个必然结果：一是改进生产技术，改善产品质量，增加商品竞争能力；二是发明新的技术，以其为基础建立新的产业，以新产品抢占市场。这就使得正在进行的探索和研究工作获得了更大的动力，从而使新的科技成果不断涌现。军事上的需求，影响着科学技术的研究方向，同时也大大加快了科技新成果的诞生和广泛应用的速度。现代科学技术的每一项重要成就，几乎都与军事需求相关，而且一般来说，最新科技成果往往总是首先在军事上得到应用。关于这方面，只要举出原子能、电子计算机和空间科学技术等的例子就能说明问题。此外，诸如控制论、信息论、系统论等新兴学科，也是第二次世界大战的军事需求的产物。

社会的需求促进了现代科学技术的产生和发展，科技新成果也确实满足了现代社会的大量需求，于是社会更加重视科学技术，世界各国都不遗余力地进行科学研究和技术开发。发展现代科学技术已经不是个人或单个企业的事，而是成了国家的重要事业。国家对科学技术事业进行领导、组织和规划，极大地推动了现代科学技术发展的进程。

（二）现代科学技术的分类

现代科学技术已发展成为一个学科门类繁多、结构完整的庞大体系。为了揭示各类科学技术的联系，就必须对科学技术进行分类。在分类的基础上，弄清现代科学技术体系的结构，对于从整体上把握其发展趋势，具有重要意义。

现代科学技术虽然是多学科、多门类相互联系的整体，但科学和技术这两种社会活动，各自有不同的特点，它的发展也各具相对独立性。因此，现代科学技术的分类，要分别对科学和技术来进行。

1. 现代科学分类科研活动一般可分为基础研究、应用研究和开发研究三阶段。与之相对应，现代自然科学分为基础科学、技术科学和工程科学三类。

（1）基础科学是对自然界基本运动规律的认识，包括物理学、化学、天文学、地球科学、生物学以及这些学科的各分支学科、交叉学科。作为各门学科的工具和方法的数学，常常也被看作是基础科学的一门学科。基础学科的一般表现形式是由概念、定理、定律等组成的理论体系，它们与生产实践的关系比较间接。基础科学研究的一些成果，必须通过应用研究和开发研究的一系列中间环节，才可能转化为物质生产力。基础科学是整个科学技术体系的基础部分，对文化教育和生产实践，都具有长远的、根本性的意义。

（2）技术科学是研究各门专业技术的基本原理的科学，它研究生产技术和工艺过程中带普遍性的问题，如材料力学、热工学、电工学、冶金物理化学、自动控制理论、作物栽培学、病理学等，均属于技术科学。技术科学既区别于最基础的理论，又不同于有确定应用对象的专业知识，是基础科学与工程科学的中介。

（3）工程科学是研究特定对象生产技术和工艺流程的原则和方法的应用性科学，它研究科学理论如何转化为技术，以供改造自然、进行生产之用。如矿山工程学、桥梁建筑学、电机制造学、炼钢工艺学、小麦栽培学、脑外科学等，均属工程科学。工程科学仍然是科学，但它与技术应用、与生产和工程实践有较直接的联系，研究目的是要解决生产技术中的具体理论问题。

2. 现代技术分类。对应于现代科学的基础科学、技术科学和工程科学，现代技术大体上可分为实验技术、专业技术和工程技术三类。

（1）实验技术是根据现有科学理论和一定的目的，通过实验设计，利用科学仪器和设备，在人为的条件下，控制或模拟自然现象或过程的技能和方法。与基础科学的各门学科相对应，实验技术一般分为物理实验技术、化学实验技术、生物实验技术、天文观测实验技术和地球科学实验技术等。实验技术是基础科学赖以产生和发展的基础，同时又是检验基础科学理论真理性的唯一手段。

（2）专业技术是指运用一定的物质手段，将技术科学的理论应用于某类对象的创造、开发的技能和方法。如计算机技术、生物工程技术、能源技术、材料技术、空间技术、激光技术等，均属专业技术。专业技术是技术科学理论转化为生产力的中介，同时又是检验技术科学真理性的尺度。

（3）工程技术是与工程科学相对应的关于各种产业部门具体技术的总称。工程技术的功能在于把工程科学的原理和方法与一定的物质手段相结合，以达到使天然资源或其加工品变为预设的人工产品的目的。工程技术的构成方式是规划、设计、工艺、制造和施工等。像第一产业中的栽培技术、饲养技术、开采技术、第二产业中的机械技术、交通技术、建筑技术，第三产业中的电信技术、网络技术等，均属工程技术。

（三）现代科学技术体系的结构

现代科学技术日益发展成为学科和门类纵横交错、相互渗透、彼此贯通的网络体系。基于对科学和技术的系统分类，我们可以分析现代科学技术的整体结构和层次结构。

1. 现代科学技术的整体结构。根据对现代科学和现代技术的分类，可以把现代科学技术的整体结构归结为如图：

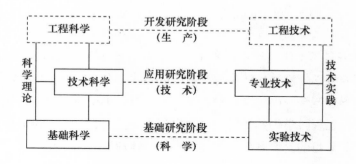

图 11 - 1　现代科学技术结构图

从此图可以看出，现代科学技术的整体具有以下结构：

（1）研究过程结构。现代科学技术是通过基础研究阶段、应用研究阶段和开发研究阶段三个阶段联结成一个整体的。通过这三个阶段，完成科学向技术和技术向生产的转化，实现科学——技术——生产的统一。

（2）科学理论结构。基础科学、技术科学和工程科学形成现代科学的三级结构。三者既相互独立，又相互联系、相互促进。基础科学是技术科学和工程科学的共同基础，起着指导作用。技术科学是将基础科学应用于研究实际问题的中间环节，它同时又为基础研究提供新的研究课题，从而推动基础科学的发展。工程科学的发展依靠基础科学和技术科学，科学理论通过工程科学的形态转化为技术，成为现实生产力。

（3）技术实践结构。实验技术、专业技术和工程技术形成现代技术的三级结构，三者也是既相互区别，又相互联系、相互促进的。实验技术是专业技术和工程技术的基础，现代任何一项技术发明都是从实验技术开始，然后走向专业技术和工程技术而获得应用。专业技术既可为实验技术提供某些仪器设备，以促进其发展，又可通过在生产过程中的开发，促进工程技术的进步。工程技术以实验技术和专业技术为基础和来源，它作为现实的生产力推动着现代社会经济的发展。

2. 现代科学技术的层次结构。从现代科学技术结构图可以看出，现代科学技术整体中存在三个明显的层次，即由基础科学和实验技术组成的基础性层次，由技术科学和专业技术组成的应用性层次，由工程科学和工程技术组成的开发性层次。它们各自具有相对独立的内在联系和运行机制。在了解现代科学技术的整体结构后，还需进一步探讨这三个层次结构。

（1）基础性层次结构。基础性层次结构主要体现在基础科学与实验技术的相互关系上。现代基础科学研究，大部分以实验技术为条件和手段。通过实验技术，可将研究对象置于特殊的实验环境中，排除次要因素的牵连，实现精确的观察和测定，达到对研究对象的本质的认识，从而获得科学发现，或检验科学假说。基础科学也对实验技术的发展起着重要作用，选择实验方向、确定实验目的、制定实验方案等都离不开科学理论的指导。基础科学和实验技术的相互联系、相互作用推动了现代科学技术的基础性结构的形成和运行，当一项研究在基础性层次结构中发育成熟后，才可能进入应用性层次中。

（2）应用性层次结构。应用性层次结构主要体现在技术科学与专业技术的相互关系上。技术科学研究生产过程中各类专业技术的基本原理，从而增强专业技术的理论基础。专业技术实践中产生的新问题、新矛盾，为技术科学研究提供课题和研究对象。一些专业技术的发明成果还可为技术科学研究提供实验设备或手段。可见在应用性层次中，技术科学和专业技术是相互联系相互促进的。

（3）开发性层次结构。开发性层次结构主要体现在工程科学与工程技术的关系上。工程科学以生产中的具体技术问题为研究对象，是工程技术的指导，是为工程技术服务的。工程技术将工程科学直接应用于生产，并不断直接向工程科学提出新问题，从而推动其理论的发展。在现代科学技术中，工程科学与工程技术正在融合起来，特别是高新技术中，这一趋势表现得十分明显。

（四）现代科学技术的特点

1. 科学技术的加速度发展。1945 年研制出的计算机，在短短的几十年中，经历了电子管、半导体、集成电路、大规模和超大规模集成电路五代的发展，性能提高了 100 万倍。21 世纪将研制出的光学计算机，其信息处理速度又将提高上万倍。新技术及其产品的更新速度越来越快，工程技术人员的知识半衰期越来越短。据统计，大约 10 年左右，工业新技术就有 30% 被淘汰。在电子技术领域中，这一比率更大，超过了 50%。现代工程师在 5 年内，就有一半知识已过时，即知识的半衰期为 5 年。

科技信息的增长速度更为惊人。据有关数据估测，世界科技知识在 19 世纪是每 50 年增加 1 倍，20 世纪中叶是每 10 年增加 1 倍。当今是 3 年～5 年甚至几个月就增加 1 倍。1665 年出版了世界第一本科技杂志，1865 年增加到 1000 种，而到 1965 年已经突破了 10 万种。

研究表明，不仅是现代科学技术成果、科技信息以加速度发展，而且任何一项计量指标，如国家科研经费投入、科学家人数、科技论文数量等的计算都是按指数规律发展的。从进入 20 世纪后的 60 年以来，世界各国用于科研经费的总和，增加了约 400 倍。到 21 世纪末，全世界科学家的人数，预计占总人口的20% 左右。

2. 现代科学的整体化趋势。现代科学技术一方面高度分化，另一方面又高度综合，而且分化反成为综合的一种表现形式。这种既相互对立又紧密联系的辩证发展，使现代科学日益结合为一个有机联系的整体。由于科学技术各学科之间彼此渗透和相互促进，使每一学科只有在整个科学体系的相互联系中才能得到发展，从而导致现代科学体系结构的整体化趋势。

随着自然科学分支学科大量涌现，人们对客观世界的认识也不断深化，因而就越加发现自然界是一个统一的整体。在这种情况下，产生了综合研究的必要，同时也推动了边缘科学（如生物化学、天文物理学）等和综合科学（如环境科学、空间科学等）的诞生。

20 世纪 40 年代以来，为了把握自然界各种事物的某些共同属性及其普遍联系，迫使科学家从横的方向上对自然界进行研究，从而产生了一系列横断科学，如信息论、系统论、耗散结构理论等。横断科学从某一特定的视角揭示了客观世界的本质联系和运动规律，不仅为现代科学技术的发展提供了新思路、新方法，同时还沟通了自然科学和社会科学的联系，使整个科学有了共同的概念、语言和方法。科学社会学、技术经济、管理科学、未来学等一系列新兴学科，就是自然科学与社会科学互相渗透、相互作用的产物。

20 世纪后期，人类社会出现的重大科学技术问题、社会发展问题、经济增长问题和环境问题，都具有高度的综合性和全球性。这些问题不仅涉及社会经济增长的目的和方向，也关系到科学发展和应用的人文价值取向，必须组织有关自然科学、技术科学和人文社会科学部门进行广泛合作，综合运用多学科的知识和方法去研究解决。当代自然科学与人文社会科学的结合，是当今科学发展的重要特点。

现代科学技术是人类社会解决能源枯竭和严重生态问题的根本出路。第二次技术革命是以大规模使用化石能源为基础的。但化石能源是不可再生资源，经过多年开发利用不仅面临着枯竭，而且产生的大量污染物已经造成严重的环境污染和生态问题。因此，新技术革命浪潮应运而生，其核心之一就是要解决资源和能源枯竭及其生态问题，所以有学者甚至认为这次技术革命浪潮是以绿色技术革命为主要特征的。正是站在这样一个战略制高点上，西方发达国家高度重视可再生能源产业发展，正在加快新能源技术的研发和应用，在替代传统能源上已初见成效。

整体化趋势是信息技术革命和人工智能等现代科技发展的必然结果。从工业化进程看，每一次技术革命都是使用机械生产替代人力的劳动，降低生产成本，第三次技术革命也不例外。但与前两次比较，第三次技术革命有一个重大差别，就是用机器替代脑力劳动，并在更大程度上替代体力劳动。在过去 30 年里，信息技术革命日益向智能化迈进，机器人在制造业、农业、物流、服务和家务劳动等领域的广泛使用，越来越把人们从体力劳动中解放出来。可以预见，随着人工智能等科技革命的发展，人类社会将走向智能化。

整体化趋势还是新材料和纳米等技术革命广泛扩散应用的现实后果。纳米科技是 20 世纪 80 年代末诞生并正在崛起的新科技，其基本涵义是在纳米尺寸范围内认识和改造自然，并根据需要通过直接操作和安排原子与分子制造出新的物质。目前，超导、生物医用、光电子等新材料层出不穷，纳米技术方兴未艾，不仅使原有的劳动对象发生了质变，而且大大增加了新的劳动对象。特别是纳米技术通过 3D 打印，采用"添加式制造"方式，能将工业生产所需的原材料降低到传统生产方式的 1/10，大幅度提高了物质资源的利用效率。

科学史告诉我们，科学理论的发展往往并不意味着新理论摧毁旧理论，而是限制和缩小旧理论的作用范围，把旧理论作为新理论的某种特例包含在其中。因此，科学理论的每一项进展和突破都伴随着人类知识的综合，促进科学整体化的发展。早在 19 世纪，马克思就预见到："自然科学包括人的科学，同样，人的科学也包括自然科学，这将是一门科学。"现代科学正在朝着这一方向发展。

四、科学技术与人类未来

科学技术是人类认识客观规律和应用规律保护和改造客观世界的知识和能力的结晶。在人类发展历史上，社会生产力的每一次飞跃与发展，人类社会的一切文明与进步都离不开科学的重大发现和技术的重大发明及其广泛的应用。科学技术的发展给自然界和人类社会打上了深深的印记，有力地促进了人类的进步和发展；同时，人的发展又进一步推进了科学技术的进步和发展，二者统一于人类社会的发展进程之中。自然科学发展史表明，在宇宙极早期没有生命，从无机界到生命的出现、到有思维的人类出现，经过了几十亿年。人类是自然界的产物，人类出现以后，才有了人与自然的关系。人类的生存依赖于自然界提供的物质资料，人类要发展更要依赖和自然界保持着和谐的关系。随着人类的生产水平的不断提高和科学技术的高度发展，其作用于自然环境所发生的变化也越来越大，有些变化则不利于人类利益。

第四次科技革命将发生在 20 世纪后期到 21 世纪，它以系统科学的兴起和系统生物科学的形成为标志，系统科学、计算机科学、纳米科学与生命科学的理论与技术整合形成系统生物科学与技术体系，包括系统生物学与合成生物学，系统遗传学与系统生物工程，系统医学与系统生物技术等学科体系，将导致的是转化医学，生物工业的产业革命。

总之，现代科学技术革命有力地推动了人的全面发展，同时，也对人的全面发展提出了严峻的挑战，各种毒品、大规模杀伤武器、一系列环境问题等摆在人类面前。科学技术是一把双刃剑：一方面，我们要通过科学技术革命促进社会生产力的进一步发展，不断满足人类全面发展的物质基础，通过科学技术革命促进文化发展，增强人的文化意识；另一方面，通过科学技术革命促进人与自然的和谐发展，不断增强人类的全面发展的社会环境基础，从而推进人的全面而自由的和谐发展，即可持续发展。

复习与思考题：

1. 英国工业革命的主要成就体现在哪些方面？
2. 瓦特对蒸汽机做了怎样的改良？
3. 两次工业革命的特点各有什么？
4. 人类飞行的梦想是怎样实现的？
5. 什么是现代科学技术革命？
6. 简述现代科学技术对社会的影响。
7. 三次技术革命给人们带来哪些启示？
8. 如何看待科学技术革命？

参考文献

1. 黄华新："伽利略的科学思维方法论探析"，载《浙江大学学报（人文社会科学版）》2000 年第 5 期。

2. 冯浩、杨洋："牛顿力学在物理学中的地位"，载《张家口师专学报》2003 年第 6 期。

3. 蔡志宾、张飞军、刘清："东西方文化对近代数学的影响"，载《教育教学论坛》2013 年第 6 期。

4. 张顺燕："从变量数学到现代数学"，载《高等数学研究》2006 年第 5 期。

5. 刘妍妮："微积分的地位和作用"，载《今日科苑》2009 年第 14 期。

6. 王正伟："数学的三次危机"，载《科技信息》2009 年第 23 期。

7. 马明祥："光学的发展历史概述"，载《大众科技》2007 年第 11 期。

8. 邹立宇、何基杰："关于人类对光的本性认识的发展过程的再认识"，载《科技信息》2011 年第 9 期。

9. 彭金松、蔡应安、彭金庆："几何光学、波动光学和量子光学的区别与联系"，载《河池学院学报》2005 年第 5 期。

10. 周平儒、唐晓荣："牛顿对光学的三大贡献"，载《农村青少年科学探究》2008 年第 11 期。

11. 肖巍："从炼金术到波义耳'元素说'"，载《自然辩证法研究》1994 年第 8 期。

12. 何法信、刘凤尧："化学元素概念的演化和发展"，载《枣庄师专学报（自然科学版）》1991 年第 4 期。

13. 任东景："浅析科学史上的炼金术和炼丹术"，载《湖南科技学院学报》2005 年第 11 期。

14. 刘景清："舍勒对化学的重大贡献"，载《周口师范学院学报》2002年第5期。

15. 熊洪录、任定成："论燃素说的历史作用及科学价值"，载《西北大学学报（自然科学版）》1982年第1期。

16. 曾敬民："近代化学元素概念的建立"，载《自然科学史研究》1989年第3期。

17. 宣焕灿："天体力学的奠基人　太阳系演化学的开创者：纪念拉普拉斯诞生250周年"，载《天文爱好者》1999年第6期。

18. 赵洋："天文学历史发展对基本观念的影响及其启迪"，载《科学与无神论》2010年第1期。

19. 郝钟雄："天文望远镜现状及发展趋势"，载《现代科学仪器杂志》2007年第5期。

20. 戴文赛、陈道汉："太阳系起源各种学说的评价"，载《天文学报》1976年第1期。

21. 沈燮昌："微积分学在天体力学上的应用"，载《曲阜师范大学学报（自然科学版）》1991年第3期。

22. 袁小明："拉格朗日——十八世纪伟大的数学家和天体力学家"，载《自然辩证法通讯》1986年第3期。

23. 建一："星球演变新说：康德·拉普拉斯星云说"，载《发明与创新（中学时代）》2011年第6期。

24. 刘金彪："望远镜的发展"，载《安徽师范大学学报（人文社会科学版）》1958年第3期。

25. 张庆麟、诸大建、王建斌："'水火之争'与赫顿对地质学的贡献"，载《自然杂志》1984年第8期。

26. 李盛龙："对上帝的背叛——现代地质学之父詹姆斯·赫顿"，载《中国青年科技》2003年第1期。

27. 张秀清："论赖尔变化地质观的确立"，载《长春师院学报》1996年第5期。

28. 孟迟："近代地质学先驱——盖塔尔"，载《中国地质》1983年第4期。

29. 苏洪雨、江雪萍："乔治·布尔：现代信息技术的数学基础奠基者"，载《自然辩证法通讯》2008年第3期。

30. 李雅莉："几何学发展概述"，载《学周刊》2015年第5期。

31. 张家龙："数理逻辑的产生和发展"，载《北京航空航天大学学报（社会科学版）》2000年第1期。

32. 瓦格拉："罗巴切夫斯基创立非欧几何的艰难历程"，载《数学教学通讯》2011年第10期。

33. 颜振标："群论——跨越时代的创造"，载《琼州大学学报》2002年第3期。

34. 程晓亮、程楠："近世代数视角下几个问题的分析"，载《廊坊师范学院学报（自然科学版）》2015年第4期。

35. 张卓飞、严秀昆："非欧几何的发展史及其启示"，载《湖南城市学院学报（自然科学版）》2007年第3期。

36. 宣焕灿："19世纪下半叶的天体物理学"，载《天文爱好者》1995年第5期。

37. 董汉丽："19世纪末'物理学危机'的哲学意义"，载《郑州工学院学报（哲学社会科学版）》1994年第1期。

38. 李东升："力学自然观与能量、力和物质概念：评哈曼著《19世纪物理学概念的发展》"，载《广西民族大学学报（自然科学版）》2010年第2期。

39. 宋德生："安培和他在科学上的贡献"，载《自然杂志》1984年第4期。

40. 习述研："法拉第在电磁理论发展中的作用"，载《现代物理知识》2005年第2期。

41. 盛广沪、俞进、徐旭明："光的本质与近代物理的诞生"，载《江西科学》2005年第5期。

42. 彭金松、蔡应安、彭金庆："几何光学、波动光学和量子光学的区别与联系"，载《河池学院学报》2005年第5期。

43. 孙海滨："波动光学的建立及菲涅耳的贡献"，载《物理与工程》2005年第2期。

44. 姚加华："克劳修斯在热力学建立和发展中的贡献"，载《高等函授学报（哲学社会科学版）》2005年第A1期。

45. 吴登平："梦断永动机：热力学与热机的发展"，载《现代物理知识》2010年第6期。

46. 王长荣："热力学第一定律的建立及其伟大历史作用"，载《现代物理知识》2001 年第 4 期。

47. 朱湘柱、胡晓岚：“热力学第三定律创立的过程及其发展”，载《现代物理知识》2001 年第 4 期。

48. 高斌：“热力学第二定律的建立及意义”，载《玉溪师专学报》1992 年第 2 期。

49. 张晓森：“热力学的先驱：萨迪·卡诺”，载《物理教师》2015 年第 2 期。

50. 盛根玉：“'化学建筑师'凯库勒”，载《化学教学》2011 年第 7 期。

51. 刘劲生：“伟大的化学家阿梅狄奥·阿伏伽德罗”，载《大自然探索》1983 年第 3 期。

52. 刘艳：“分析化学发展史”，载《哈尔滨学院学报》2001 年第 4 期。

53. 王峰：“道尔顿与近代化学原子论”，载《湖北师范学院学报（哲学社会科学版）》2003 年第 3 期。

54. 周志远：“尿素引发的科学革命”，载《生命世界杂志》2007 年第 10 期。

55. 何法信、毕思玮：“化学史上的双子星座李比希与维勒”，载《化学通报》2000 年第 8 期。

56. 王翔：“有机化学的哲学思想”，载《黔东南民族师范高等专科学校学报》2005 年第 6 期。

57. 刘景清、丁郑南、赵元芳：“维勒教授的生平和业绩”，载《化学通报》1999 年第 3 期。

58. 杨蓉、陈敏：“理论化学家奥古斯特·凯库勒”，载《国外科技动态》1997 年第 11 期。

59. 宣焕灿：“19 世纪下半叶的天体物理学”，载《天文爱好者》1995 年第 5 期。

60. 吴守贤、何妙福、漆贯荣：“天体测量学发展评论”，载《陕西天文台台刊》1982 年第 2 期。

61. 杨桂珍：“贝塞尔——第一个测定恒星视差的科学家”，载《知识就是力量》1998 年第 1 期。

62. A. H. 德伊奇、李竞：“近代照相天体测量学的任务”，载《天文学报》1957 年第 1 期。

63. 查汝强："二十世纪自然科学的四大发现"，载《哲学研究》1982 年第 6 期。

64. 孟迟："丹纳与地槽学说"，载《中国地质》1985 年第 2 期。

65. 哈因、黄国强："地槽学说与板块构造"，载《大地构造与成矿学》1987 年第 3 期。

66. 李锡荣："地质学的发展轨迹和思维方式的转换过程"，载《内蒙古地质》1996 年第 C1 期。

67. 科文："地质年代名称的由来"，载《资源导刊》2010 年第 2 期。

68. 金鹤生等："对地质时代划分的意见及新地质年代表"，载《地层学杂志》1991 年第 4 期。

69. 王舟："地质演化突变论与渐变论的争鸣发展及其哲学思考"，载《科技创新导报》2009 年第 30 期。

70. 张青棋："G. 孟德尔——现代遗传学的奠基人"，载《自然辩证法通讯》1984 年第 1 期。

71. 李栋："拉马克进化论探究"，载《重庆科技学院学报（社会科学版）》2009 年第 12 期。

72. 王泽椰："生物进化论的发展及其哲学思考"，载《大众科技》2008 年第 3 期。

73. 陈月强："达尔文学说与拉马克学说的联系及区别"，载《生物学通报》1995 年第 5 期。

74. 潘承湘："关于施莱登与施旺建立细胞学说的历史地位问题"，载《自然科学史研究》1987 年第 3 期。

75. 陈怀洁："细胞学说浅谈"，载《生物学通报》1991 年第 4 期。

76. 孙毅霖："试析施莱登与施旺'细胞学说'的理论缺陷"，载《上海交通大学学报（哲学社会科学版）》2003 年第 6 期。

77. 任红等："从以太假说到爱因斯坦相对论——论迈克尔逊干涉仪对现代物理学的贡献"，载《合肥工业大学学报（社会科学版）》2005 年第 6 期。

78. 张战杰、万陵德："普朗克和能量子概念——纪念能量子概念诞生 100 周年"，载《河南师范大学学报（自然科学版）》2000 年第 4 期。

79. 李艳青、智丽丽、陈惠敏："黑体辐射与普朗克能量子假设"，载《高师理科学报》2014 年第 3 期。

80. 程堂柏："X射线的发现及其影响"，载《安庆师范学院学报（自然科学版）》1998年第4期。

81. 陈玉亭："物理学史上的'三大发现'"，载《师范教育》1993年第12期。

82. 赵秀娥："科学发现中的机遇和科学思维——从X射线的发现看伦琴对机遇的把握"，载《赤峰学院学报（自然科学版）》2005年第3期。

83. 李韶峰、陈松岭："物理学发展史中的科学机遇"，载《技术物理教学》2006年第2期。

84. 尹晓冬、金亮、刘战存："贝克勒尔对放射性的发现及研究"，载《物理与工程》2013年第6期。

85. 孙春峰、张雪云："电子发现的启示与思考"，载《孝感学院学报》2002年第3期。

86. 卢鹤跋、钱景华："走向廿一世纪物理学"，载《科学教育》1995年第1期。

87. 张元仲："从牛顿力学到狭义相对论"，载《力学与实践》2005年第4期。

88. 赵峥："爱因斯坦与广义相对论"，载《物理》2015年第10期。

89. 万杏根："人类对原子结构认识的发展过程"，载《化学教育》1986年第1期。

90. 马守田："德布罗意与物质波理论"，载《现代物理知识》2000年第S1期。

91. 刘兵："普朗克与量子概念"，载《科学杂志》2000年第2期。

92. 周佳然："浅谈量子力学的建立"，载《科技致富向导》2014年第10期。

93. 彭桓武："量子理论的诞生和发展——从量子论到量子力学"，载《物理》2001年第5期。

94. 张会、鲍淑清："夸克模型的提出者——盖尔曼"，载《现代物理知识》1996年第1期。

95. 弋江："粒子物理学的诞生"，载《自然辩证法研究》1986年第1期。

96. 刘翎："关于分析化学历史发展的哲学思考"，载《山西煤炭管理干部学院学报》2003年第2期。

97. 王翔："有机化学发展史概述"，载《黔东南民族师范高等专科学校学报》2003 年第 6 期。

98. 吕纪刚："浅谈物质结构和元素周期律"，载《郴州师范高等专科学校学报》2000 年第 2 期。

99. 吴浩青："物理化学的前沿"，载《自然杂志》1983 年第 3 期。

100. 王凤全、彭月祥、李铁香："天文学的进展"，载《现代物理知识》2001 年第 1 期。

101. 向德琳："射电天文方法和现代天文学"，载《科学》1987 年第 3 期。

102. 戴闻："现代天文学如何起步"，载《物理》2009 年第 3 期。

103.《徐光启全集》，中华书局 1963 年版。

104. ［美］戴维·林德伯格：《西方科学的起源：公元前六百年至公元一千四百五十年宗教、哲学和社会建制大背景下的欧洲科学传统》，王珺等译，中国对外翻译出版公司 2001 年版。

105. ［法］若－弗·马泰伊：《毕达哥拉斯和毕达哥拉斯学派》，管震湖译，商务印书馆 1997 年版。

106. ［英］斯蒂芬·F. 梅森：《自然科学史》，上海外国自然科学哲学著作偏译组，上海人民出版社 1977 年版。

107. ［美］安东尼·M. 阿里奥托：《西方科学史》，商务印书馆 2011 年版。

108. 汪建平、闻人军：《中国科学技术史纲》，武汉大学出版社 2012 年版。

109. 陈美东等编著：《简明中国科学技术史话》，中国青年出版社 2009 年版。

110. 吴国盛：《科学的历程》，湖南科学技术出版社 1995 年版。

111. ［英］W. C. 丹皮尔：《科学史及其与哲学和宗教的关系》，李珩译，商务印书馆 1997 年版。

112. ［英］科林·A. 罗南：《剑桥插图世界科学史》，周家斌等译，山东画报出版社 2009 年版。

113. ［英］李约瑟原著，［英］柯林·罗南改编：《中华科学文明史》，上海交通大学科学史系译，上海人民出版社 2014 年版。

114. 周瀚光主编：《中国佛教与古代科技的发展》，华东师范大学出版社 2014 年版。

115. 李志超：《天人古义——中国科学史论纲》，大象出版社 2014 年版。

116. ［英］托马斯·克拉普：《科学简史——从科学仪器的发展看科学的历

史》，朱润生译，中国青年出版社 2005 年版。

117. 江晓原主编：《科学史十五讲》，北京大学出版社 2006 年版。

118. 陈方正：《继承与叛逆——现代科学为何出现于西方》，生活·读书·新知三联书店 2011 年版。

119. ［澳］约翰·A. 舒斯特：《科学史与科学哲学导论》，安维复等译，上海世纪出版集团 2013 年版。